画法几何及工程制图

(第2版)

王子茹　贾艾晨　主编

人民交通出版社股份有限公司
China Communications Press Co.,Ltd.

内 容 提 要

本书依据教育部高等学校工程图学教学指导委员会 2015 年制定的"普通高等学校工程图学教学基本要求"以及新发布的《总图制图标准》(GB/T 50103—2010)《房屋建筑制图统一标准》(GB/T 50001—2017) 等现行有关专业制图标准，总结多年来的教学实践经验，在第一版的基础上修订而成。

本书分为两篇，第一篇为画法几何，系统阐述了画法几何的基本理论，其主要内容有点、直线、平面的投影、立体的投影、轴测投影、剖面图、断面图、立体表面的展开、标高投影等；第二篇为工程制图，详细介绍了工程制图的基本知识，主要内容有建筑施工图、结构施工图、给排水施工图、水利工程图、计算机绘图等。

本书可作为高等工科院校土木水利类各专业教材，也可供函授大学、电视大学、职工大学和自学考试等有关专业选用。

图书在版编目(CIP)数据

画法几何及工程制图 / 王子茹，贾艾晨主编. — 2 版. — 北京：人民交通出版社股份有限公司，2019.8
 ISBN 978-7-114-11496-0

Ⅰ. ①画⋯ Ⅱ. ①王⋯ ②贾⋯ Ⅲ. ①画法几何—高等学校—教材②工程制图—高等学校—教材 Ⅳ. ①TB23

中国版本图书馆 CIP 数据核字(2018)第 172594 号

书　　名	画法几何及工程制图(第 2 版)
著 作 者	王子茹　贾艾晨
责任编辑	张江成
责任校对	赵媛媛
责任印制	刘高彤
出版发行	人民交通出版社股份有限公司
地　　址	(100011)北京市朝阳区安定门外外馆斜街 3 号
网　　址	http://www.ccpress.com.cn
销售电话	(010)59757973
总 经 销	人民交通出版社股份有限公司发行部
经　　销	各地新华书店
印　　刷	北京印匠彩色印刷有限公司
开　　本	787×1092　1/16
印　　张	19.75
插　　页	5
字　　数	496 千
版　　次	2001 年 9 月　第 1 版　2019 年 8 月　第 2 版
印　　次	2022 年 8 月　第 2 版　第 2 次印刷　累计第 10 次印刷
书　　号	ISBN 978-7-114-11496-0
定　　价	48.00 元

(有印刷、装订质量问题的图书，由本公司负责调换)

第 2 版前言

《画法几何及工程制图》自 2001 年出版以来,已印刷多次,先后在大连理工大学 17 届学生中进行了教学实践,同时作为高等学校土建类及相关专业教材受到使用院校的肯定和好评。

随着现代工程设计技术的发展,国家新标准的制定以及高等学校对人才培养质量的需要,对原教材进行修订势在必行。本次修订在基本保留了第一版内容和叙述风格的基础上,依据教育部高等学校工程图学教学指导委员会 2015 年制定的"普通高等学校工程图学教学基本要求"以及现行国家标准、行业现状、专业设置等进行补充和完善,并作以下修订:

1. 第 2 版在内容编排顺序上进行优化,分为画法几何和工程制图两篇,将画法几何部分做了调整和整合,局部更新了部分内容和插图;

2. 专业图部分,新增了"室内给排水施工图""水工建筑物图"两章内容,并将"房屋建筑施工图"和"房屋结构施工图"两章中的工程图样全部更新为适应新规范的框架结构建筑图样;

3. 钢筋混凝土结构图部分,增加了混凝土结构施工图平面整体表示法的内容;

4. 更新"计算机绘图"一章内容,根据 Auto CAD 的最新版本作了补充和修改。

参加本书第 2 版修订编写的是大连理工大学王子茹(第一、四、五、六、七、八、九、十、十一、十二、十三章、十五章第一、二节、十六、十八章),贾艾晨(第二、三、十四章、十五章第三、四节、十七、十九章)。

在修订本书过程中,参考了多种国内同类教材和国家标准,采用了个别图例,在此表示感谢!

书中不妥及疏漏之处,热忱欢迎读者批评指正。

编　者

于大连理工大学

2019 年 6 月

第 1 版前言

本书是根据国家教委 1995 年印发的高等学校《画法几何及土木建筑制图课程教学基本要求》(土建、水利类专业适用,参考学时为 70 学时),并遵照国家发布的《技术制图标准》(GB/T 17451、17452、17453—1998)及现行《房屋建筑制图统一标准》(1986)等国家有关标准,在我校自编教材的基础上编写而成的。同时编写了与之配套的《画法几何及工程制图习题集》。本书可作为高等工科院校土木类各专业教材,也可供函授大学、电视大学、职工大学和自学考试等有关专业选用。

本书立足于面向 21 世纪对未来人才培养的需要,结合目前高等学校优化课程(知识)结构的要求,对教材内容体系进行了系统改革,以适应按大类培养人才的教育思想,在加强基本理论的前提下,将传统的手工制图能力与现代的计算机绘图相结合,使学生掌握计算机制图技术,同时注意对学生空间逻辑思维和形象思维能力以及创新能力的培养。

本书共十九章,详细介绍了画法几何与工程制图的基础知识。在教学过程中,画法几何部分与工程制图部分可适当穿插进行,以期望在学时减少的情况下,通过学习本书能有效地获得绘制和阅读本专业工程图的基本知识与能力。另外,目录中标有 * 号的内容,可在学时允许的情况下选用。

本书编写时参考了国内外有关书籍,采用了个别图例,在此一并表示谢意!

本书由大连理工大学王子茹、贾艾晨主编,参加编写的有:王子茹(第一、五、六、七、八、九、十、十一、十二、十三、十四、十五、十七、十八章)、贾艾晨(第二、三、四、十六章)、王卓(第十九章)。

本书由大连理工大学眭庆曦教授主审。

由于编写时间仓促,书中的缺点错误在所难免,恳切希望读者不吝指正。

编 者
于大连理工大学
2001 年 6 月

目 录

第一篇 画法几何

第一章 绪论 ……………………………………………………………………… 3
   第一节 课程的性质、任务和学习方法 ………………………………………… 3
   第二节 工程制图发展简述 ……………………………………………………… 4

第二章 投影法的基本知识 ……………………………………………………… 6
   第一节 投影法概述 ……………………………………………………………… 6
   第二节 正投影的一些基本性质 ………………………………………………… 8
   第三节 三面正投影图 …………………………………………………………… 9

第三章 点、直线和平面的投影 ………………………………………………… 13
   第一节 点的投影 ………………………………………………………………… 13
   第二节 直线的投影 ……………………………………………………………… 18
   第三节 平面的投影 ……………………………………………………………… 29

第四章 直线与平面、平面与平面的相对位置关系 …………………………… 37
   第一节 直线与平面平行、平面与平面平行 …………………………………… 37
   第二节 直线与平面相交、平面与平面相交 …………………………………… 39
   第三节 直线与平面垂直、两平面互相垂直 …………………………………… 44

第五章 投影变换 ………………………………………………………………… 49
   第一节 概述 ……………………………………………………………………… 49
   第二节 换面法 …………………………………………………………………… 50

第六章 平面立体的投影 ………………………………………………………… 60
   第一节 基本几何形体的投影 …………………………………………………… 60
   第二节 基本几何形体的切割 …………………………………………………… 63
   第三节 平面组合体的投影 ……………………………………………………… 64

第七章 曲线和曲面立体的投影 ………………………………………………… 70
   第一节 曲线 ……………………………………………………………………… 70
   第二节 曲面体的投影 …………………………………………………………… 73
   第三节 平螺旋面 ………………………………………………………………… 89

第八章 直线与立体表面相交、立体与立体表面相交 ………………………… 94
   第一节 直线与立体表面相交 …………………………………………………… 94
   第二节 立体与立体表面相交 …………………………………………………… 96

第九章	轴测投影	106
第一节	概述	106
第二节	正等轴测投影	108
第三节	斜轴测投影	117
第四节	轴测投影图的选择	120

第十章	剖面图、断面图和简化画法	123
第一节	形体的基本视图	123
第二节	剖面图	124
第三节	断面图	132
第四节	视图的综合运用	134
第五节	视图的简化画法	137

第十一章	标高投影	139
第一节	概述	139
第二节	直线、平面的标高投影	140
第三节	曲面的标高投影与应用	144
第四节	建筑物与地面的交线	146

第十二章	立体表面的展开	152
第一节	概述	152
第二节	平面立体表面的展开	152
第三节	曲面体表面的展开	155
第四节	展开图实例	159

第二篇　工程制图

第十三章	制图基础	165
第一节	制图标准	165
第二节	制图设备及使用方法	176
第三节	几何作图	179
第四节	徒手草图	185

第十四章	建筑施工图	187
第一节	概述	187
第二节	建筑总平面图	191
第三节	建筑平面图	193
第四节	建筑立面图	201
第五节	建筑剖面图	206
第六节	建筑详图	208
第七节	房屋建筑施工图的绘制	212

第十五章	结构施工图	214
第一节	钢筋混凝土结构图	214
第二节	钢筋混凝土结构构件的平面整体表示法	220

| 第三节 | 基础施工图……………………………………………………… | 232 |
| 第四节 | 楼层结构平面布置图…………………………………………… | 235 |

第十六章 钢结构图……………………………………………………………… 241
第一节	钢结构图的基本知识……………………………………………	241
第二节	钢结构图的尺寸标注……………………………………………	247
第三节	钢屋架结构施工图的阅读………………………………………	250

第十七章 室内给排水施工图…………………………………………………… 257
第一节	给排水施工图概述………………………………………………	257
第二节	绘制给排水施工图的一般规定…………………………………	257
第三节	室内给排水施工图………………………………………………	260
第四节	室内给排水施工图阅读…………………………………………	264

第十八章 水工建筑物图………………………………………………………… 268
第一节	概述………………………………………………………………	268
第二节	水工图的表达方法………………………………………………	268
第三节	水利枢纽布置图…………………………………………………	275
第四节	水工建筑物图……………………………………………………	276

第十九章 计算机绘图…………………………………………………………… 279
第一节	AutoCAD 简介…………………………………………………	279
第二节	基本图形元素的绘制……………………………………………	281
第三节	图形编辑命令……………………………………………………	288
第四节	图形显示控制……………………………………………………	294
第五节	作业工具…………………………………………………………	295
第六节	图层管理…………………………………………………………	296
第七节	尺寸标注…………………………………………………………	298
第八节	文字………………………………………………………………	301
第九节	填充………………………………………………………………	303
第十节	图块操作…………………………………………………………	304

参考文献…………………………………………………………………………… 306

第一篇 画法几何

第一章 绪 论

第一节 课程的性质、任务和学习方法

一、课程的性质和任务

1. 课程的性质

画法几何研究空间各种几何要素和空间形体在平面上的各种表示方法及其原理,以及在平面上用投影作图的方法来解决空间问题。所以画法几何是一门研究空间几何问题的图示法和图解法的学科。

工程制图是研究绘制和阅读工程图样的学科,是应用画法几何的基本理论和方法,把工程建筑物用图形表达在二维平面(图纸)上,成为工程图样。这种工程图样能够准确地表示物体的几何量度。因为任何建筑工程和机器,都必须按照图样进行建造,所以在工程界的任何生产部门中,工程图样是工程设计和施工的重要技术文件,被比喻为工程界的语言。而画法几何则是这种语言的文法。

由于工程图样在工程技术中具有重要作用,所以要求从事工程建设的每个工程技术人员,都必须具备绘制和阅读工程图样的基本能力。因此,高等工科院校各工程专业的教学计划中,都设置了《画法几何及工程制图》这门必修的技术基础课,同时把计算机绘图也列为必修内容,为学生的绘图和读图能力打下理论与实践基础,并为后继课程的学习和进行规划、设计施工、科研工作提供图示及图解的必需能力。

2. 课程的主要任务

(1) 培养依据投影理论用二维图形表达三维形体的能力。
(2) 培养空间想象能力和形象思维能力。
(3) 培养徒手绘图和尺规绘图的能力。
(4) 培养计算机二维绘图和三维形体建模的能力。
(5) 培养绘制和阅读本专业工程图样的基本能力。
(6) 培养工程意识、标准化意识和严谨认真的工作态度。

二、本课程的学习方法

本课程是一门实践性较强的课程,要想掌握课程的基本内容、知识和技能,必须针对本门课程的特点有一套良好的学习方法。这门课程的核心问题是从空间形体到平面图纸,再从平面图纸到空间形体(包括空间想象的形体)之间的转换,前者是画图过程,后者是看图(用图)过程。要在画图和看图的交错循环过程中,自觉地培养和发展空间想象力。所以,学习本课程

时,要注意以下几个问题。

(1)要把投影分析和空间想象结合起来。建议从几何形体入手,根据形体(模型)画出投影图,再根据投影图想象出形体的空间形状。由浅入深,在作图的过程中逐步理解三维形体和二维平面图形(投影图)之间的对应关系,完成图、物之间内在对应关系的认识,不断发展空间想象力。

(2)要掌握正确的分析问题和解决问题的方法。一般属于几何范畴的课程都有这样一个特点:听课明白,做题难。为了解决这个问题,学习时,一定要把空间最基本的几何元素之间的各种关系、相对位置弄清楚,比如,平行、垂直、相交等,然后,完成一系列由浅入深,由简到繁的题目。每作一道题都要经过以下几个步骤:①空间分析,在弄清题意的基础上,分析题目所给的条件,综合分析所求的几何元素与已知的几何元素之间的从属关系和相对位置;②拟订空间解题步骤,每一个解题步骤都对应画法几何里边的某一个基本作图方法;③将空间的解题步骤落实到投影作图上,一步一步地来完成,最后求出正确的答案。

(3)学习本课程,必须严格执行国家制图标准,以规范的工程技术语言表达和交流设计意图。

(4)在学习中培养耐心细致的工作作风。图纸是施工的依据,图纸上的字和线都应按规范写好、画好,要有严肃、认真、负责的态度才能学好这门课。

第二节 工程制图发展简述

我国是历史文化悠久的国家,在绘图技术方面有着辉煌的成就。根据史料可知,早在春秋战国时代的著作《周礼考工记》中,已有关于制图工具如规、矩、绳、墨等的记载,其中规就是圆规,矩是直角尺,绳是木工画法的墨绳;在汉代《周髀算经》里已有"勾三股四弦五"正确绘制直角的方法;宋代李诫(字仲明)所著《营造法式》(1103年刊行),是我国历史上较早的一部建筑技术经典著作,书中印有大量的建筑图样,与用近代投影法所作图样比较,基本相似。尔后,明代的宋应星所编《天工开物》(1637年)以及其他技术书籍,也有大量图样的记载。

国际上,自从法国科学家加斯帕·蒙日(Gaspard Monge,1746~1818年)于1795年发表了多面正投影法的著作《画法几何》以后,画法几何形成了一门独立的学科,为工程制图奠定了图示和图解的理论基础。

随着科学技术的不断发展,我国在20世纪50年代,开始制定制图国家标准,如1956年,国家建设委员会批准的《单色建筑图例标准》、1965年建筑工程部颁布的《建筑制图标准》(GBJ 9—1965)等,之后,又陆续颁布了有关机械制图、建筑制图等国家标准。随着改革开放的不断推进,国际技术交流日益加深,制图标准也在不断增加内容或修订,如国家质量技术监督局发表的《技术制图标准》(GB/T 17451、17452、17453—1998),使技术图样用视图表示规则与国际上一致。如今,《房屋建筑制图统一标准》已经更新至 GB/T 50001—2017。

在自动绘图仪方面,自从20世纪50年代以来,美国波音公司生产的世界第一台平台式绘图机的诞生,以致后来研制出的滚筒式绘图机,到现在的激光和喷墨绘图机,使用机器代替手工绘图,提高绘图速度和质量的愿望成为现实。经典的画法几何及工程制图也具有了新的内涵,工程制图进入了一个崭新的时代,并且正在迅猛发展,成为计算机应用科学的一个重要分支。目前它已成为科学研究、教学、生产和管理部门的一种有力工具,被广泛应用在工程设计等方面。

　　计算机绘图是适应现代化建设的新技术，也是本门课程学习的重要任务之一。因此，本书将计算机绘图的内容列到工程制图里边，要求学生掌握一种绘图软件来绘制工程图样，为较好地掌握现代化绘图技术和学习计算机辅助设计打下基础。

第二章　投影法的基本知识

第一节　投影法概述

一、投影的概念和分类

在平面上用图形表示空间形体时,首先要解决的问题是如何把空间形体表示到平面上去。投影原理为这个问题的解决提供了理论和方法。

日常生活中常看到一些投影现象。如图 2-1a) 所示为灯光照射三棱锥体,会在地面产生影子。但影子只反映了三棱锥体的外形轮廓,而表达不出其形状。假设灯光发出的光线能够透过形体而将各顶点及各棱线都在地面上投落它们的影子,这些点和线的影将组成一个能够反映出形体形状的图形,如图 2-1b) 所示。这个图形即为形体的投影。

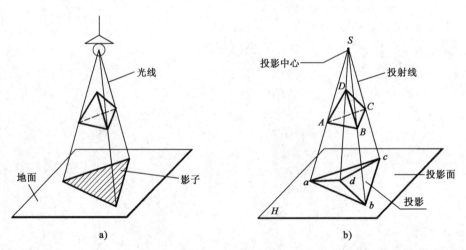

图 2-1　三棱锥体的影子和投影

图 2-1b) 中,光源 S 称为投影中心,承受投影的面 H 称为投影面;经过三棱锥体各点的光线称为投射线,如 SA、SB 等。通过一点的投射线与投影面的交点称为该点在投影面上的投影(如 a、b 等)。把相应各顶点的投影连接起来,即得三棱锥体的投影。这种做出形体投影的方法称为投影法。

常用的标记方法是:空间点用大写字母如 A、B、C 等标记,其投影用小写字母如 a、b、c 等标记。

投影法分为中心投影法和平行投影法两大类。

1. 中心投影法

当投影中心距投影面在有限的距离内,所有投射线都会发自一点,呈放射状,这种投影法称为中心投影法,如图2-2a)所示,用这种方法得到的投影为中心投影。

2. 平行投影法

当投影中心距投影面为无限远时,所有投射线将依一定的方向平行投射下来,这种投影法称为平行投影法,如图2-2b)、图2-2c)所示,平行投影法作出的投影称为平行投影。

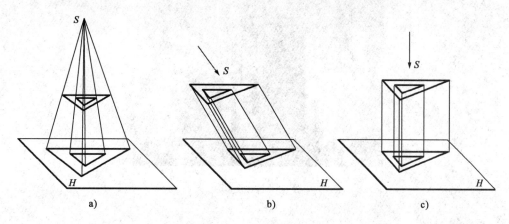

图2-2 中心投影与平行投影

平行投影又分两种:

(1)斜投影:投影方向倾斜于投影面时所做的投影称为斜投影如图2-2b)所示。

(2)正投影:投影方向垂直于投影面时所做的投影称为正投影如图2-2c)所示。

二、工程上常用的四种投影图

工程上常用的图示方法有:多面正投影法、轴测投影法、标高投影法及透视投影法。与四种方法相对应,得出四种投影图,简单介绍如下。

1. 多面正投影图

把物体向几个相互垂直的投影面进行的正投影所得的图样称为多面正投影图,简称为正投影图。这种图作图简便,度量性好,是工程图法定的表达方法。常用的形式为三面正投影图(图2-3),在建筑图表达方法中也用到六面正投影图(见第十四章第一节)。

2. 轴测投影图

轴测投影图是用平行投影法绘制成的。这种图直观性强,在一定条件下能直接量度,工程中常用作辅助图样(图2-4)。

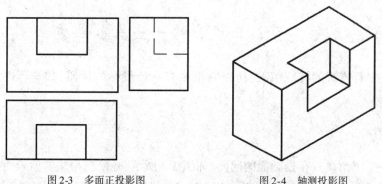

图2-3 多面正投影图　　　图2-4 轴测投影图

3. 透视投影图

透视图是按中心投影法绘制的。其形象逼真,效果如同拍摄的照片(图 2-5)。

图 2-5 透视投影图

4. 标高投影图

标高投影图是一种单面正投影图。图 2-6a)是图 2-6b)所示的小山丘的标高投影图。标高投影图是在一个投影面上表达物体不同高度的形状,所以常用它来表达复杂的曲面和地面。

正投影法在工程上应用最广。本章主要介绍正投影法。

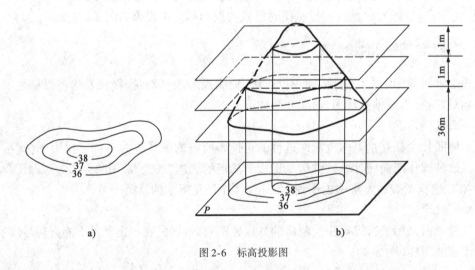

图 2-6 标高投影图

第二节 正投影的一些基本性质

正投影是平行投影的特殊情况,所以它也具有平行投影的性质,如全等性、积聚性、类似性等。

一、全等性

我们把一个三角块放在投影面的前面,如图 2-7 所示,并使三角块的前表面 ABC 平行于该投影面,将三角块向投影面进行正投影,即投射线与投影面正交,可得一个三角形图形。a、b、c

为空间点 A、B、C 的正投影。因 AB 平行于投影面，投影又是正投影，所以 $Aa=Bb$，四边形 $ABba$ 为一矩形，所以 $ab=AB$。同理，$bc=BC$，$ca=CA$，则 $\triangle abc \cong \triangle ABC$，由此可得：平行于投影面的直线段或平面图形，在该投影面上的投影反映线段实长或平面图形的实形。这种投影性质称为投影的全等性。

二、积聚性

如图 2-8 所示，$ABED$ 是三角块的顶面，因它与投影方向平行，所以平面 $ABED$ 在投影面上的投影重合为一直线。直线 AD 也与投影方向平行，它的投影重合为一点。由此可得：平行于投影方向的直线或平面，在投影面上的投影积聚成一点或一直线。这种投影性质称为投影的积聚性。

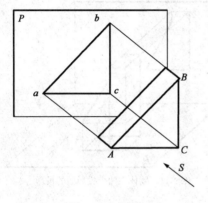
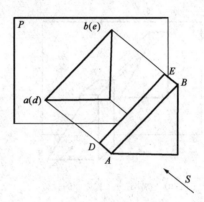

图 2-7　全等性　　　　　　　　　　图 2-8　积聚性

三、类似性

图 2-9 中，平面 $ABED$ 对投影面 H 来说，既不平行也不垂直而是倾斜的，这时它在该投影面上的投影既不反映实形也无积聚性，而是比原形小，与原形类似的图形。这种投影性质称为投影的类似性。

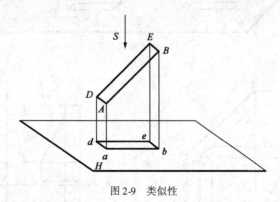

图 2-9　类似性

第三节　三面正投影图

一、三面投影图的形成

如图 2-10 所示一物体，如何把它的形状和大小确切而全面地表达出来呢？我们先在物体的后面放一正立的投影面 V，使物体的一个端面平行于 V 面，将物体向 V 面作正投影，得一图形。但这个图形只反映了物体的长度和高度，反映不了宽度。为了将物体的长、宽、高三个方向的尺寸都反映出来，我们在物体的下方垂直于 V 面加一水平的投影面 H，将物体向 H 面投影，得到的图形反映了物体长和宽方向的尺寸（图 2-11）。

一般说来，两面投影可以确定物体的形状。但如图 2-12 所示的两个不同形状的物体，它们在 V、H 面上的同投影面上的投影都是相同的，因此，光有两面投影还不能确定它们的空间形状。为此在物体的右面增加侧立投影面 W，使其同时与 V、H 面垂直，将物体向 W 面投影，得到的图形反映物体高和宽方向的尺寸，如图 2-13a）所示。有了物体的 V、H、W 三个投影图，就能确切而全面地表达出该物体的形状和大小了。

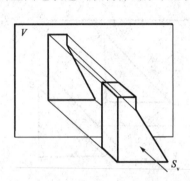

图 2-10　物体在一个投影面的投影

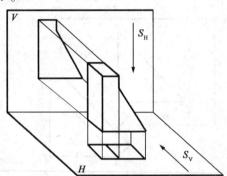

图 2-11　物体在两个投影面的投影

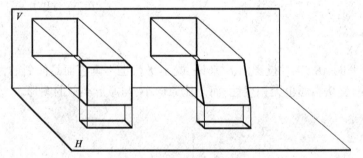

图 2-12　两面投影的不足

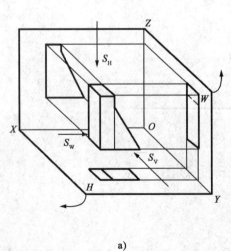

a)

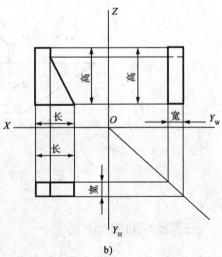

b)

图 2-13　三面投影图

V、H、W 面两两互相垂直,形成一个三面体系。我们把正立投影图 V 称为正面,水平投影 H 称为水平面,侧立投影面 W 称为侧面。V 面与 H 面的交线称为 OX 轴,V 面与 W 面的交线称为 OZ 轴,H 面与 W 面的交线称为 OY 轴。物体在 3 个投影面上的投影分别称为正面投影、水平投影、侧面投影。由于 3 个投影是分别在 3 个不同的投影面上的,而实际作图只能在同一个平面的图纸上,所以必须把它们摊开成一个平面。为此我们固定 V 面,让 H 面和 W 面分别绕 OX 轴和 OZ 轴旋转到与 V 面重合的位置。在实际作图时,只需画出物体的三个投影而不需画出投影面的边框,如图 2-13b)所示。

二、三面投影图的对应关系

1. 度量对应关系

由图 2-13 可知:正面投影反映物体的长和高;水平投影反映物体的长和宽;侧面投影反映物体的宽和高。由于每两个投影反映物体的长、宽、高三个方向的尺寸,并且每两个投影中就有一个共同的尺寸,故得三面投影图的度量对应关系如下:

(1)正面投影和水平投影的长度相等,并且互相对正;
(2)正面投影和侧面投影的高度相等,并且互相平齐;
(3)水平投影和侧面投影的宽度相等。

简单地说就是:长对正、高平齐、宽相等,这种关系常称为三面投影图的投影规律,简称为三等规律。

2. 位置对应关系

物体的三个投影图的相对位置必须如图 2-14b)所示那样摆放,不可颠倒,一定是:水平投影在正面投影之下,侧面投影在正面投影之右,并且符合三等原则。

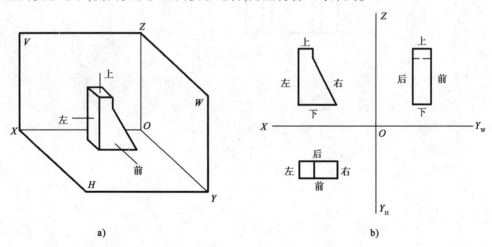

图 2-14 投影图和物体的位置对应关系

物体的三面投影图与物体之间的位置对应关系为:
(1)正面投影反映了物体的上、下和左、右位置;
(2)水平投影反映了物体的前、后和左、右位置;
(3)侧面投影反映了物体的上、下和前、后位置。

三、由物体模型画三面视图

为了加深理解三面投影图(工程制图中称视图)的形成,让我们先做一个练习:由物体模型画三面视图。当我们拿到模型时,首先要考虑选定物体的位置。摆放模型时应满足以下几个条件。

(1)使物体处于正常的工作状态,物体放置平稳,端面应与投影面平行;
(2)正面投影图(正视图)应显示物体的特征;
(3)各投影面投影的虚线应尽可能地少。

图 2-15 所示模型,对照上面几个条件,我们可看出图 2-15a)的位置比较好。

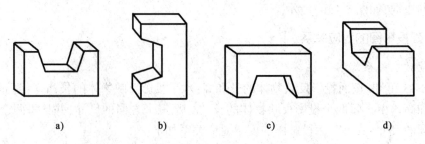

图 2-15 模型位置的选择

选好模型的位置后,就将模型放置不动,向三个投影面进行投影。物体的三面视图一定要符合三等原则(图 2-16)。

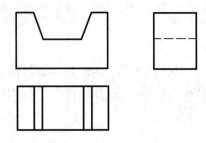

图 2-16 模型的三面视图

第三章 点、直线和平面的投影

任何物体的表面都可以看成是顶点(或棱线,或面)的结合。为了深化对投影图的认识,为了解决复杂的空间几何问题,我们先来研究组成物体的基本几何元素点、线、面的表示方法及其投影性质。

第一节 点 的 投 影

一、点的三面投影

(一) 三面体系及点的三面投影

1. 三面体系

我们在上一章讲过,若要确切而全面地表达出物体的形状和大小,须画出物体的三面投影图,即把物体向 V、H、W 三个投影面进行投影。V、H、W 三个投影面两两互相垂直,组成了一个三面体系,如图 3-1 所示。投影面与投影面之间的交线称为投影轴(OX 轴、OY 轴、OZ 轴)。

相互垂直的三个投影面把空间分成八个部分,每一部分称为一个分角。如图 3-1 所示,左、上、前部分为第一分角(Ⅰ),左、上、后部分为第二分角(Ⅱ),以此顺序有Ⅲ、Ⅳ、Ⅴ、Ⅵ、Ⅶ、Ⅷ八个分角。我国现规定采用第一分角,即把物体放在第一分角内,向三个投影面进行投影。

2. 点的三面投影

点的投影,为过点的投射线与投影面的交点。设第一分角内有一点 A[图 3-2a]。将 A 点分别向三个投影面作正投影,即自 A 分别向 H、V 和 W 面作垂直的投射线,得到交点 a、a′和 a″。a 称为点 A 的水平投影。a′称为点 A 的正面投影,a″称为点 A 的侧面投影。

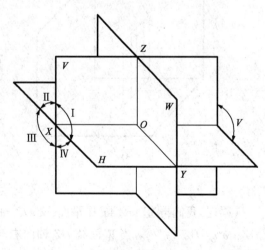

图 3-1 三面体系

我们规定:空间的点用大写字母 A、B、C……表示;点在 H 面上的投影用相应的小写字母 a、b、c……表示;点在 V 面上的投影用小写字母加一撇 a′、b′、c′……表示;点在 W 面上的投影用小写字母加两撇 a″、b″、c″……表示。

同前一章所叙述的一样,为了将点的三个投影画在一张图纸上,须将三个投影面摊平,V 面不动,H 面绕 OX 轴向下旋转 90°,W 面则绕 OZ 轴向右旋转 90°。OY 轴被分为两处:随 H 面旋转的为 OY_H;随 W 面旋转的为 OY_W。这样,我们就得到点的三面投影图[图 3-2b)]。

(二)点的三面投影规律

为了找出点的三面投影的投影规律,我们过 Aa、Aa' 作平面,此平面与 OX 轴交于 a_x [图3-3a)]。因平面 Aaa_xa' 同时垂直于 H 面和 V 面,所以 OX 轴垂直 Aaa_xa'(若相交两平面垂直于第三平面,则其交线也垂直于第三平面),因而有 $OX \perp aa_x$;$OX \perp a'a_x$。

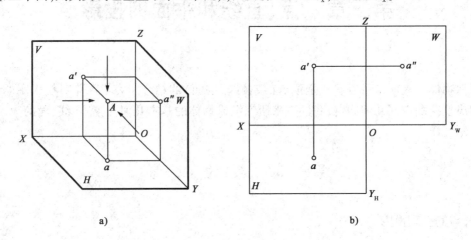

图3-2 点的三面投影

当 H 面绕 OX 轴向下转 90° 后与 V 面重合时,OX 轴与 aa_x 的垂直关系不变,即 $\angle aa_xX = 90°$,$\angle a'a_xX = 90°$,故 $a'a_xa$ 为一垂直于 OX 轴的直线[图3-3b)],即:$a'a \perp OX$。

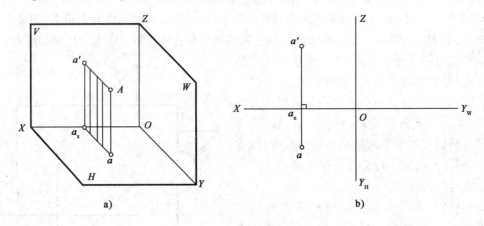

图3-3 点的三面投影规律(一)

同理,我们再过 Aa'、Aa'' 作平面,交 OZ 轴于 a_z[图3-4a)],因平面 $Aa'a_za'' \perp OZ$ 轴,得到 $OZ \perp a'a_z$;$OZ \perp a''a_z$。当 W 面绕 OZ 轴向右转 90° 与 V 面重合时,我们又得到关系:$a'a'' \perp OZ$ [图3-4b)]。

因为平面 Aaa_xa' 和平面 $Aa'a_za''$ 都为矩形,矩形的对边相等,所以我们又得出 $aa_x = Aa' = a''a_z$。即:$aa_x = a''a_z$。

总结以上所述,我们可得出点的三面投影规律如下:
(1)点的正面投影和水平投影的连线垂直于 OX 轴(即 $a'a \perp OX$);
(2)点的正面投影和侧面投影的连线垂直于 OZ 轴(即 $a'a'' \perp OZ$);
(3)点的水平投影到 OX 轴的距离等于该点的侧面投影到 OZ 轴的距离(即 $aa_x = a''a_z$)。

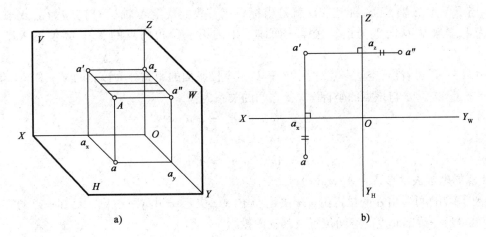

图 3-4 点的三面投影规律(二)

[**例 3-1**] 已知 B 点的两个投影 b、b'，求作第三投影 b''[图 3-5a)]。

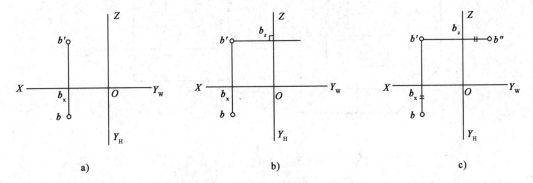

图 3-5 已知点的两投影求第三投影

解 (1)因 $b'b'' \perp OZ$ 轴，所以先过 b' 作 OZ 轴的垂线交 OZ 轴于 b_z[图 3-5b)]；
(2)因 $bb_x = b''b_z$，所以截取 $b''b_z = bb_x$ 而得到 b''[图 3-5c)]。
在截取 $b''b_z = bb_x$ 时，可以用分规直接量取，也可以采用图 3-6 所示的任何一种方法来完成。

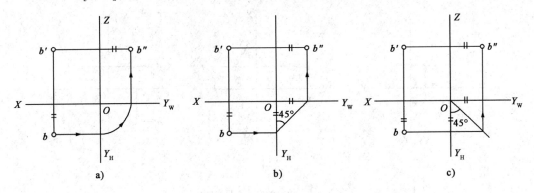

图 3-6 量取宽相等的方法

由例 3-1 可看出，已知点的两面投影，可求出唯一的第三投影。也即，由一点的两面投影可唯一确定一点的空间位置。

(三)点的投影与坐标

若将三面体系当作笛卡尔直角坐标系，则投影面 V、H、W 相当于坐标面，投影轴 OX、OY、

OZ 相当于 X、Y、Z 轴,三轴的交点 O 就是坐标原点。我们规定 X 轴从 O 向左为正,Y 轴从 O 向前为正,Z 轴从 O 向上为正。这样三面体系中的第一分角内点的 X、Y、Z 值均大于或等于零。

由图 3-7a) 可看出,空间一点 A 到 W、V、H 三个投影面的距离分为该点的 x、y、z 三个坐标。点 A 的投影 a、a'、a'' 与该点的坐标 x、y、z 之间的关系为:

$$x = Aa'' = aa_y = a'a_z$$
$$y = Aa' = aa_x = a''a_z$$
$$z = Aa = a'a_x = a''a_y$$

A 点的坐标表示形式为 $A(x,y,z)$。

由图 3-7b) 可看出 a 的位置由 x、y 决定;a' 由 x、z 决定;a'' 由 y、z 决定。已知一点的三个坐标值,就可唯一确定此点的空间位置及其三面投影。

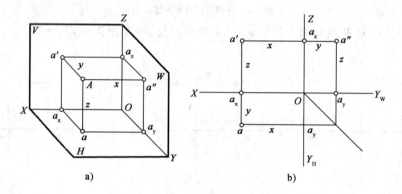

图 3-7 点的投影与坐标

[例 3-2] 已知点 $A(20,15,10)$,求作其三面投影图。

解 (1) 在 OX、OZ 轴上分别取 $x=20$ 和 $z=10$,得 a_x 和 a_z [图 3-8a)];
(2) 过 a_x 和 a_z 分别作 OX 和 OZ 的垂线,二垂线交得 a' [图 3-8b)];
(3) 在二垂线上自 a_x 和 a_z 分别向下和向右量取相同的长度 $y=15$,得 a 和 a'' [图 3-8c)]。

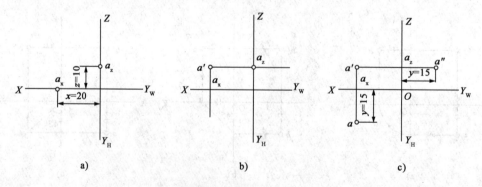

图 3-8 由点的坐标作投影图

二、点的空间位置

(一) 两点相对位置的判别和确定

两点的相对位置是指空间两点之间平行于投影轴 X、Y、Z 方向上的左右、前后和上下的相对位置关系。

空间两点的相对位置可根据两点的同面投影(在同一投影面上的投影称为同面投影)的坐标关系来判别。如图3-9所示,已知 A 点和 B 点的三面投影。我们可看出,$x_A > x_B$ 表示 A 点在 B 点之左;$y_A > y_B$ 表示 A 点在 B 点之前;$z_A > z_B$ 表示 A 点在 B 点之上,即 A 点在 B 点的左、前、上方。若要知道其确切位置则可用两点的坐标差(即两点在三个方向上分别对各投影面的距离差)来确定。图3-9中,A 点在 B 点左方 $x_A - x_B$ 处;A 点在 B 点前方 $y_A - y_B$ 处;A 点在 B 点上方 $z_A - z_B$ 处。由于 AB 两点的坐标差已确定,这两点的相对位置就完全确定了。图3-9b)为其直观图。

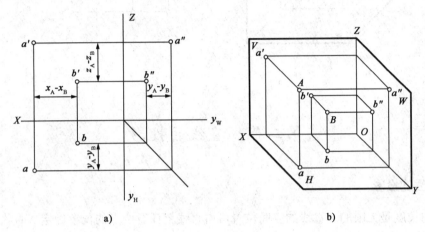

图3-9 两点的相对位置

(二)重影点及其可见性

位于某一投影面的同一条投射线(投影面垂直线)上的两点,在该投影面上的投影重合于一点,则称这两点为对该投影面的重影点。如图 3-10a)所示,A、B 两点位于同一条 V 面投射线上,它们在 V 面的投影重合于一点,则称 A、B 两点为对 V 面的重影点。

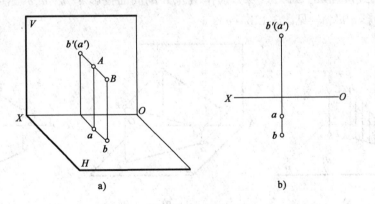

图3-10 重影点及其可见性

因重影点位于某一投影面的同一投射线上,必有一点遮住另一点,因此遇到重影点时,须判别其可见性。由图3-10可看出,我们沿 V 面投射线方向看去,可看见 B 点,A 点被 B 点遮住,因此,B 点的 V 面投影为可见,A 点的 V 面投影为不可见。我们规定,点的某一投影不可见时,加括号表示。A、B 两点的 H 面投影中,因 B 点在前、可见,B 点的 y 值大于 A 点的 y 值。由此可见,判别重影点的可见性,可根据它们不重合的同面投影来判别,坐标值大的为可见,坐标值小的为不可见。如图 3-11 所示，C、D 两点位于 W 面的同一投射线上，为对 W 面的重影点。因 $x_C > x_D$，所以 c'' 为可见，d'' 为不可见，应加括号。

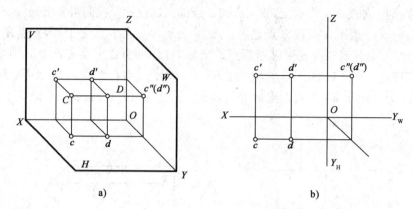

图 3-11 重影点与可见性

第二节 直线的投影

一、直线的投影

直线的长度是无限的。直线的空间位置可由直线上任意两点的位置确定。直线上两点之间的一段，称为线段。线段有一定的长度，用它的两个端点作标记。

直线在某一投影面上的投影，是通过该直线的投射平面与该投影面的交线。由于两平面的交线必然是一直线，所以直线的投影仍为直线，如图 3-12a) 所示，ab 为直线段 AB 的投影。只有当直线垂直于投影面时，在该投影面的投影才成为一点，如图 3-12a) 中的直线段 CD。

因为直线可由直线上两点所确定，所以直线的投影可由直线上两点的同面投影所确定。如果要作出直线段 AB 的投影，只要分别作出 A、B 的同面投影 a'、b'、a、b，然后同面投影相连即得 AB 的投影 $a'b'$、ab，见图 3-12b)、c)。

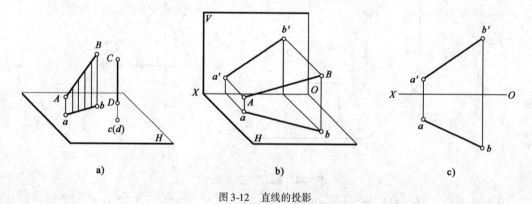

图 3-12 直线的投影

二、直线与投影面的相对位置

在三面体系中，根据直线与投影面的相对位置不同，直线可分为一般位置直线、投影面平行直线和投影面垂直线三种。后两种直线又总称为特殊位置直线。

(一) 一般位置直线

将三个投影面都处于倾斜(既不平行也不垂直)位置的直线称为一般位置的直线。如图 3-13a)所示,直线 AB 同时倾斜于 H、V、W 三个投影面。直线与投影面所成的夹角,称为直线的倾角。直线对 H、V、W 面的倾角,分别用小写希腊字母 α、β、γ 表示。

一般位置直线的各投影均倾斜于投影轴,没有积聚性,也不反映直线的真实长度[图 3-13b)]。直线的投影与投影轴的夹角不反映空间直线与任何投影面的倾角。至于 α、β、γ 的求法,将在"线段的实长及其对投影面的倾角"中讨论。

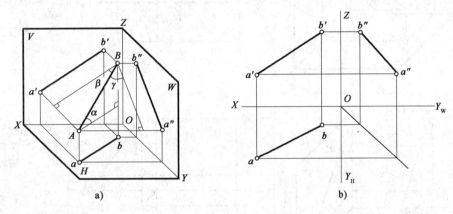

图 3-13　一般位置直线

(二) 投影面平行线

平行于某一个投影面而与其他两个投影面倾斜的直线称为投影面平行线。平行于 H 面的直线称为水平线;平行于 V 面的直线称为正平线;平行于 W 面的直线称为侧平线。

下面以水平线为例说明投影面平行线的投影特性(见表 3-1 中水平线一栏)。

从表中可知,直线 AB∥H 面,根据正投影的投影特点,图中 ABba 为一矩形,所以 ab = AB,即 AB 的水平投影反映该线段的实长。又因 AB 倾斜于其他两投影面,该直线的水平投影与投影轴的夹角 β、γ 反映空间直线与 V 面和 W 面的倾角,由于 AB∥H,所以 $a'a_x = Aa = Bb = b'b_x$,即 $a'b'$∥OX,同理 $a''b''$∥OY 轴。

正平线和侧平线的投影情况详见表 3-1。

投影面平行线的投影特性　　　　　　　表 3-1

	立　体　图	投　影　面	投影特性
水平线	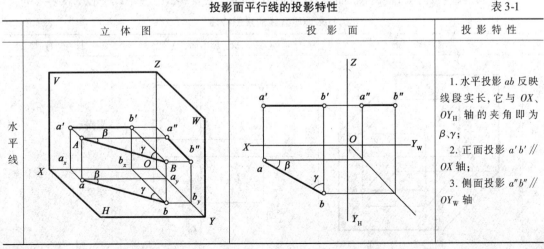		1. 水平投影 ab 反映线段实长,它与 OX、OY_H 轴的夹角即为 β、γ; 2. 正面投影 $a'b'$∥OX 轴 3. 侧面投影 $a''b''$∥OY_W 轴

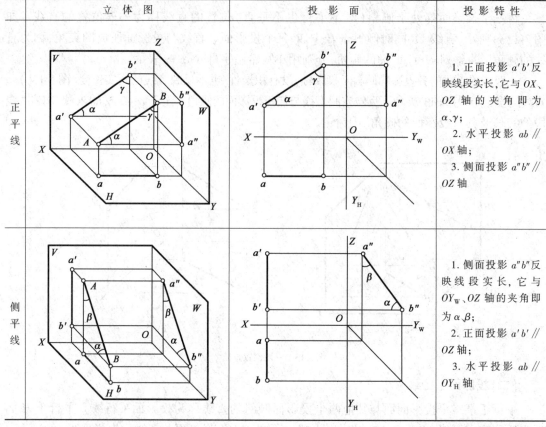

分析表 3-1,可总结出投影面平行线的投影特性如下。
(1)直线在它所平行的投影面上的投影,反映该线段的实长和对其他两投影面的倾角;
(2)直线在其他两个投影面上的投影分别平行于相应的投影轴,但不反映实长。

(三)投影面垂直线

垂直于某一个投影面,同时平行于其他两个投影面的直线称为投影面垂直线。垂直于 H 面的直线称为铅垂线;垂直于 V 面的直线称为正垂线;垂直于 W 面的直线称为侧垂线。

下面以铅垂线为例,说明投影面垂直线的投影特性(见表 3-2 中铅垂线一栏)。

投影面垂直线的投影特性　　　　表 3-2

续上表

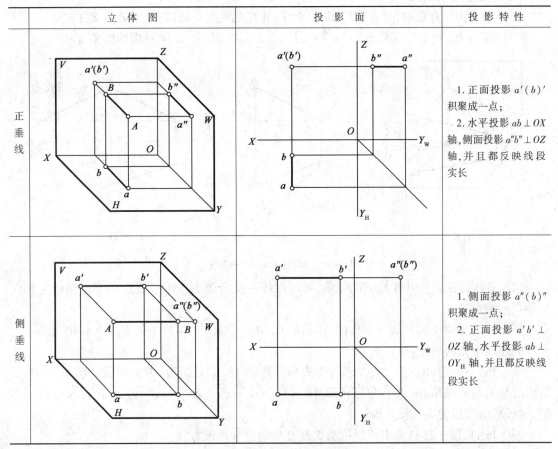

从表中可知，直线 $AB \perp H$ 面，直线在 H 面的投影积聚为一点。又因直线 AB 平行于 V、W 面，所以 $a'b' \perp OX$，$a''b'' \perp OY_W$ 轴，且 $a'b' = a''b'' = AB$（实长）。

正垂线和侧垂线的投影情况详见表 3-2。

分析表 3-2，可总结出投影面垂直线的投影特性如下。

(1) 直线在它所垂直的投影面上的投影积聚成一点；

(2) 直线在其他两个投影面上的投影分别垂直于相应的投影轴，且反映该直线段的实长。

三、线段的实长及其对投影面的倾角

一般位置直线段的投影不能直接反映其实长和对投影面的倾角。如图 3-14a) 所示，AB 为一般位置直线段，其投影 $a'b'$ 和 ab 都不能反映实长，它们与投影轴的夹角也不反映直线与投影面的倾角，可以利用空间线段及其投影之间的几何关系，用图解的方法求直线段的实长和倾角。

直线段对 H 面倾角 α 和实长的求法：在图 3-14a) 中，过 A 点作 $AB_1 \parallel ab$，得直角三角形 ABB_1，其中 AB 是它的斜边，即线段的实长，$\angle B_1AB$ 就是线段 AB 与 H 面的倾角 α，这个直角三角形的一直角边 $AB_1 = ab$，另一直角边 BB_1 等于 B 点和 A 点的端点差（即直线段两端点至相关投影面的距离差）。这个端点差可由 b' 和 a' 到 OX 轴的距离差 $Z_B - Z_A$ 来确定，所以根据线段的投影图就可以作出与 $\triangle AB_1B$ 全等的一个直角三角形，从而求得线段的实长及对 H 投影面的倾角 α。作图方法如图 3-14b) 所示：

(1) 过 a' 作 OX 轴的平行线,交 bb' 于 b'_1 则 $bb'_1 = Z_B - Z_A$;
(2) 以 ab 为一直角边,过 b 点作 ab 的垂线,并在此垂线上截取 $bB_0 = Z_B - Z_A$;
(3) 连接 aB_0,则 aB_0 就是线段 AB 的实长,而 $\angle baB_0$ 就是 AB 与 H 面的倾角 α。

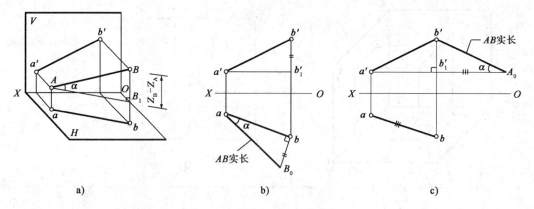

图 3-14 求线段的实长和倾角 α

求作直线段的实长及其相应的倾角,可以在任一投影面上作图。要点在于正确选定相应的端点和端点差。

图 3-14c) 是以 V 面投影 $a'b'$ 作图,作出的 $\triangle b'A_0b'_1$ 与图 3-14a) 中的直角 $\triangle ABB_1$ 全等。

同理倾角 β 的求法:

图 3-15a) 中,过 A 点作 $AB_2 // a'b'$,得直角三角形 AB_2B,其斜边 AB 为线段的实长,$\angle B_2AB$ 是线段与 V 面的倾角 β。在直角三角形 AB_2B 中,$AB_2 = a'b'$,$BB_2 = y_B - y_A$,作出这个直角三角形,就可求出线段的实长及 β 角。

图 3-15b)、图 3-15c) 为求线段的实长及 β 角的两种作图方法。

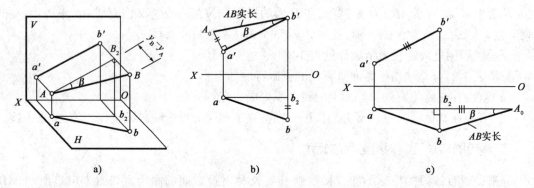

图 3-15 求线段的实长及 β 角

图 3-16 为求线段的实长及与 W 面倾角 γ 的作图方法。

上述求线段实长及其对投影面倾角的方法称为直角三角形法。总结其作图方法如下。

以线段在某一投影面上的投影为一直角边,以线段两端点到该投影面的距离差(即坐标差)为另一直角边,所构成直角三角形的斜边就是线段的实长,而且此斜边与该投影的夹角,就等于该线段对投影面的倾角,如实长与水平投影的夹角就是 α 角,而 α 的对边一定是 z 坐标差,β 角的对边一定是 y 坐标差,γ 角的对边一定是 x 坐标差。

在直角三角形的四个要素(某投影线段、坐标差、实长及倾角)中,只要知道其中任意两个,就可以作出该直角三角形,即可求出其他两个要素。

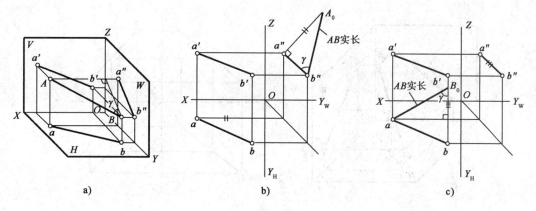

图 3-16 求线段的实长及 γ 角

[例 3-3] 已知线段 AB 的实长为 L, 投影 ab 和 a', 如图 3-17a) 所示, 求其正面投影 a'b'。

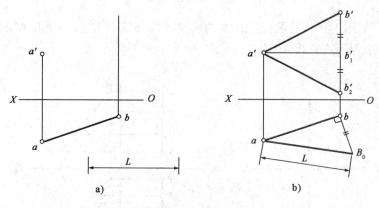

图 3-17 求作 a'b'

解 (1) 分析: 因 ab 为已知, b' 必在自 b 引出的铅直线上; 又因 a' 为已知, 当知道 $|Z_B - Z_A|$ 后, 就可定出 b'。从图 3-14 可知, 直角三角形 ABB_1 是由 ab 长、$|Z_B - Z_A|$ 和 AB 实长三个边组成, 知其中两个就可求出第三个。现已知 ab 和实长 L, 所以 $|Z_B - Z_A|$ 可求。

(2) 作图。根据已知的直角边 ab 和斜边 (实长) L 作出直角三角形 abB_0, 得 $B_0 b = |Z_B - Z_A|$。自 b'_1 向上、下各量取长度 $B_0 b$, 得 b' 和 b'_2, 连接 a'b', $a'b'_2$ 都符合题设条件, 因此本题有两解。

四、直线上的点

(一) 直线上点的投影

直线上一点的投影必在该直线的同面投影上,且符合点的投影规律。如图 3-18a) 所示, 直线 AB 上有一点 C, 则 C 点的投射线 Cc 必位于通过 AB 的投射平面 AabB 内, 因而 Cc 与 H 面的交点 c, 必位于该投射面与 H 面的交线 ab 上。

反之, 若一点的各投影如在直线的各同面投影上, 且符合点的投影规律, 则在空间, 该点必在直线上。

一般情况下, 点是否在直线上, 可由它们的任意两个投影来决定。但如果直线平行于某投影面时, 还应观察直线所平行的那个投影面上的投影, 才能判断点是否在直线上。

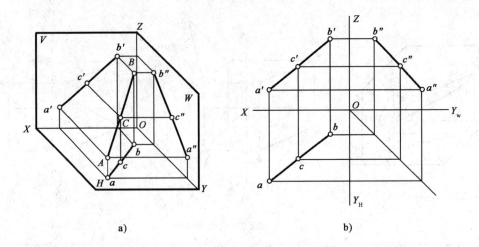

图 3-18 直线上点的投影

[**例 3-4**] 如图 3-19a)所示,已知 AB 的两投影 ab、a'b' 及 C 点、D 点的两投影 c、d、c'、d',试判别 C 点、D 点是否在直线 AB 上。

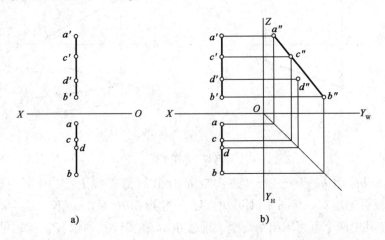

图 3-19 判断点是否在直线上

解 作出 AB、C 点、D 点的 W 面投影[图 3-19b)],由图可看出,C 点的三面投影都在直线的同面投影上,所以 C 点在直线 AB 上,而 d''不在 a''b''上,故 D 点不在 AB 上。

(二)点分割直线成定比

点分割直线段之比值,投影之后不变。即:点将直线段分成定比,则该点的各个投影必将该线段的同面投影分成相同的比例。这个关系称为定比关系。如图 3-18a)所示,C 点把 AB 分成 AC 和 CB 两段,设这两段长度之比为 $m:n$,由于经各点向一投影面所引出的投射线是互相平行的,即 $Aa // Cc // Bb$,$Aa' // Cc' // Bb'$,$Aa'' // Cc'' // Bb''$,所以 $AC:CB = ac:cb = a'c':c'b' = a''c'':c''b'' = m:n$。

[**例 3-5**] C 点把线段 AB 按 3:2 分成两段,求 C 点的投影(图 3-20)。

解 过 a 作任意直线 a5,以任意长度为单位,在 a5 上由 a 点连续量取五个单位,得点 1、2、3、4、5。作连线 b5,过 3 作 b5 的平行线,与 ab 交于 c 点,则 ac:cb = 3:2。根据点的投影规律可得 c'。

[**例 3-6**] 已知侧平线 CD 上一点 E 的正面投影 e'，求 e（图 3-21）。

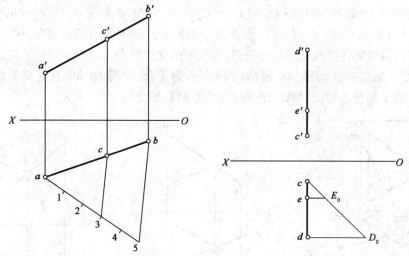

图 3-20　求线段 AB 上的分点 C

图 3-21　由 e' 求 e

解　此题可以用求出第三投影的方法求出，类同图 3-19b）。也可用定比关系求得，见图 3-21。由于 $ce:ed = c'e':e'd'$，可在水平投影中经 c 点引任意直线 cD_0，在该线上截取 $cE_0 = c'e'$，截取 $E_0D_0 = e'd'$，由 E_0 引直线平行于 dD_0，交 cd 于 e 点，即为所求。

五、两直线的相对位置

两直线在空间的相对位置有 3 种情况：平行、相交和交叉。分述如下：

（一）平行两直线

如果空间两直线互相平行，则此两直线的各同面投影必互相平行。

如图 3-22a）所示，直线 AB 平行 CD，过 AB 和 CD 所作的垂直于 H 面的两个投射平面亦必相互平行，因而与 H 面交得的投影 ab 和 cd 也一定平行。同理，V 面和 W 面的投影 $a'b' \parallel c'd'$ 及 $a''b'' \parallel c''d''$。两面投影图如图 3-22b）所示。

反之，若两直线的各同面投影互相平行，则此两直线在空间一定互相平行。

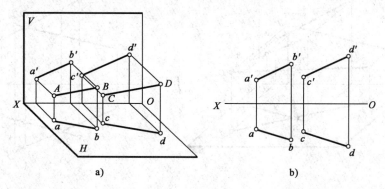

图 3-22　两直线平行

（二）相交两直线

如果空间两直线相交，则此两直线的各组同面投影也一定相交，且交点的投影符合点的投影规律。

如图3-23所示,空间两直线 AB 和 CD 交于 E 点,E 点为直线 AB 与 CD 的共有点。因直线上一点的各投影在直线的同面投影上,所以 e 点在 ab 上,又在 cd 上,必为 ab 和 cd 的交点。同理 e′也必为 a′b′和 c′d′的交点。又因 e 和 e′同为 E 点的两个投影,所以在投影图中,ee′⊥OX 轴。

反之,若两直线的各同面投影均相交,且各投影的交点符合点的投影规律。则此两直线在空间一定相交。如图3-24所示,AB 和 CD 的水平投影重合,表明 AB 和 CD 处在垂直于 H 面的同一平面内,其 V 面投影相交,所以 AB 和 CD 在空间是相交的,交点为 K。

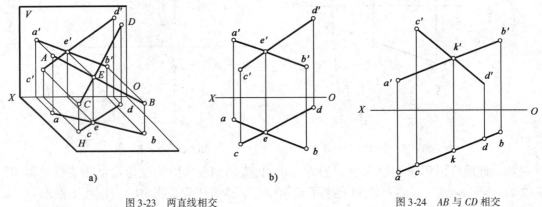

图3-23 两直线相交　　　　　　　　　　　图3-24 AB 与 CD 相交

(三) 交叉两直线

空间两条直线既不平行,又不相交时,称为交叉直线(或异面直线)。在投影图上,凡是不符合平行或相交条件的两直线都是交叉两直线。

当两条直线交叉时,它们的各组同面投影不会都平行;若其同面投影都相交,交点也不会符合点的投影规律,因为它们不是空间同一点的投影,而是处于同一投射线的重影点。如图3-25所示,直线 AB 和 CD 的 V 面投影 a′b′和 c′d′的交点 1′(2′)为 CD 上 I 点和 AB 上 II 点在 V 面上的重合投影;ab 和 cd 的交点 3(4),为 AB 上 III 点和 CD 上 IV 点在 H 面的重合投影。V 面投影交点与 H 面投影交点不符合点的投影规律,因而 AB 和 CD 为交叉两直线。

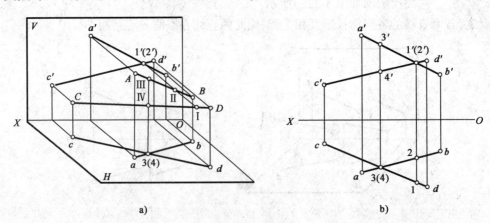

图3-25 交叉两直线

对于交叉直线的重影点,须判别其可见性。如图3-25b)所示,I、II 两点为对 V 面的重投影点,由于 $y_1 > y_2$,所以向 V 面投影,I 点可见,II 点不可见,在 V 面投影图上,须将 2′括上括号。同理、III、IV 点为对 H 面的重影点,因 $z_3 > z_4$,所以 III 点可见,IV 点不可见。

当直线为一般位置直线时,只需两面投影即可判别两直线的相对位置。如果直线为特殊位置线,则须观察三面投影情况,方可判别出两直线的相对位置。

[**例 3-7**] 直线 AB 和 CD 都是侧平线,已知其 V 面投影和 H 面投影,试判别两直线的相对位置[图 3-26a)]。

解 作出直线 AB 和 CD 的 W 面投影,可看出,尽管 AB 和 CD 的正面投影和水平投影互相平行,但其侧面投影不平行,所以 AB 不平行于 CD,AB 和 CD 为交叉两直线[图 3-26b)]。

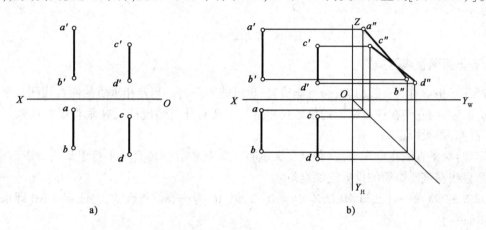

图 3-26 判别两直线的相对位置

[**例 3-8**] 图 3-27a),试判别 AB 和 CD 是否相交。

解 尽管 AB 和 CD 的 V 面、W 面投影都相交,且交点连线⊥OZ 轴,但因 AB 为特殊位置直线,须观察第三个投影图。作出其 H 面投影图后,可看出,V 面和 H 面投影的交点不符合点的投影规律。因此,AB 和 CD 不相交,为交叉两直线[图 3-27b)]。

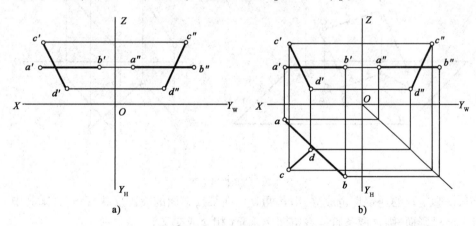

图 3-27 判别 AB 与 CD 是否相交

[**例 3-9**] 作直线 EF 与直线 AB 相交,与直线 CD 平行,并使与 AB 的相交点距 H 面 10mm[图 3-28a)]。

解 (1)图 3-28b),在 V 面投影上,作一 OX 轴平行线,使其距 OX 轴为 10mm,交 a'b' 于 k' 点,再根据点的投影规律找出 k 点;

(2)过 k、k' 点分别作 cd 和 c'd' 的平行线 ef 和 e'f',即为所求。

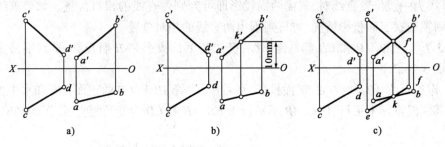

图 3-28　求直线 EF 的投影

六、垂直两直线的投影

两条互相垂直的直线，其投影可能垂直，也可能不垂直。当互相垂直的两直线同时平行于一投影面时，则它们在该投影面的投影互相垂直。还有什么情况能反映垂直呢？这就是下面要研究的直角投影定理。

定理：两条直线在空间垂直（包括交叉垂直），若其中有一条直线平行于某一投影面，则这两条垂直线在该投影面的投影反映直角。

如图 3-29a）所示，已知 $AB \perp BC$，$Bc/\!/H$ 面，但 AB 为一般位置直线，求证 $ab \perp bc$（即水平投影反映直角）。

证明：因为 $BC \perp AB$，$BC \perp Bb$，故 $BC \perp$ 平面 $ABba$，又因 $bc/\!/BC$，所以 $bc \perp$ 平面 $ABba$，故 $bc \perp ab$。

图 3-29a）中，EF 与 BC 为互相垂直的交叉两直线，并 $EF/\!/BC$，则以 $ef/\!/ab$，因 $ab \perp bc$ 所以 $ef \perp bc$，因此，直角投影定理也适用于交叉垂直的两直线。其投影图见图 3-29b）。

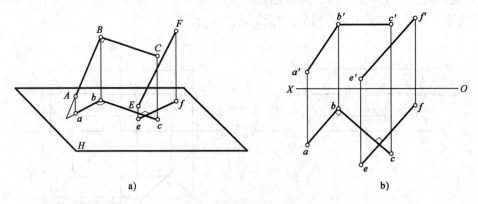

图 3-29　直角投影定理

直角投影定理的逆定理也成立，即若两直线在某投影面的投影反映直角，又知其中一条直线平行于该投影面，则这两条直线在空间必垂直（相交或交叉）。

图 3-30 中，$AB/\!/V$ 面，$a'b' \perp a'c'$，AB 与 AC 是垂直相交；$DE/\!/V$ 面，$d'e' \perp f'g'$，DE 与 FG 是交叉垂直；虽然 $l'm' \perp m'n'$，但 lm、mn 都不平行于 V 面，所以 LM 与 MN 不垂直，为相交两直线。

［例 3-10］　求点 C 到直线 AB 的距离［图 3-31a)］。

解　(1) 分析：过点 C 作直线与 AB 垂直相交，得交点 D，CD 的实长即为点 C 与直线 AB 的距离。因为 AB 是正平线，所以 $c'd' \perp a'b'$。

(2) 作图。见图 3-31b)，作 $c'd' \perp a'b'$，得 d'，在 ab 上求出相应的 d，连 cd，则直线 CD 与 AB 垂直相交。用直角三角形法求出 CD 的实长 $d'C_0$，即为所求距离。

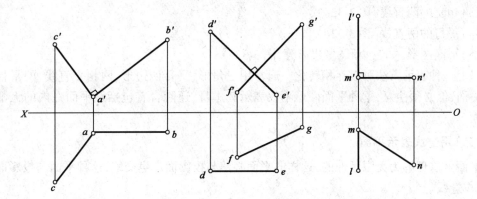

图 3-30　判别两直线是否垂直

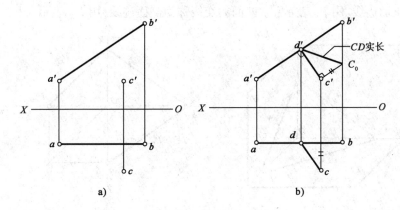

图 3-31　求点 C 到 AB 的距离

第三节　平面的投影

一、平面的表示法

(一) 用几何元素表示平面

(1) 不在同一直线上的三个点[图 3-32a]。

(2) 一直线及线外一点[图 3-32b]。

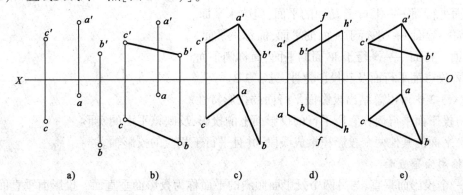

图 3-32　用几何元素表示平面

29

(3) 相交的两直线[图3-32c)]。
(4) 平行的两直线[图3-32d)]。
(5) 平面图形[如三角形,多边形等,图3-32e)]。

以上五种表示方法可以互相转化。通常用三角形、平行四边形、两相交直线、两平行直线表示平面,但必须注意,这种平面图形不仅表示其本身,还隐含着包括该平面在内的无限延伸的平面。

(二) 用迹线表示平面

平面可以理解为无限延伸的,这样的平面必然与投影面产生交线,这种平面与投影面的交线,叫作迹线。

如图3-33所示,设一空间平面P,P平面与H面的交线成为水平迹线,用P_H表示;与V面的交线称为正面迹线,用P_V表示;与W面的交线称为侧面迹线,用P_W表示。

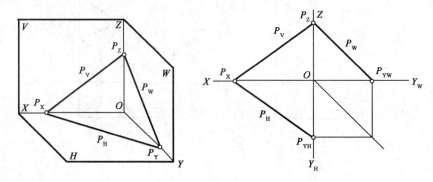

图3-33 用迹线表示平面

二、平面的空间位置

平面相对于某一投影面有三种位置,即平行于投影面的平面(简称投影面平行面)、垂直于投影面的平面(简称投影面垂直面)和一般位置平面(对投影面没有平行或垂直关系)。前两种统称为特殊位置平面。

(一) 特殊位置平面

1. 投影面平行面

与某个投影面平行,必与另两个投影面垂直的平面称为投影面平行面。投影面平行面有:
H面平行面——平行于H面的平面,简称水平面。
V面平行面——平行于V面的平面,简称正平面。
W面平行面——平行于W面的平面,简称侧平面。
三种投影面平行面及其投影特性,见表3-3。
从表3-3中可以总结出投影面平行面的投影特性。
(1) 投影面平行面在它所平行的投影面上的投影,反映该平面的实形。
(2) 平面的其他两个投影积聚成线段,并且平行于相应的投影轴。

2. 投影面垂直面

与一个投影面垂直,与另两个投影面倾斜的平面称为投影面垂直面。投影面垂直面有:
H面垂直面——垂直于H面的平面,简称铅垂面。

V 面垂直面——垂直于 V 面的平面,简称正垂面。
W 面垂直面——垂直于 W 面的平面,简称侧垂面。
三种投影面垂直面及其投影特性,见表3-4。

投影面平行面的投影特性　　　　　表3-3

	水平面($//H$)	正平面($//V$)	侧平面($//W$)
立体上的面	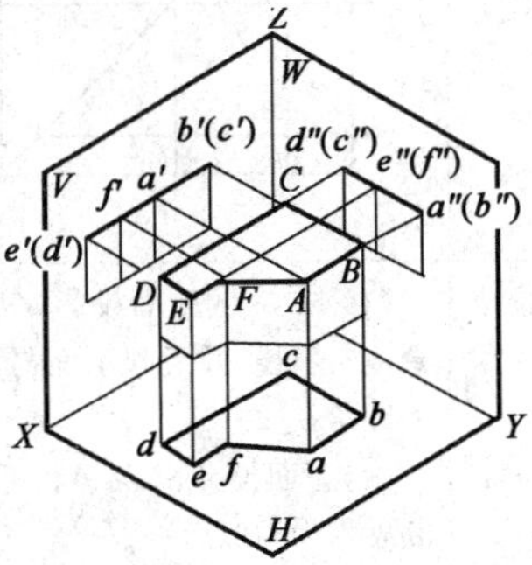	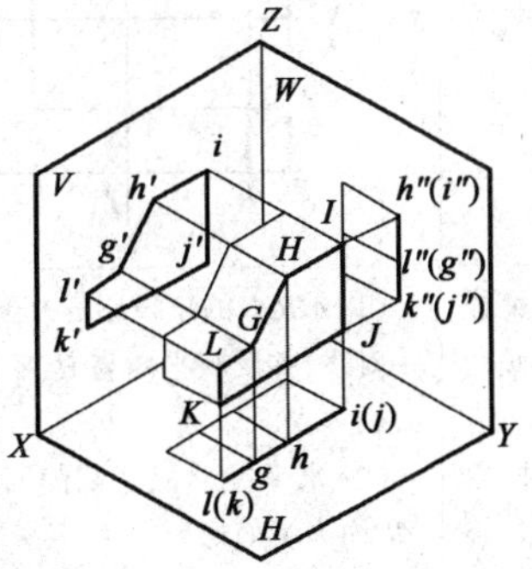	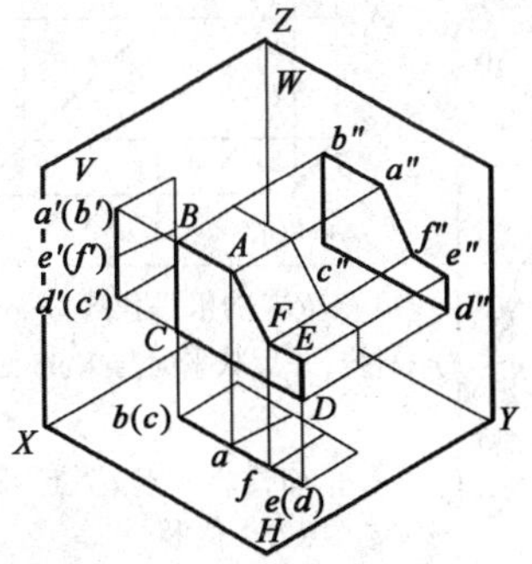
投影图	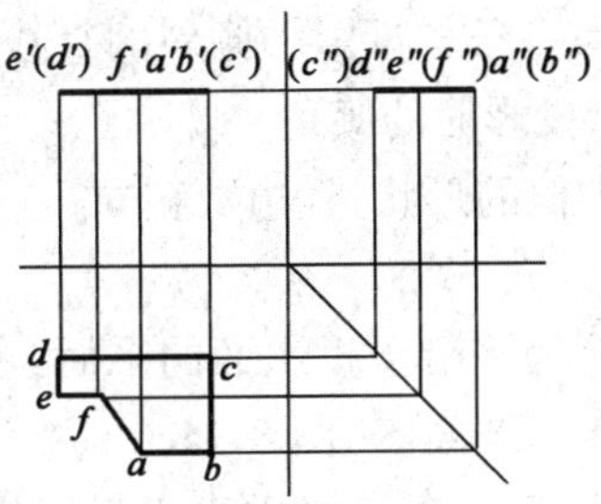	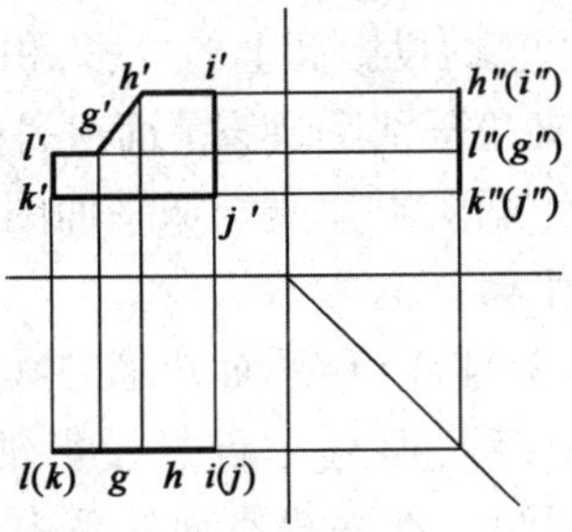	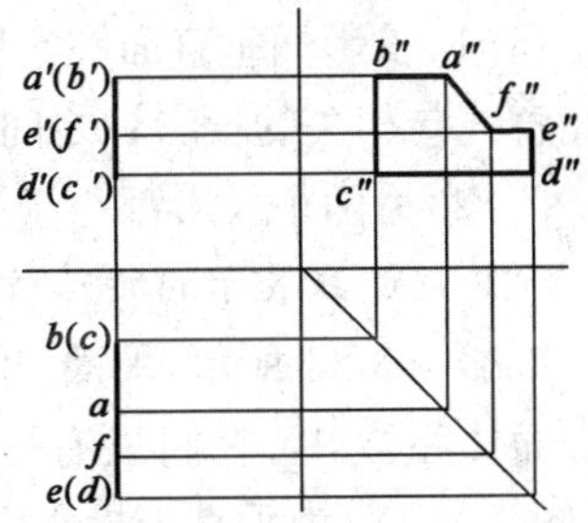
投影特性	(1) $ABCDEF$ 平面在水平面上投影反映实形; (2) 正面投影和侧面投影均积聚为横直线	(1) $GHIJKL$ 平面在正面上投影反映实形; (2) 水平面积聚为横直线,侧面投影积聚为竖直线	(1) $ABCDEF$ 平面在侧面上投影反映实形; (2) 在正面及水平面上的投影积聚为竖直线

投影面垂直面的投影特性　　　　　表3-4

	铅垂面($\perp H$)	正垂面($\perp V$)	侧垂面($\perp W$)
立体上的面	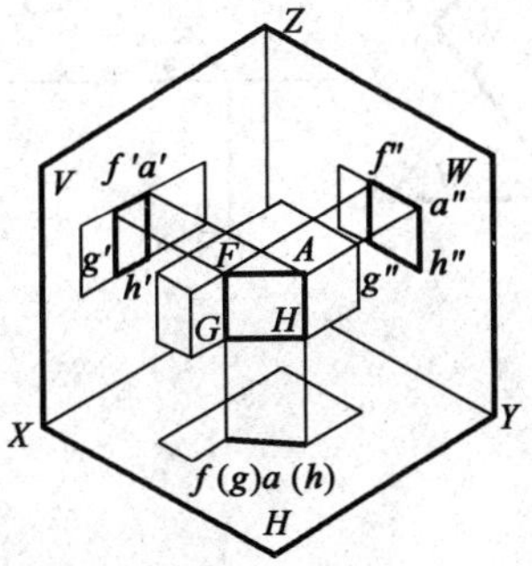	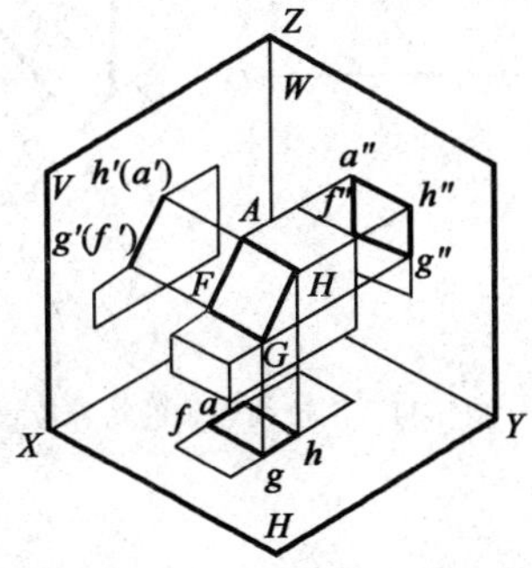	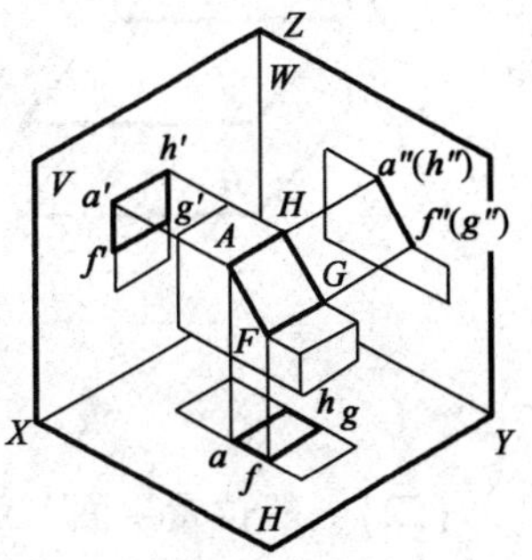

续上表

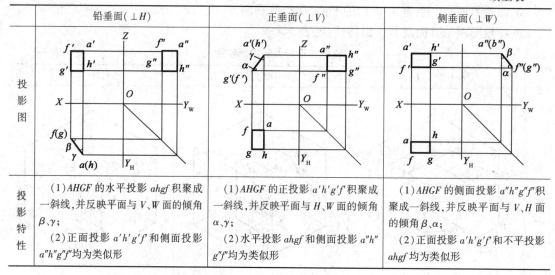

	铅垂面($\perp H$)	正垂面($\perp V$)	侧垂面($\perp W$)
投影特性	(1)$AHGF$ 的水平投影 $ahgf$ 积聚成一斜线,并反映平面与 V、W 面的倾角 β、γ; (2)正面投影 $a'h'g'f'$ 和侧面投影 $a''h''g''f''$ 均为类似形	(1)$AHGF$ 的正投影 $a'h'g'f'$ 积聚成一斜线,并反映平面与 H、W 面的倾角 α、γ; (2)水平投影 $ahgf$ 和侧面投影 $a''h''g''f''$ 均为类似形	(1)$AHGF$ 的侧面投影 $a''h''g''f''$ 积聚成一斜线,并反映平面与 V、H 面的倾角 β、α; (2)正面投影 $a'h'g'f'$ 和水平投影 $ahgf$ 均为类似形

从表 3-4 中可以总结出投影面垂直面的投影特性。

(1)投影面垂直面在它所垂直的投影面上的投影,积聚为一条与投影轴倾斜的直线,而且此直线与相关的投影轴之间的夹角分别反映该平面对另两个投影面的倾角。

(2)另两个投影都小于平面实形,并呈现与原平面图形类似的形状,且边数相同。

3.用迹线表示的特殊位置平面

如图 3-34 所示,平面 P[图 3-34a)]及平面 R[图 3-34b)]为平行于投影面的平面,在两投影面体系之中,它们只有一条迹线,而且平行于投影轴 OX。平面 S[图 3-34c)]及平面 Q[图 3-34d)]为垂直于投影面的平面,在两投影面体系中,它们有一条迹线垂直于投影轴 OX,另一条迹线与相关投影轴的夹角反映该平面与相关投影面的倾角。

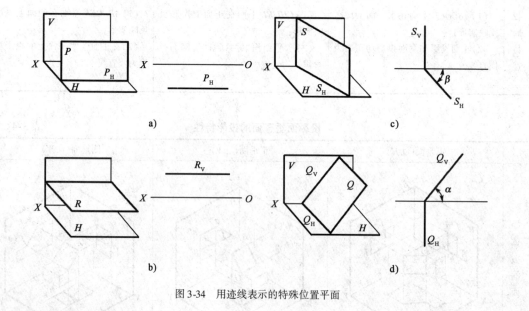

图 3-34 用迹线表示的特殊位置平面

(二)一般位置平面

对三个投影图都没有垂直或平行关系的平面,称为一般位置平面,如图 3-35a)中的△ABC。

一般位置平面的投影特性是：它的三个投影都没有积聚性或反映实形，只是呈现与原平面图形边数相同的类似的缩小图[图3-35b)]。

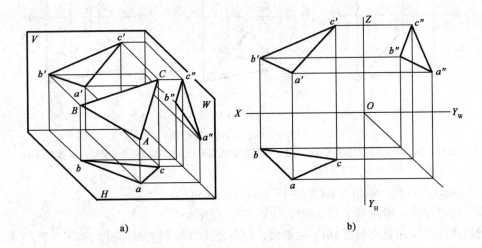

图3-35 一般位置平面

三、平面内的直线和点

(一) 直线在平面内的几何条件

1. 直线在平面内的几何条件

若一直线经过一平面内两已知点，或经过平面内一已知点，且与平面内一已知直线平行，则该直线可确定在该平面内。在图3-36a)中，直线AB通过该平面内的Ⅰ、Ⅱ两点，而CD通过平面内的Ⅲ点，又与平面内的FG直线平行，所以，直线AB、CD均在△ABC平面内。

2. 点在平面内的几何条件

若一个点在一个平面内，它必定在该平面内的一已知直线上（点在线上，线在面上）。如图3-36b)所示，K点在直线AB上，而直线AB在△EFG平面内，则K点可以确定在三角形平面内。下面举例说明其作图方法。

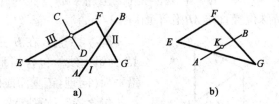

图3-36 平面内的直线和点

[例3-11] 图3-37a)，已知三角形ABC及其上一点K的V面投影k'，求其点K的另一投影k。

解 根据点在平面内的投影条件，可在三角形平面上通过k'引一辅助线a'd'，并作出H面投影ad，则k必然在ad上。作图步骤如图3-37所示。

(二) 包含直线或点作平面

包含一条直线或一个点可作出无数个平面，但所作出的平面要受到其所包含的直线性质的限制。

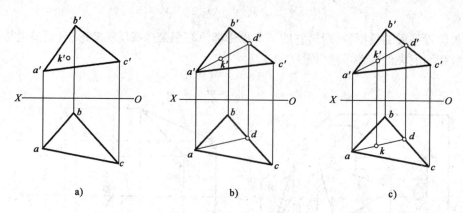

图 3-37 作平面点内的投影

a) 已知△ABC 及点 K 的 V 面投影 k'; b) 过 a', k'作辅助线交 b'c'于 d', 自 d'向下引垂线与 bc 相交得 d;
c) 自 k'向下引垂线与 ad 交于 k 即为所求

[**例 3-12**] 包含一般位置直线 AB 作平面[图 3-38a)]。

解 可以作出一般位置平面△ABC, 如图 3-38b)所示;

可以作出投影面垂直面△ABC(铅垂面, 同理: 正垂面或侧垂面亦可), 如图 3-38c)所示;

可以作出用迹线表示的铅垂面 P, 如图 3-38d)所示;

但不可能作出投影面平行面, 因为所包含的是一般位置直线, 该直线对投影面不存在平行关系。

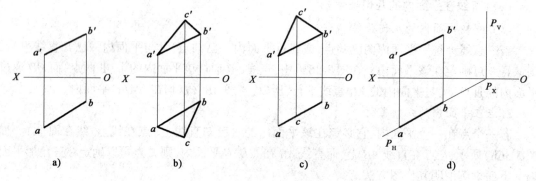

图 3-38 包含一般位置直线作平面

[**例 3-13**] 包含特殊位置直线 AB 作平面[图 3-39a)]。

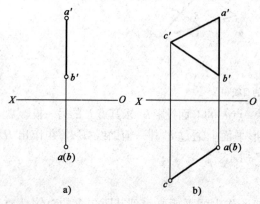

解 AB 直线在 H 面的投影积聚成一点, 故 AB 为铅垂线。包含铅垂线所作的平面必定为铅垂面(同理: 正垂面或侧垂面亦同)。

包含特殊位置直线作平面的概念与方法很简单, 但很重要。在以后的图解和制图中, 大量使用到这一概念。

(三) 平面内的特种直线

平面内的投影面平行线与最大斜度线, 称为平面内的特种直线。

1. 平面内的投影面平行线

平面内的投影面平行线分为 3 种情况:

图 3-39 包含投影面垂直线作平面

(1) 平面内的正平线——平面内平行于 V 面的直线。

(2) 平面内的水平线——平面内平行于 H 面的直线。

(3) 平面内的侧平线——平面内平行于 W 面的直线。

平面内的投影面平行线有着前述投影面平行线的性质。另外,它们与所在的平面还有着从属关系。现以平面内的水平线为例,说明它们投影图的做法及投影特性。

(1) 如图 3-40a) 所示,P 面倾斜 H 面,MN 直线在 P 平面内,且平行 H 面,所以 MN 是 P 面内的一条水平线。

(2) 如图 3-40b) 所示,平面由 △ABC 给定,试在平面内任意作一条水平线。因为水平线的正面投影平行于 OX 轴,因此先作它的正面投影 $m'n'$,使 $m'n' // OX$ 轴。再画出对应的水平投影 m 和 n,连 m 和 n 便得水平线的水平投影 mn,M 和 N 两点都在 △ABC 平面内,所以 MN 是该平面内的水平线。

(3) 投影特性:①平面内的水平线的正面投影平行于 OX 轴;②平面内的水平线平行于该平面的水平迹线[图 3-40a];③平面内的水平线可以是一组,它们之间互相平行;④平面内的水平线没有水平迹点,它们的正面迹点在正面迹线上。

同理,可证明平面内正平线,侧平线的投影特性。

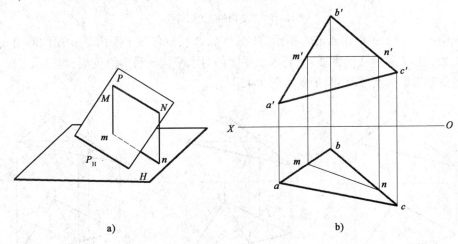

图 3-40 平面内的水平线

2. 平面内的最大斜度线

平面内的最大斜度线是平面内的又一条特种直线,它垂直于平面内的投影面平行线。垂直于平面内水平线,称为对水平面的最大斜度线;垂直于平面内正平线,称为对正面的最大斜度线;垂直于平面内侧平线,称为对侧面的最大斜度线。

最大斜度线有如下性质(以对水平面的最大斜度线为例):

(1) 最大斜度线的水平投影垂直于平面内水平线的水平投影

如图 3-41 所示,P 平面内的直线 AB 垂直于平面内的水平线 MN,则 AB 是平面 P 对 H 面的一条最大斜度线。根据直角定理,$ab \perp mn$。

(2) 最大斜度线 AB 与 H 面的倾角最大

图 3-41 中,AB 对 H 面的倾角为 α,由于过 A 点在平面上所作其他直线,对 H 面的倾角都小于 α,所以,称 AB(所代表的斜度方向)为平面内对水平面的最大斜度线。

证明:过 A 点在 P 平面内任作一直线 AB_1,AB_1 对 H 面的倾角为 $α_1$,在两直角三角形 Abo、

35

AB_1o 中,Ao 为公共直角边,由于 $AB \perp P_H$,所以 $aB \perp P_H$(直角定理),因此,$aB < aB_1$,所以,$\alpha_1 < \alpha$,即 AB_1 对 H 面倾角小于最大斜度线 AB 对 H 面的倾角。

(3)最大斜度线的几何意义

由于 $AB \perp P_H$,$aB \perp P_H$,则 $\angle \alpha$ 是平面 P 与 H 面所成两面角的平面角,而 $\angle \alpha$ 又是直线 AB 对 H 面的倾角,所以,可以利用最大倾斜度线来测定某平面对投影面的倾角。

对 V 及 W 面最大斜度线的证明略。

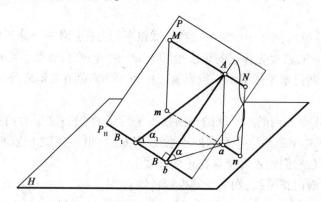

图 3-41 平面内的最大倾斜线

[**例 3-14**] 已知平面由 $\triangle ABC$ 所给定[图 3-42a)],试作该平面内对 H 面的倾角 α。

解 根据最大斜度线的性质,只要求出平面内对水平面的最大斜度线,然后求出该直线对 H 面的倾角实形即为所求,作图步骤如图 3-42 所示。

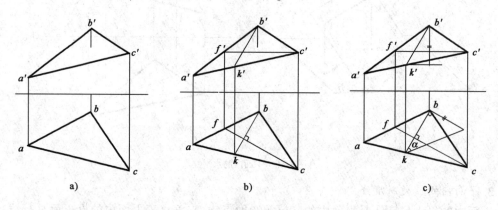

图 3-42 求平面与 H 面的夹角

a)已知 $\triangle ABC$ 的 V、H 投影;b)在平面上任意作一水平线 CF($c'f'$、cf),过 B 点作 CF 的垂线 BK($bk \perp cf$),作出 $b'k'$ 及 bk,BK 即为 $\triangle ABC$ 平面对 H 面的最大斜度线;c)用求实长的方法求得 BK 对 H 面的最大斜度角 α

第四章 直线与平面、平面与平面的相对位置关系

空间一直线与平面之间或空间两平面之间的相对位置,可分为平行、相交和垂直三种。这些相对位置的性质在初等几何中都有相应的定理,本章将在这个基础上研究它们的投影特点、基本作图方法。

第一节 直线与平面平行、平面与平面平行

一、直线与平面平行

(一)直线与一般位置平面平行

从几何学可知,若一直线和一平面上的任意直线平行,则该直线与该平面互相平行。反之,如果一直线与某平面平行,则在此平面上必能作出与该直线平行的直线。

在图4-1中,直线AB平行于$\triangle CDE$平面上的直线CF($ab\,/\!/\,cf$,$a'b'\,/\!/\,c'f'$),故直线AB和平面CDE互相平行。

在图4-2中,$m'n'\,/\!/\,c'd'$,而mn不平行于cd,故直线MN不平行于直线CD,说明在相交两直线AB和CD所决定的平面上,不可能有与直线MN平行的直线。因此,直线MN与此平面不平行。

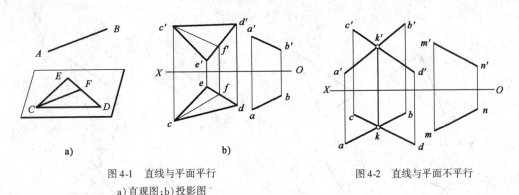

图4-1 直线与平面平行
a)直观图;b)投影图

图4-2 直线与平面不平行

(二)直线与特殊位置平面平行

当直线平行于特殊位置平面时,面的积聚性投影和直线的同面投影平行,则直线和平面平行。如图4-3所示,多边形平面为铅垂面,其在H面上的投影积聚为一条直线p,p与直线AB的同面投影ab互相平行,所以,直线AB平行于多边形平面P。

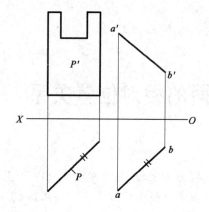

图 4-3 直线与投影面垂直面平行

二、两平面互相平行

(一)两个一般位置平面互相平行

若一个平面上的相交两直线对应平行于另一平面上的相交两直线,则两个平面互相平行(图 4-4)。

由此,可以在投影图上判断两平面是否互相平行,并可解决有关平行两平面的作图问题。

[例 4-1] 试判断两已知平面 △ABC 和 △DEF 是否平行[图 4-5a)]。

解 可先在第一平面(△ABC)内作一对相交线,再检查在第二平面(△DEF)内能否作出一对与此相平行的相交线。为作图方便,各在两平面内作一对正平线和水平线,第一平面内作出的正平线和水平线分别是 CM 和 AN,第二平面作出的是 DK 和 EL。因 CM∥DK,AN∥EL,所以这两个平面是互相平行的。

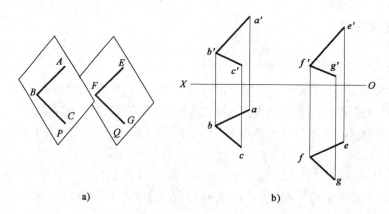

图 4-4 两平面互相平行
a)直观图;b)投影图

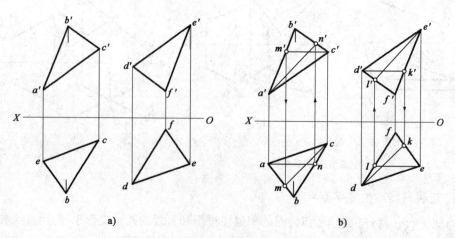

图 4-5 判别两平面是否平行
a)已知;b)求解作图

[例4-2] 已知△ABC和点K的投影[图4-6a)],求作通过点K与△ABC平行的平面。

解 (1)分析。由两平面平行的条件可知,只要过点K作两相交直线分别平行于平面ABC上的两相交直线即可。

(2)作图。

①在△ABC平面内任选两相交直线AB、AC。过点K的水平投影k作ab的平行线de,过k'作a'b'的平行线d'e'[图4-6b)];

②用同样的方法作出与bc和b'c'平行的直线fg和f'g'即为所求。

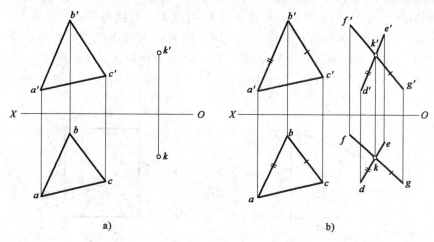

图4-6 过定点作平面平行于已知平面
a)已知;b)求解作图

(二)两个投影面垂直面互相平行

若两特殊位置平面平行,则两平面的同面积聚性投影(或迹线)互相平行(图4-7)。

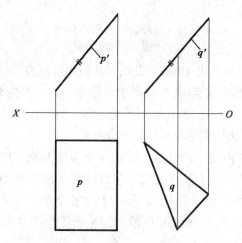

图4-7 两投影面垂直面平行

第二节 直线与平面相交、平面与平面相交

直线与平面相交,交点是直线与平面的共有点,交点即在直线上,又在平面上。求直线与平面的交点,其实质就是求直线与平面的共有点。

两平面相交,交线是直线,是两平面的共有线,只要求出两平面的两个共有点(或一个共有点和交线的方向),即可确定两平面的交线。本节主要研究在投影图上求解交点与交线的方法。

一、直线与平面相交

(一)直线与特殊位置平面相交

由于特殊位置平面的某些投影有积聚性,利用这个特性可以在图上直接求出交点。

图4-8a)中,直线 AB 和铅垂面 P 相交于点 K,因点 K 是直线与平面的共有点,所以,点 K 的各个投影必定在直线 AB 的同面投影上。又因平面 P 在 H 面上的投影有积聚性,所以点 K 的 H 面投影 k 必定在平面 P 的积聚性投影上,即点 K 的 H 面投影 k 就是直线 AB 与平面 P 积聚性投影的交点,为此,在投影图[图4-8b)]中,由 k 作出 k′,k 和 k′ 即为所求交点 K 的两面投影。

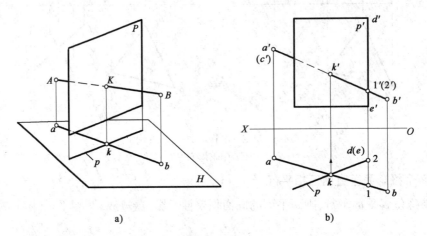

图4-8 求直线与铅垂面的交点
a)直观图;b)投影作图

交点 K 求出后,还要判别直线 AB 的可见性。从图中可以看出,水平投影不存在可见性问题。只有直线与平面的投影有重叠时,才会产生可见性。若交点在平面图形以内,则交点是可见与不可见的为分界点,一端可见,另一端不可见。图4-8b)中的 V 面投影 a′b′ 与平面 P 相重叠部分就有可见性问题,k′ 就是可见与不可见的分界点。

判别可见性的方法:利用交叉两直线产生的重影点来判别。图4-8b)V 面投影中,AB 和 DE 是交叉两直线,而 a′b′ 与 d′e′ 的交点是交叉两直线对 V 面的重影点的投影,它在 H 面上的投影分别为1、2两点。从图中可以看出,位于 AB 线上点 I 的 Y 坐标值比直线 DE 上的点 II 的 Y 坐标值大,对 V 面来说 k′b′ 可见,而 k′a′ 线段上被平面遮挡部分为不可见,画虚线,不重叠部分画成实线。

若参与相交的平面为迹线面,一般不用判别可见性。

(二)直线与一般位置平面相交

由于一般位置平面的投影没有积聚性,所以不能直接确定交点的投影。通过前述一般位置直线与特殊位置平面相交求交点,可知直线与平面的积聚性投影的交点,即是交点的投影。因此,直线与一般位置平面相交交点的求法,可以通过作一个特殊位置的辅助面求得。

图4-9a)表示一般位置直线 DE 与一般位置平面△ABC 相交。从图4-9b)可以看出,交点 K 是直线与平面的共有点,即点 K 属于平面的点,它一定在平面内的一条直线上,如在 MN 线上。因此,过相交点 K 的直线 MN 就和已知直线 DE 构成一平面 P(辅助面)。显然,直线 MN 是已知平面△ABC 和辅助面 P 的交线,交线 MN 与已知直线 DE 的交点 K,就是直线 DE 与平面 ABC 的交点。

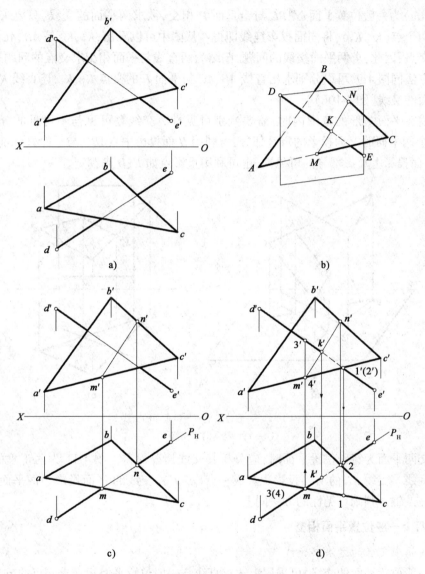

图4-9 直线与一般位置平面相交
a)已知;b)直观图;c)作辅助面;d)求交点,判别可见性

由此得出直线与一般位置平面求交点的作图步骤。

(1)包含直线 DE 作辅助面 P,为作图简便,取特殊位置平面为辅助面,本例作的是铅垂面,见图4-9c)。

(2)求辅助面 P 与已知平面△ABC 的交线 $MN(mn, m'n')$,见图4-9c)。

(3)求交线 MN 和已知直线 DE 的交点 $K(k, k')$,即为所求直线与平面的交点,见图4-9d)。

(4)求出交点后,还要根据重影点Ⅰ、Ⅱ和Ⅲ、Ⅳ判定V、H面投影的可见性,见图4-9d)。

二、平面与平面相交

(一)一般位置平面与投影面垂直面相交

图4-10a)为一般位置平面△ABC与铅垂面P相交,欲求两平面的交线,只要求出属于交线的任意两个点(K_1、K_2),将同面投影连线即得。从图中可以看出,K_1、K_2是AB、AC两直线与铅垂面的交点,因此,求两平面交线的问题,归结为两直线与平面相交求交点的问题来解决。

作图方法同图4-9,可以分别求出直线AB、AC与平面P的交点K_1、K_2,连直线K_1、K_2即为两已知平面的交线[图4-10b)]。

当直线在平面图形的范围内时,需要判别可见性。交线是可见与不可见的分界线。如图4-10b)中两平面的V面投影的重叠部分,可利用H面投影中△ABC与平面P的前后位置关系,判定V面投影上重影部分的可见性,也可利用重影点如E、D来判定。

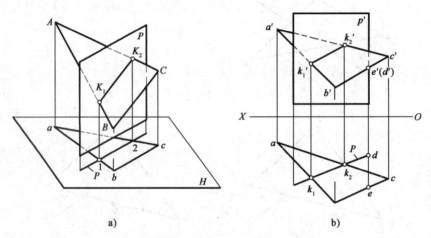

图4-10 求一般位置平面与铅垂面的交线
a)直观图;b)求交线

当相交两平面为特殊位置平面时,应分析其交线情况而得。图4-11为两正垂面相交,交线必为正垂线。交线KL的V面投影积聚成一点(k'、l'),交线的H面投影为两平面的公共部分,且$kl \perp OX$轴。判别可见性的方法同上。

(二)两个一般位置平面相交

1. 用线面求交点的方法求交线

求两一般位置平面的交线,可采用上述求直线与一般位置平面相交求交点的方法,即分别求一平面内两直线与另一平面的交点(以上作图步骤重复两次),两个交点即为两平面的共有点,两共有点相连,即为两平面的交线。

[**例4-3**] 已知两一般位置平面相交[图4-12a)],求交线的投影。

解 (1)分析。如图4-12a)所示,矩形平面与三角形平面均为一般位置平面,在V、H面上的投影互相重叠,可选择矩形平面的两边线AB、CD,分别求出它们与△EFG平面的交点K、K_1,K、K_1的同面投影相连,即为所求,并判别可见性。

(2)作图。

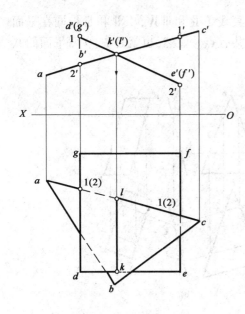

①包含 AB 边作铅垂面 P，求出 P 面与△EFG 的交线 MN 的投影，求出 MN 与 AB 的交点 K，即为两平面交线上的一个共有点[图 4-12b)]。

②包含 CD 边作铅垂面 Q，重复步骤①，求出 Q 面与△EFG 面的交线 LH 的投影，继而求出 CD 与△EFG 的交点 K_1 的投影，K_1 为两平面的另一个共有点[图 4-12b)]。

③在 H、V 投影上，连 kk_1、$k'k_1'$ 即为所求交线的投影图，具体见图 4-12b)。

④判别可见性，用判别交叉两直线重影点可见性的方法判别。在 V 面投影上，只要用一对重影点就可以确定全部 V 面投影的可见性。如图 4-12c)所示，现分别在 EF 和 CD 边上取一对重影点Ⅰ(1'、1)和Ⅱ(2'、2)，点Ⅰ的 Y 坐标值比点Ⅱ的 Y 坐标值大，所以 $f'e'$ 可见，而 $d'c'$ 被△EFG 所遮住的部分 $k_1'(2')$ 不可见，$k_1'c'$ 可见。交线是可见和不可见的分界线，

图 4-11　求两正垂面的交线

$e'g'$ 与矩形面重影部分不可见，$a'k'$ 可见，$k'b'$ 与三角形面重影部分不可见。同理，可在 H 面上取一对重影点，判别出 H 面上两平面的可见性。

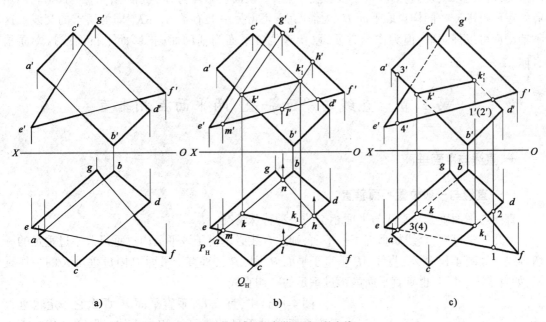

图 4-12　求两一般位置平面的交线
a)已知；b)求交线；c)判别可见性

2. 用辅助平面法求两平面交线

在某些情况下，从投影图上我们不能直接得到两平面的两个共有点，也无法判断出交线的方向。此时欲求它们的交线，必须经过一定的图解法，以求出两个平面的共有点或交线的方向来确定。

图 4-13 中，P、Q 两平面在图纸范围内不相交，可以利用辅助面来求共有点。其原理如

图 4-13a)所示,辅助平面 H_1 与已知平面 P、Q 各交于直线ⅠⅡ和ⅢⅣ,ⅠⅡ和ⅢⅣ同在平面 H_1 上,它们交于一点 K。点 K 是 P、Q 和 H_1 三平面的共有点。显然,也就是 P、Q 两平面的共有点。

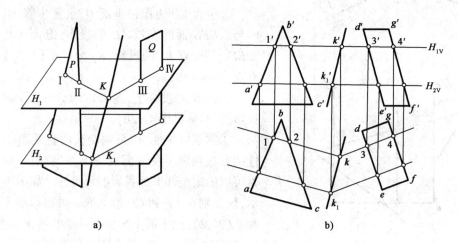

图 4-13 求两一般位置平面的交线
a)直观图;b)求交线

图 4-13b)是作图过程。取任意水平面 H_1 为辅助面,分别求出它和 P、Q 两平面的交线,这两条交线都是水平线,它们的水平投影交于点 k。正面投影均与 H_{1V} 重合,在 H_{1V} 上找出它们相应的正面投影 k'。同样再取平面 H_2 为辅助面,可得另一共有点 K_1,KK_1 即为所求的交线。这种辅助面可以任意取,但为作图方便,取特殊位置平面为辅助面(投影面平行面或投影面垂直面)。

第三节　直线与平面垂直、两平面互相垂直

一、直线与平面垂直

(一)直线与一般位置平面垂直

直线与平面垂直是直线与平面相交的一种特殊情况。

由几何学可知:直线如垂直于一平面,则此直线必垂直于该平面内过垂足或不过垂足的一切直线。如图 4-14 所示,直线 AB 垂直于平面 P,则 AB 必垂直于平面 P 内过垂足 K 的一切直线,如直线Ⅰ、Ⅱ…,也垂直平面内不过垂足的一切直线。

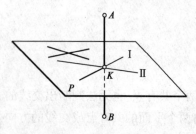

图 4-14 直线与平面垂直

图 4-15a)中,直线 LK 垂直平面 P,那么它一定也垂直于该平面内过垂足的正平线和水平线,即 $LK \perp CD$,$LK \perp AB$,因此,在投影图上[图 4-15b)],根据直角定理,$l'k' \perp c'd'$,$lk \perp ab$。

由于同一平面内的一切正平线、水平线都互相平行,因此对平面内的一切垂线,它们的同面投影的方向都是一致的,所以,可以得出下列结论:

(1)如果一直线垂直于一平面,则该直线的正面投影

一定垂直于该平面内正平线的正面投影,直线的水平投影一定垂直于该平面内水平线的水平投影。

(2)反之,如果一直线的正面投影垂直于一平面内正平线的正面投影,它的水平投影垂直于该面内水平线的水平投影,那么,该直线一定垂直于该平面。

直线和平面垂直的必要和充分条件是:该直线垂直于面内的相交二直线。

从图 4-15b)中可以看出,LK 与平面上过垂足的一对相交的水平线 AB 和正平线 CD 相垂直,因此可以判定 LK 一定垂直于该二直线所决定的平面。

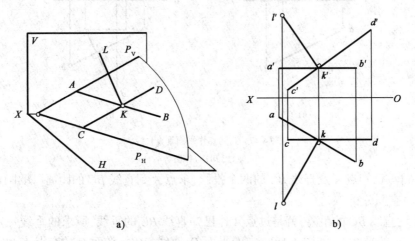

图 4-15　直线垂直于平面内相交二直线
a)直观图;b)投影图

[**例 4-4**]　过点 D 向 $\triangle ABC$ 平面作垂线[图 4-16a)]。

解　过点 D 向平面作垂线,需先求出平面内水平线与正平线的方向。图中 BC 为水平线,还需在 $\triangle ABC$ 平面内任作一正平线,如 $A\mathrm{I}$[图 4-16b)],在 H 面上作 $de \perp bc$,在 V 面上作 $d'e' \perp a'1'$,则直线 $DE(de,d'e')$ 即为所求垂线。

若需求垂足(垂线与平面的交点),则可按直线与平面相交求交点的方法求垂足 K。

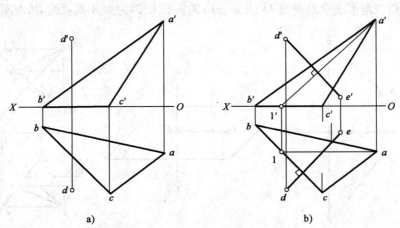

图 4-16　过定点向平面作垂线
a)已知;b)作图

[**例 4-5**]　过点 C 作平面垂直于直线 AB[图 4-17a)]。

解　如图 4-17b)所示,此题只需过点 C 分别作正平线 $CE(c'e' \perp a'b', ce /\!/ OX)$ 和水平线

$CD(cd \perp ab, c'd' // OX)$ 均与直线 AB 垂直,则由相交两直线 CE、CD 所决定的平面必垂直于直线 AB。

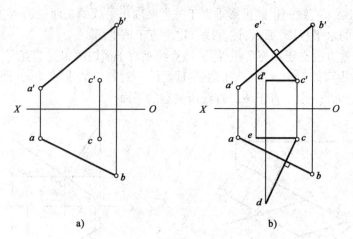

图 4-17 过定点作平面垂直直线
a)已知;b)作图

[例 4-6] 已知点 A 及直线 BC 的两个投影,求点 A 到直线 BC 的距离[图 4-18a)]。

解 (1)空间分析

求点 A 到直线 BC 的距离,就是过点 A 作已知直线 BC 的垂线,所求的垂线一定位于过点 A 而垂直于 BC 的平面上,如图 4-18b)中的平面 Q,直线 BC 与平面 Q 的交点 K 也就是垂线与 BC 的交点。所以,可以利用辅助垂直面来求解。

(2)作图步骤

①过点 A 作垂直于直线 BC 的辅助面 Q,Q 面由正平线和水平线所决定,图 4-18c)中,$a'e' \perp b'c'$,$af \perp bc$;

②利用求直线与一般位置面的交点的方法,求出直线 BC 与辅助平面 Q 的交点 $K(k,k')$;

③连接 AK 的同面投影,$a'k'$ 和 ak 即为所求距离的两个投影;

④用直角三角形法求出垂线 $AK(a'k',ak)$ 的实长 L,即为点 A 到直线 BC 的距离。

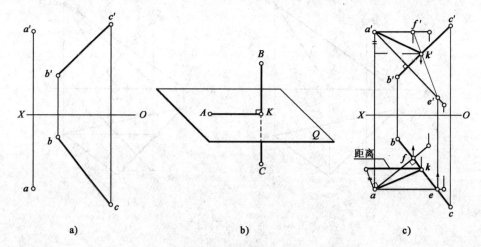

图 4-18 求点到直线的距离
a)已知;b)空间分析;c)作图

(二)直线与特殊位置平面垂直

当直线垂直某投影面垂直面或某投影面平行面时,则此直线必为该投影面的平行线。

如图4-19a)所示,P平面垂直于H面,直线AB垂直于P平面,故直线AB为H面的平行线。由于P平面在H面上的投影有积聚性,所以,直线AB的H面投影与平面P的积聚投影相垂直[图4-19b)]。

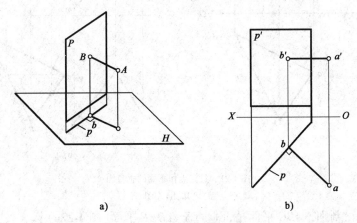

图4-19 直线垂直投影面垂直面
a)直观图;b)投影图

二、两平面互相垂直

两平面互相垂直是两平面相交的特殊情况。从几何学可知,如果一直线垂直于一个平面,那么包含这条直线的一切平面都垂直于该平面[图4-20a)]。反之,如两平面互相垂直,则由第一个平面上的任意一点向第二个平面所作的垂线一定在第一个平面内[图4-20b)]。点A是第一平面内的任意点,AB是第二平面的垂线,[图4-20b)]中,AB在第一平面内,所以两平面是相垂直的;图4-20c)中,AB不在第一平面内,所以两平面不垂直。

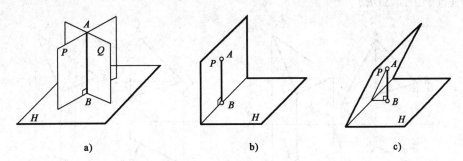

图4-20 两平面垂直的几何条件
a)平面P与Q均与平面H相垂直;b)两平面垂直;c)两平面不垂直

[例4-7] 过点S作平面垂直于△ABC所给定的平面[图4-21a)]。

解 (1)分析:过点S作△ABC的垂线SM,则过SM的任何平面都与△ABC平面垂直。

(2)作图[图4-21b)]:

①在△ABC平面内作水平线CⅠ及正平线AⅡ;

②过点S向△ABC引垂线,即$s'm'\perp a'2'$,$sm\perp c1$,SM即为△ABC的垂线;

③过点S再任作直线SN,则平面SMN即为所求。

本题有无穷多解,图中所作平面为一般位置面。

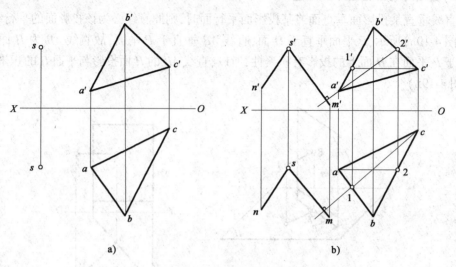

图 4-21 过定点作平面的垂直面
a) 已知; b) 作图

[例 4-8] 试判别 △ABC 平面是否垂直于 △DEF 平面 [图 4-22a)]。

解 (1) 分析: 如果两平面互相垂直, 则由第一个平面上的任意一点向第二个平面所作的垂线一定在第一个平面内。所以, 判别 △ABC 平面是否垂直于 △DEF 平面, 只需要判断 △DEF 平面内是否包含一条 △ABC 平面的垂线。

(2) 作图步骤 [图 4-22b)]:

①在 △ABC 内作一水平线 $AⅠ$ 和正平线 $AⅡ$, 然后过点 F 作平面 △ABC 的垂线, 即 $fk \perp a1$, $f'k' \perp a'2'$;

②检查 FK 是否在 △DEF 平面内, 如果在则两个三角形平面相互垂直, 否则不垂直。

因所作的垂线 FK 在 △DEF 内, 而且垂直于 $AⅠ$ 和 $AⅡ$, 即垂直于 △ABC 平面, 所以平面 △ABC 垂直于平面 △DEF。

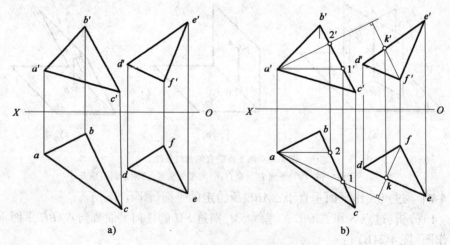

图 4-22 判别两平面是否垂直
a) 已知; b) 作图

第五章 投影变换

第一节 概　　述

　　画法几何学所研究的问题,基本上可分为两类:①解决空间几何元素(点、线、面、立体)及其相互之间的定位问题;②解决几何元素及其相互间的度量问题。前者是研究如何在投影图上确定空间几何元素本身的位置或它们之间的相对位置,如研究平面的表示法、求直线与平面的交点、过点作一已知直线的垂线等问题。后者是研究如何根据投影图来确定几何元素本身的大小和形状或它们之间的度量问题,如求线段的实长及其对投影面的倾角、平面图形的实形及平行两平面之间的距离等问题。前几章所研究的问题,除利用直角三角形法求线段的实长内容以外,都属于定位问题。本章将研究投影变换的原理,为解决度量问题(也包括某些定位问题)提供一个简便的图解方法。

　　由图 5-1a)可以看出,矩形平面 $ABCD$ 倾斜于投影面,它的两个投影都不反映实形。而图 5-1b)中矩形平面平行于 H 面,其 H 面投影就反映实形。图 5-2 中,线段 MK 为点 M 到平面的距离,当平面处于一般位置时,点 K 的位置需要按直线与一般位置平面相交求交点的方法作图才能确定,并且 MK 的投影也不反映实长。但当平面为正垂面时,点 K 的位置可以直接求出,正面投影 $m'k'$ 为点 M 到平面的真实距离。从这里我们得到启示,当要解决一般位置空间几何要素的度量或定位问题时,如能把它们从一般位置变换成特殊位置,问题就容易获得解决。投影变换正是研究如何改变空间几何元素对投影面的相对位置,从而变换它们的投影,以达到简化解题的目的。

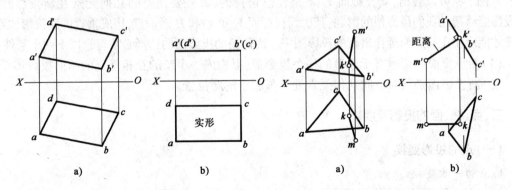

图 5-1　平面实形
a)一般位置面;b)水平面

图 5-2　点到平面的距离
a)一般位置面;b)正垂面

　　投影变换的方法中最常用的有两种:一种是换面法,一种是旋转法。本章只介绍换面法(变换投影面法)。

第二节 换 面 法

一、基本原理

换面法是指空间的几何元素保持不动,用新的投影面代替旧的投影面,使空间几何元素和新投影面的相对位置,变成最利于解题的位置,并根据原有的已知投影,作出空间几何元素在新投影面体系中的新投影,以解决度量和定位问题。

图 5-3 表示一铅垂面△ABC,该三角形在 V 面和 H 面的投影体系(以下简称 V/H 体系)中的两个投影都不反映实形,如果选取一个平行于三角形平面且垂直于 H 面的 V_1 面来代替 V 面,则 V_1 面和 H 面构成一新的两面投影体系 V_1/H,△ABC 在 V_1/H 体系中的投影 $a_1'b_1'c_1'$ 就反映△ABC 的实形。再以 V_1 面和 H 面的交线 O_1X_1 为轴,使 V_1 面旋转至和 H 面重合,就得出 V_1/H 体系的投影图。这样的方法称为换面法。

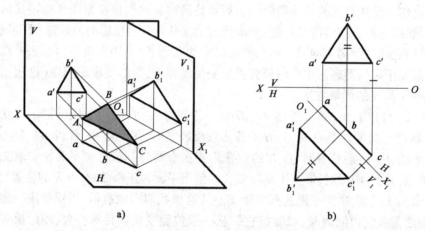

图 5-3 换面法的概念
a)直观图;b)投影图

从图 5-3 可以看出,新投影面 V_1 不是任意选择的,首先要使空间几何元素在新投影面上的投影能够帮助我们最方便的解题;其次新投影面 V_1 必须和 H 面垂直,构成垂直两面投影体系,这样才能应用正投影原理作出新的投影图来。因而新的投影面的选择必须符合以下两个条件:

(1)新投影面必须垂直于原有的一个投影面,以构成一个新的互相垂直的两面投影体系;
(2)新投影面必须对空间几何元素处于最利于解题位置。

二、点、线、面的投影变换

(一)点的投影变换

1. 点的一次变换

仅一个点作投影面变换是没有意义的。从一个点的讨论取得变换的规律,以解决各种几何元素的变换。如图 5-4a)所示,点 A 在 V/H 体系中,正面投影为 a',水平投影为 a。其投影规律:$a'a_x \perp OX$,$a'a_x$ 等于点 A 到 H 面的距离,aa_x 等于点 A 到 V 面的距离。现在,令 H 面不动,以一个新的投影面 V_1 代替原投影面 V,且 $V_1 \perp H$ 面,这样 V_1 面与 H 面就组成了一个新的相互垂直的两投影面投影体系,记作 V_1/H。O_1X_1 是 V_1 面与 H 面的交线,为新投影轴,过点 A 向 V_1

面作垂线,得垂足 a'_1,a'_1 即为点 A 在 V_1 面上的新投影。由于这两个体系具有公共的水平面 H,因此,点 A 到 H 的距离(即 Z 坐标)在新、旧体系中都是相同的,即 $a'a_x = Aa = a'_1a_{x1}$。

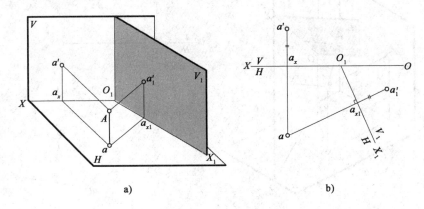

图 5-4 点的一次变换
a)直观图;b)投影图(一次换面)

为了得到在 V_1/H 体系上点 A 的投影图,将图 5-4a)展开,将 V_1 面绕 O_1X_1 轴向右旋转到与 H 面重合[图5-4b)],过点 a 作 O_1X_1 轴的垂线,与 O_1X_1 轴交于 a_{x1},并在此线上量取 $a'_1a_{x1} = a'a_x$,即可求出 a'_1。水平投影 a 为新、旧两投影共有。

由以上所述,得出点的投影变换的基本规律:

(1)新设的投影面必须垂直于一个原有的投影面,以组成一个新的互相垂直的投影体系。

(2)在新投影体系中,仍然保持正投影的投影规律,即点的一对投影连线垂直于新的投影轴($a'_1a \perp O_1X_1$),点的新投影到新投影轴的距离等于被代替的投影到原投影轴的距离($a'_1a_{x1} = a'a_x$)。

2.点的二次变换

为了解决某些实际问题,有时需用两个新投影面代替原有的 V 面或 H 面,组成新的投影体系,这种变换称为二次变换。变换原理和一次变换相同,要一次变换一个投影面,如先变 V 面,再变 H 面,交替进行。

如图 5-5a)所示,V_1 面代替了原 V 面,$V_1 \perp H$,形成 V_1/H 投影体系;再以 H_2 代替 H 面,$H_2 \perp V_1$ 面,形成 V_1/H_2 投影体系。点 A 分别向 V_1、H_2 面作投影,所得到的投影为 a'_1、a_2。根据点的正投影规律可知,$a'_1a_2 \perp o_2x_2$;$a_2a_{x2} = aa_{x1}$(点 A 到 V_1 面的距离)。

图 5-5b)是展平的投影图,展开顺序是:先将 H_2 面绕 O_2X_2 轴向后旋转到与 V_1 共面,再将 V_1、H 面旋转到与 V 共面。

(二)直线的投影变换

直线的投影变换,其实质是直线上两个端点的投影变换,只要求出两个端点的新投影,然后相连,即为直线的新投影。

1.直线的一次变换

直线的一次变换,能解决以下两类问题:

(1)将一般位置直线变换成投影面平行线

欲将一般位置直线变换成投影面平行线,建立的新投影面必须平行于该直线,新投影轴 O_1X_1 必须平行于直线的不变投影。

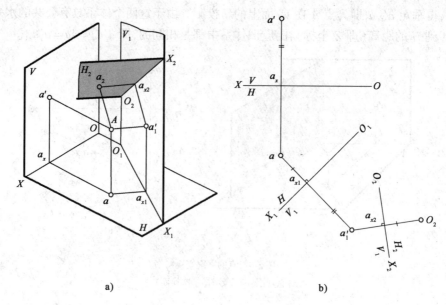

图 5-5 点的二次变换
a）直观图；b）投影图（二次换面）

图 5-6a）所示，直线 AB 在 V/H 体系中为一般位置直线，要求直线 AB 的实长及与 H 面的倾角实形。则应使 H 面为不变投影面，作一新投影面使 $V_1//AB$，$V_1 \perp H$，因为在 V_1/H 体系中，$AB//V_1$，所以 $ab//O_1X_1$ 轴，$a_1'b_1' = AB$（实长），$a_1'b_1'$ 与 O_1X_1 轴的夹角 α 等于直线 AB 对 H 面的夹角 α。

图 5-6b）是展开后的投影图。在已知 $a'b'$、ab 的情况下，O_1X_1 轴可任选位置，只要平行 ab 即可。

若以 H_1 面代替 H 面，则可求出直线 AB 的实长及其对 V 面的倾角 β（图 5-7）。

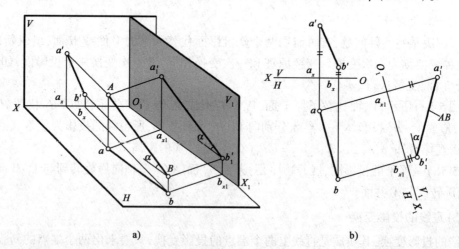

图 5-6 直线的一次变换
a）直观图；b）投影图（求 α 角实形）

（2）将投影面平行线变换成投影面垂直线

图 5-8a），直线 AB 为 H 面平行线，现将直线 AB 变换成投影面垂直线，使直线的新投影在投影面上积聚成一点。

取 V_1 面代替 V 面，V_1 面垂直于直线平行的投影面（$V_1 \perp H$），同时，$V_1 \perp AB$。

52

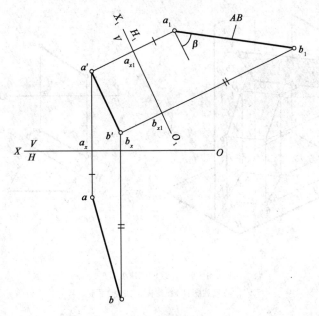

图 5-7 直线的一次变换（求 β 角实形）

图 5-8b)是展开后的投影图，O_1X_1 轴应垂直于 ab，然后，按上述基本作图方法作图，即可求出直线 AB 的新投影 $a_1'b_1'$。

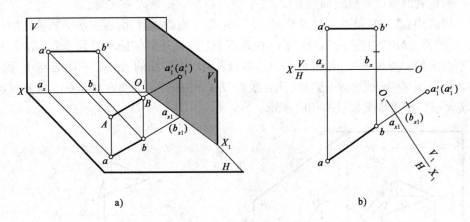

图 5-8 将平行线变为垂直线
a)直观图；b)投影图（一次换面）

2. 直线的二次变换

将一般位置直线变换成投影面垂直线，需要经过二次变换。因为一次变换不能使新投影面即垂直于直线，又垂直于某一原投影面，所以不可能形成一个互相垂直的两面投影体系。首先把一般位置直线变成投影面平行线，然后再把投影面平行线变成另一投影面的垂直线。

图 5-9a)是直线 AB 进行二次变换的空间状况，先变换正面，让 V_1 代替 V 面，再变换 H 面，让 H_1 代替 H 面，交替进行，使直线 AB 在 V_1/H_2 体系中成为 H_2 面的垂直线。作图步骤如下[图 5-9b)]：

(1) 作新投影轴 $O_1X_1 \parallel ab$（O_1X_1 轴可任选位置），求出直线 AB 在 V_1 面上的投影 $a_1'b_1'$。

(2) 再作新投影轴 $O_2X_2 \perp a_1'b_1'$，根据点的变换规律，求出直线 AB 在 H_2 面上的积聚性投影 a_2'、b_2'。

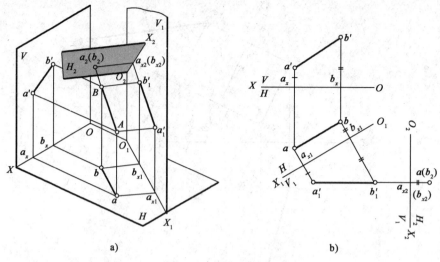

图 5-9 直线的二次变换
a) 直观图; b) 投影图 (二次换面)

三、平面的变换

(一) 平面的一次变换

将一般位置面变成新投影面垂直面,使平面的新投影积聚成一直线。

图 5-10a) 中,△ABC 是一般位置平面,要想变成 V_1 面的垂直面,根据两平面垂直的几何条件可知,必须使 △ABC 中的一条直线与 V_1 面垂直,且 V_1 面还要保证和 H 面垂直,此时,只能是 △ABC 平面内的一条水平线 AK 垂直 V_1 面,则包含 AK 这条线的 △ABC 平面必与 V_1 面垂直,平面的新投影 $a_1'b_1'c_1'$ 必须聚成一直线,此直线与 O_1X_1 轴的夹角反映 △ABC 平面与 H 面的夹角 α 的真实大小。作图步骤如图 5-10b) 所示。

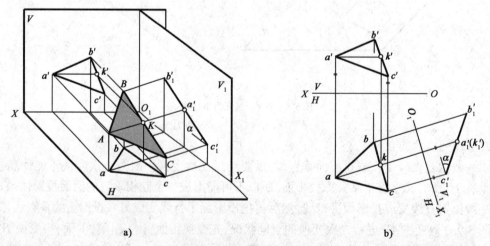

图 5-10 将一般位置平面变为垂直面
a) 直观图; b) 投影图 (一次换面)

(二) 平面的二次变换

将图 5-11a) 所示的一般位置平面变成投影面平行面,需经过二次变换。因为一次变换不能同时既满足和平面平行,又垂直原有的一个投影面。所以,要先将一般位置平面变成新投影

面垂直面,然后再将投影面垂直面变成投影面平行面。作图步骤如下[(图5-11b)]:

(1)按照图5-10的方法,首先作出△ABC在V_1面的投影$\triangle a_1'b_1'c_1'$;

(2)作新投影轴$O_2X_2 /\!/ a_1'b_1'c_1'$,并作出△ABC在H_2面的投影$\triangle a_2b_2c_2$,$\triangle a_2b_2c_2$反映△ABC的实形。

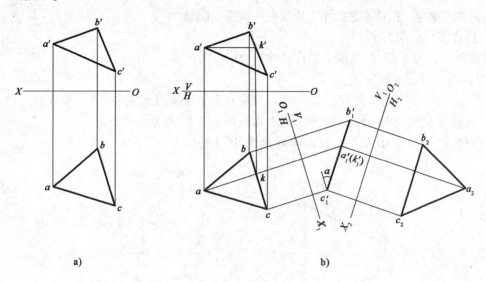

图5-11 平面的二次变换
a)已知条件;b)投影图(二次换面)

四、换面法应用举例

[例5-1] 已知直线AB实长为25mm,及ab、a',求直线AB的正面投影[图5-12a)]。

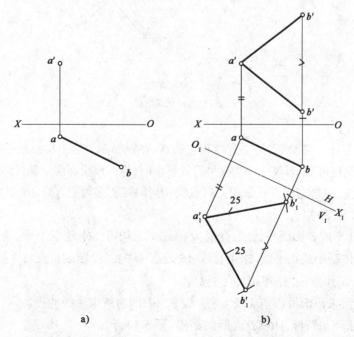

图5-12 求直线的正面投影
a)已知;b)作图求解

解 (1)分析:

该题属于确定一般位置直线所缺的投影问题。因 b 为已知, b' 必在 b 引出的铅垂线上;又因 a' 为已知,当知道 $Z_B - Z_A$ 后,就可以确定 b',画出 AB 的正面投影。从图 5-6b)可知,V_1 面上的新投影 b'_1 是由新点到新轴的距离等于旧点到旧轴的距离而得,只要知道其中的两个已知条件,b'_1 就可确定。因此本题归结为直线的一次变换问题。

(2)作图[图 5-12b)]:

①用 V_1 代替 V 面,在 H 面上平行 ab 加一 O_1X_1 轴;

②求出点 A 的新投影 a'_1;

③过 b 作 O_1X_1 轴的垂线,以 a'_1 为圆心,25mm 为半径画圆弧与过 b 作的垂线相交两点,均记作 b'_1,再将 b'_1 到 O_1X_1 轴的距离量画到 V 面投影上得 b',此题有两解。

[**例 5-2**] 由点 M 向已知直线 AB 作垂线[图 5-13a)]。

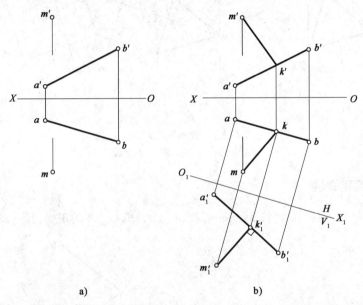

图 5-13 由点向直线作垂线
a)已知;b)作图求解

解 (1)分析:

①一直线处在什么情况下,另一直线和它垂直,在投影图上能直接反映垂直关系;

②根据直角定理可知,当其中一直线平行投影面时,则在该投影面上的投影反映直角。由此可以确定,为了由点 M 能直接在投影图上向直线 AB 作垂线,必须把直线 AB 变为投影面平行线。

(2)作图[图 5-13b)]:

①把直线 AB 变成投影面平行线,变换 H 面或 V 面均可。本题变 V 面,选 $O_1X_1 \parallel ab$,直线 AB 在 V_1/H 投影体系中成正平线,求出直线 AB 及点 M 的新投影 $a'_1b'_1$ 及 m'_1;

②由 m'_1 向 $a'_1b'_1$ 作垂线,并和 $a'_1b'_1$ 交于 k'_1;

③由点 k'_1 返回求出旧投影点 k 及 k',连 m'k',mk 即为所求垂线的投影。

[**例 5-3**] 求两平行线 AB、CD 之间的距离[图 5-14a)]。

解 (1)分析:

①距离是指垂直距离,即公垂线的实长;

②设想有一平面 P 垂直于平行线 AB、CD,则公垂线必平行 P 面[图 5-14b)];

③平行二直线 AB、CD 在 P 面上的投影积聚为两点,这两点之间的距离,就是平行两直线间的距离。

(2)作图[图 5-14c)]:

①一次变换:将平行二直线变换成新投影面平行线。本题用 H_1 面代替 H 面,H_1/V 为一新投影体系,a_1b_1、c_1d_1 为平行二直线在 H_1 面上的新投影;

②二次变换:将投影面平行线变成新投影面垂直线。$c_2'(d_2')$、$a_2'(b_2')$ 相连即为所求之距离。

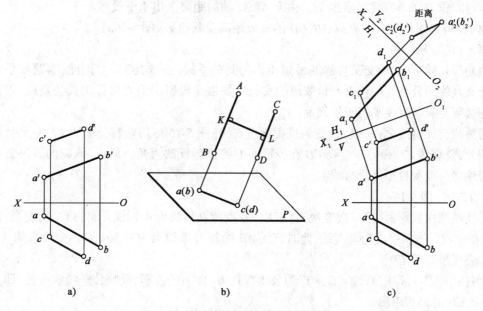

图 5-14 求平行两直线之间的距离
a)已知条件;b)空间分析;c)作图求解

[例 5-4] 点 K 距 $\triangle ABC$ 为 15mm,求点 K 的水平投影[图 5-15a)]。

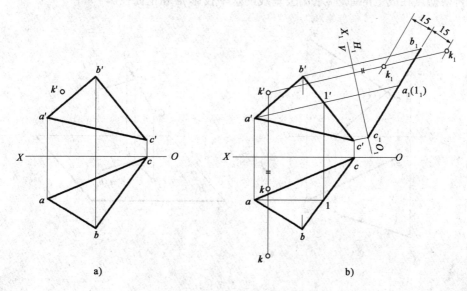

图 5-15 求点 k 的水平投影
a)已知条件;b)作图求解

解 (1)分析：

①所求的点 K 必在与 $\triangle ABC$ 平行且相距为 15mm 的平面内；

②当将 $\triangle ABC$ 变为投影面垂直面时，则 $\triangle ABC$ 在该面上的投影积聚成直线段，与之平行的平面按已知距离可直接作出，再根据 k' 求得 k。

(2)作图[图 5-15b)]：

①一次变换将 $\triangle ABC$ 平面变成新投影面垂直面，本题变换 H 面；

②在 H_1 面上作与垂直面相距 15mm 的平面，可作出两个，说明有两个解；

③过 k' 作 O_1X_1 轴垂线，求出 k_1。由 k_1 到 X_1 轴的距离求出水平投影 k。

[**例 5-5**] 求作交叉二直线 AB、CD 的最短距离及其投影[图 5-16a)]。

解 (1)分析：

由初等几何可知，两交叉直线的最短距离为其公垂线[图 5-16b)]。因此，本题就是要确定两交叉直线的公垂线的位置及该线段的实长。如果在投影图上直接作出其公垂线，根据直角定理必须要有一直线平行于投影面。

若使两交叉直线之一，如 AB 变为投影面垂直线[图 5-16b)]，则其公垂线 EF 必平行投影面。因此，公垂线 EF 和另一直线 CD 在投影面上的投影反映直角。所以，该题的解决思路是把两直线之一变为投影面垂直线。

(2)作图[图 5-16c)]：

①变换两次投影面，第一次变换，将直线 AB 变成新投影面平行线 $a'_1b'_1$；第二次变换，使直线 AB 在 V_1/H_2 体系中成为垂直线，此时直线 AB 的新投影积聚为一点 a_2b_2。变换直线 AB 的同时也要变换直线 CD。

②过 a_2b_2 作 c_2d_2 的垂线 e_2f_2，e_2f_2 为公垂线在 H_2 面上的投影，反映公垂线的实长，即为直线 AB 和 CD 的最短距离。

③由点 f_2 返回找到在 V_1 面上的投影 f'_1，再过 f'_1 作 O_2X_2 的平行线，交 $a'_1b'_1$ 于点 e'_1，则 $f'_1e'_1$ 为公垂线在 V_1 面上的投影。

④再根据点在线上的原理，求出公垂线的水平投影 fe 和正面投影 $f'e'$。

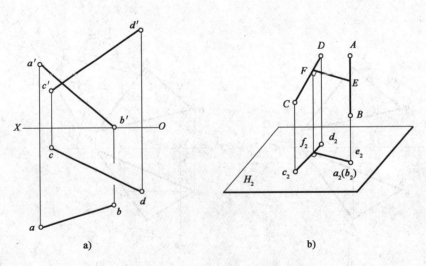

图 5-16

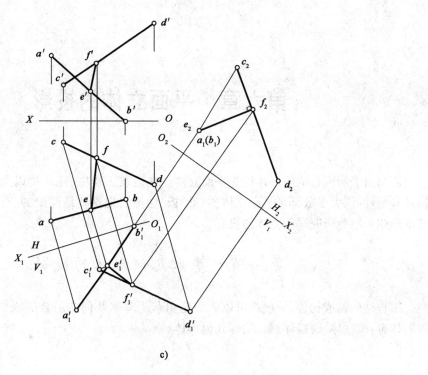

c)

图 5-16 求交叉两直线的最短距离
a)已知条件;b)空间分析;c)作图求解

第六章 平面立体的投影

表面由平面围合成的形体称为平面立体。在建筑工程中,建筑物以及组成建筑物的各种构件和配件等,大多数都是平面立体,如梁、板、柱等。把这些最简单的、有规则的几何体称为基本形体。本章研究平面立体的投影。

第一节 基本几何形体的投影

工程结构物或构件,一般都可以看作是由若干基本几何体组合而成(图6-1)。常见的基本形体有:棱柱体、棱锥体、板、块等几何形体。

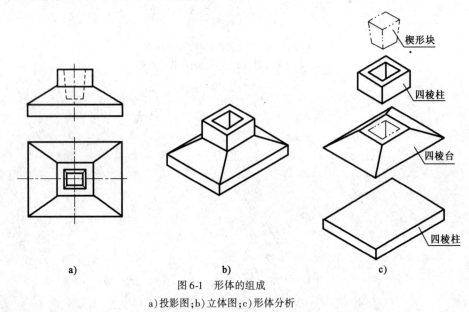

图6-1 形体的组成
a)投影图;b)立体图;c)形体分析

一、棱柱体

(一)直立棱柱体的投影

直立棱柱体的特征:顶面和底面大小相等、形状相同,各侧棱互相平行且垂直于底面。

图6-2a)所示为一直立棱柱向三个投影面的投影情况。棱柱的顶面和底面平行 H 面,各侧棱垂直 H 面。

图6-2b)是直立棱柱的三面投影图。在 H 面上,顶面和底面反映实形并重合,各侧棱面的投影分别积聚为直线;在 V、W 面上,顶面、底面分别积聚为水平直线,各侧棱面分别为矩形线框(有的反映实形,有的为缩小的类似图形)。

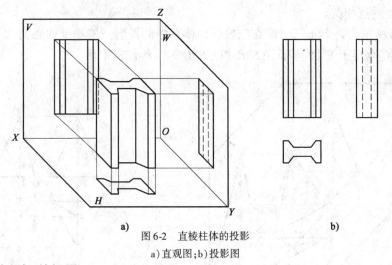

图 6-2 直棱柱体的投影
a)直观图；b)投影图

(二)板体(墙)的投影

板体的特征：板体的表面由平面组成，面与面之间和两条棱线之间都是互相平行或垂直，长、宽尺寸大，厚度尺寸小[图 6-3a)]。

图 6-3b)所示为板体(墙)向三个投影面投影，墙面平行于 V 面。

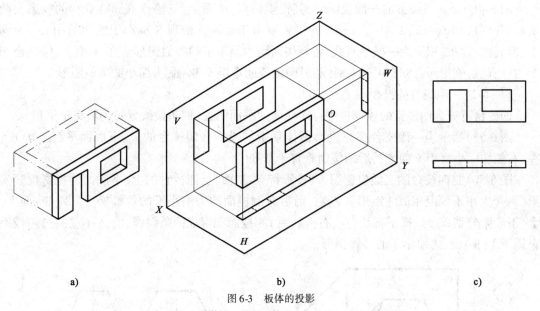

图 6-3 板体的投影
a)直观图；b)板体在三投影面体系中的投影；c)三面投影图

图 6-3c)是板体(墙)的三面投影图。其投影特点：墙面在 V 面上的投影反映实形；墙顶面和侧面分别平行于 H、W 面，在 H、W 面上的投影均为矩形(墙厚)线框，反映实形，H、W 投影图中的虚线是门窗洞口的投影。

二、棱锥体

棱锥体有若干棱线共同相交于锥顶，而对没有锥顶(棱线延长仍相交)的棱锥体称棱台。

[例 6-1] 正三棱锥体的投影图

正三棱锥体的特征：底面为正三角形，各棱面为形状相同、大小相等的等腰三角形，锥体轴线与底面形心垂直相交。

图6-4a)所示为一个正三棱锥在三投影面体系中的投影。三棱锥的底面△ABC平行于H面,棱面△SAC垂直于W面,棱面△SAB和△SBC为一般位置平面。

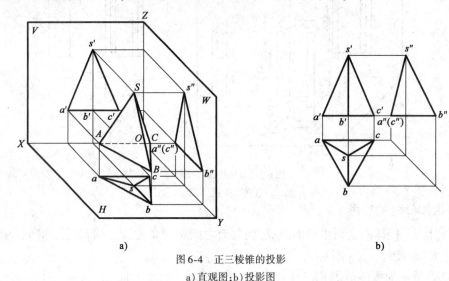

图6-4 正三棱锥的投影
a)直观图;b)投影图

图6-4b)是正三棱锥的三面投影图,其投影特点:H面上,三棱锥底面△ABC的投影反映实形,各侧棱面△SAB、△SAC、△SBC的投影重影于底面。锥顶S重影于底面的中心。V面上,锥底面△ABC积聚为一横平直线,各侧棱面均为缩小了的类似图形。在W面上,锥底面积聚为一直线,侧棱面△SAC积聚一斜线,另两侧棱面重影于W面,为缩小的类似图形。

[例6-2] 四棱台的投影图

四棱台可视为四棱锥的顶部被平行于底面的平面切去(四条棱线延长仍汇交于锥顶)。

图6-5a)所示为一四棱台在三投影面体系中的投影。四棱台的上、下底面平行于H面,左、右侧棱面垂直于V面,前、后侧棱面垂直于W面。

图6-5b)是四棱台的三面投影图,其投影特点:H面上,四棱台的上、下底面的投影反映实形(两个大小不等但相似的矩形),左右、前后各侧棱面均为缩小了的等腰梯形。V(W)面上,上、下底面分别积聚成横平直线,左、右(前、后)侧棱面积聚成两条斜线,前、后(左、右)侧棱面重影于V(W)面,为缩小了的等腰梯形。

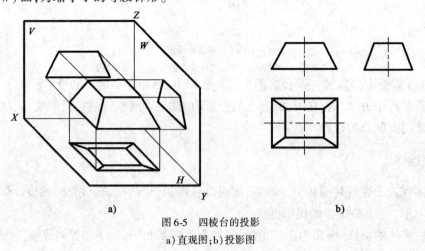

图6-5 四棱台的投影
a)直观图;b)投影图

第二节 基本几何形体的切割

一个完整的基本形体(棱柱、棱锥、板、块等)的投影图,容易被认识。而经过切割的、局部的基本形体就比较难以直观地被识别。这就需要对基本形体的投影特点进行分析、思考。

学习正投影法的过程,要从"形体(实体)→投影图",再由"投影图→形体(空间实体)"反复训练,以达到熟练地掌握对正投影图的识读。

如图 6-6a)所示,四棱柱体从对角线部位切了一个方形切口。其挖切位置见图 6-6b)中的阴影区域,投影图如图 6-6c)所示。

V 面投影反映了切口的特征。切口底面(直观图中 ABCDEF 平面)是一个水平面,其在 H 面的投影必反映实形,根据"V、H 长对正"的规律,可以直接对应到 abcdef 实形。又按"V、W 高平齐"的规律,得到 a″b″c″d″e″f″的积聚性线段。则切割后的四棱柱体的投影图就显现眼前。

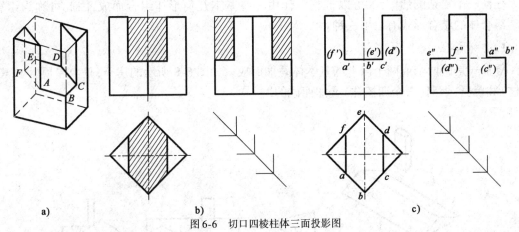

图 6-6 切口四棱柱体三面投影图
a)直观图;b)显示挖切部位;c)投影图

图 6-7a)所示为切口正四棱锥体。其投影图如图 6-7b)所示。W 面投影反映切口特征。

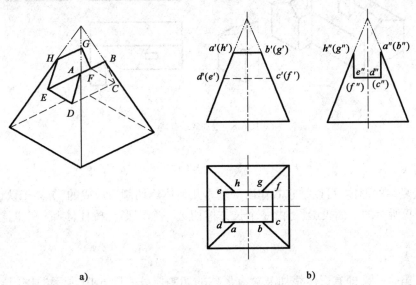

图 6-7 切口四棱锥体的三面投影图
a)直观图;b)投影图

切口底面(直观图中 EDCF)是水平面,按"V、W 高平齐"的规律,得到 $e'd'c'f'$ 的积聚性线段。在 H 面上的投影反映实形,根据"V、H 长对正"和"H、W 宽相等"的规律,可以对应到 edcf 实形。前、后面是两个正平面 ABCD 和 EFGH。切口水平面 EDCF 的 ED 线在四棱锥体的左棱面上,左棱面的正面投影积聚成一直线,因此,ED 线的正面投影积聚为一点,CF 线则在右棱面上。两个正平面 ABCD 和 EFGH 与四条棱线的交点为 A、B 和 G、H。经过以上分析,对切割后的四棱锥体的投影图就非常清楚了。

第三节 平面组合体的投影

一、组合体的结合形式

任何一个复杂的形体,都可以把它看作由一些基本几何形体组合而成,因此可称为组合体。组合体的结合形式有以下三种:

1. 叠加式

叠加式是由两个或两个以上的基本体叠加而成。如图 6-8 所示的房子,是由屋顶(两个三棱柱)和墙身、烟囱(三个四棱柱)叠加而成的。

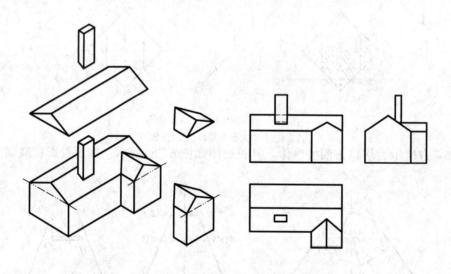

图 6-8 叠加式组合体

2. 切割式

一个较复杂的形体,可以把它看作由一基本几何体经切割后形成的,更易于认识。

如图 6-9 所示的三面投影,是由一个长方体切去一个楔形三棱柱体和一个四棱柱体后形成的。

3. 综合式

综合式组合体是即有形体叠加又含有形体的切割成分。图 6-10 所示的拱门,是由台阶、(矩形板切掉一个角)与门身(四棱柱穿孔)叠加而成。

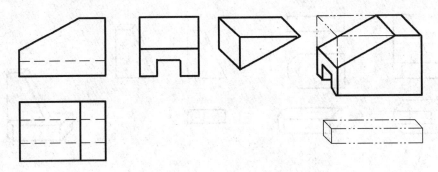

图 6-9 切割式组合体

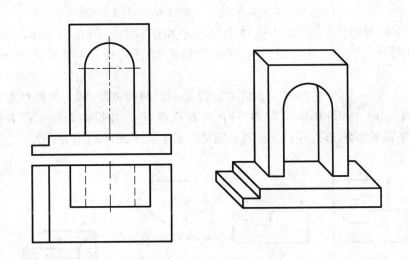

图 6-10 综合式组合体

二、平面组合体投影图的识读

(一)形体分析法

上面介绍的平面组合体的组合形式(叠加式、切割式和综合式),目的在于提供一种识读投影图的方法——形体分析法。

形体分析法是从某一个反映组合体主要特征的投影图(V 面投影或 W 面投影、或 H 面投影,通常是 V 面投影图反映物体的形体特征)中分析组合体是由哪些部分组成;再对照其他投影图,分别认识、验证各部的细部形状;然后按投影图把各部分叠加在一起,由此读出投影图所表达的形体。

图 6-11a)为组合体的两面投影,从 V 面投影看出,形体分为上、下两部分,对应 H 面投影图可知,下部底板被切去右侧两个角[图 6-11b)]。上部为一个梯形块体,对应 H 面可知梯形块体的厚度[图 6-11c)]。上、下叠加起来,投影图所表达的形体就清楚了。

(二)线面分析法

由各种形状和空间位置平面(平行面、垂直面、一般位置平面)包围的平面立体,其投影是平面立体所含的各平面投影的总合。分析投影图中,具有特征的平面的投影——线面分析法,也是阅读投影图的方法之一。

投影图中线面的几何意义归纳如下:

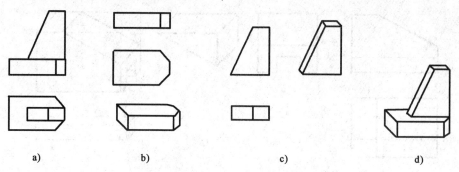

图 6-11 用形体分析法读图
a)投影图;b)下部(底板);c)上部(梯形块);d)叠加组合

投影图上的封闭图形,一般是立体上某一平面的投影。图 6-12 所示,V 面上有 p'、q' 两个封闭图形,这两个封闭图形在空间的相对位置如何,需根据它的 H 面投影来确定。

p' 封闭形代表一个面,它在 H 面上的对应投影 p 有两种可能:或是积聚性直线段($P \perp H$ 面),或是边数相同,图形相像的封闭图形(P 对 H 面倾斜)。按投影关系,p' 在 H 面上的对应投影 p 是一条积聚性直线段,而且 $//OX$ 轴,则可以确定 P 平面 $//V$ 面(正平面)。

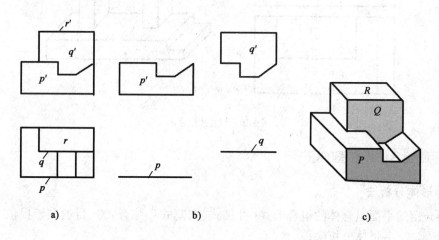

图 6-12 线面分析法读图
a)投影图;b)封闭图形的意义;c)最终结果

按同样方法分析 Q 面也为正平面,且在 P 面之后。这样 P、Q 两个平面的相对位置就确定了。这两个具有特征的平面的空间位置确定之后,再对应 H 面与 V 面的投影图,就可以读懂其形体。

通过上述分析,我们知道投影图上一个封闭图形代表一个面。那么,投影图上所有的封闭图形都代表一个面吗?请看下面的图例。

如图 6-13 所示,H 面投影上有一封闭图形 K,它在另一投影中没有相像的封闭图形或积聚性的线段与之对应,根据形体在 V 面上的投影特征得知,K 面代表的是一个孔洞的投影(可以称为虚面)。

综上所述,投影图中封闭几何图形的意义是:

(1)投影图上一封闭图形表示一个面;

(2)封闭图形在另一投影中的对应投影有两种可能:边数同等、形状相像的封闭图形,或是积聚性直线段;

(3)投影图中,相邻的封闭图形,一般表示不同的面,它们的关系或相交、或错开(前后、上下、左右);

(4)有时候,投影图上的封闭图形表示一个孔洞(亦称虚面)。

分析投影图,首先从具有特征性的封闭图形入手,找出它在另一投影中的对应投影,由对应投影图形确定该平面的形状、位置。

[例6-3] 分析图6-14所示形体的三面投影图。

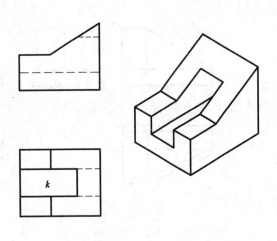

图6-13 封闭图形

根据三个投影图的外轮廓线来看,是个长方体,从V面投影可知,长方体的左上角被切去了一部分。对应H面投影图可知,被切去的是楔形体,也就是长方体上挖个楔形槽口,其H面投影为s、t两个封闭图形。s是一梯形封闭形,对应V面与W面都没有相像四边梯形,而相应只有两个直线段s'与s",而且是水平直线段,则可知S平面为水平面;t封闭形是一个四边形,对应V面与W面,都各有相像的四边形t'和t",则说明T平面是一般位置平面(没有积聚性,也不反映实形)。T与S(H面投影为相邻的两封闭图形t与s)平面的几何关系,不是上下错开,而是相交(与AB)。综合以上分析,即可认识该立体的确切形状。

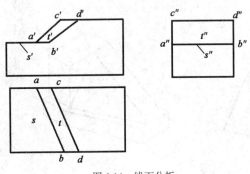

图6-14 线面分析

(三)综合分析法

综合分析法,就是将形体分析法与线、面分析法综合起来,分析形体的整体情况。对于一个组合体,先是形体分析,拆成若干个基本形体,研究基本形体的投影,对不清楚的部位,再用线、面分析法想出形体的空间形状。对挖切或贯穿的形体,要判断是属于哪一种基本形体。

[例6-4] 已知组合体的三面投影图[图6-15a)],想出组合体的空间形状。

解 (1)用形体分析法将形体拆开。

从W面入手,根据投影关系,将形体分为上、下两部分,下部分是一块底板切掉一个角[图6-15b)]。上部分[图6-15c)],从V面投影可以看出,形体又分为左右两部分,右边为一四棱柱[图6-15d)],左边则需用线面分析法来确定形体的形状。

(2)用线面分析法确定图6-15e)的空间形状。

如图6-15e),H面上有a、b两个封闭图形,代表两个不同位置的平面,a封闭形是一矩形,在V面投影上没有同边数图形与之对应,所对应的是一直线a',则A平面是正垂面,它在H、W面上的投影成缩小了的类似图形。b封闭图形是一个三角形,V面投影上有类似图形与之对应,说明该平面与V、H面倾斜,但是否倾斜W面呢?这要看三角形中有没有一条侧垂线,若有侧垂线,则为侧垂面,若没有,则为一般位置平面。在这个三角形中未找到侧垂线,所以三角形平面B是一般位置面。

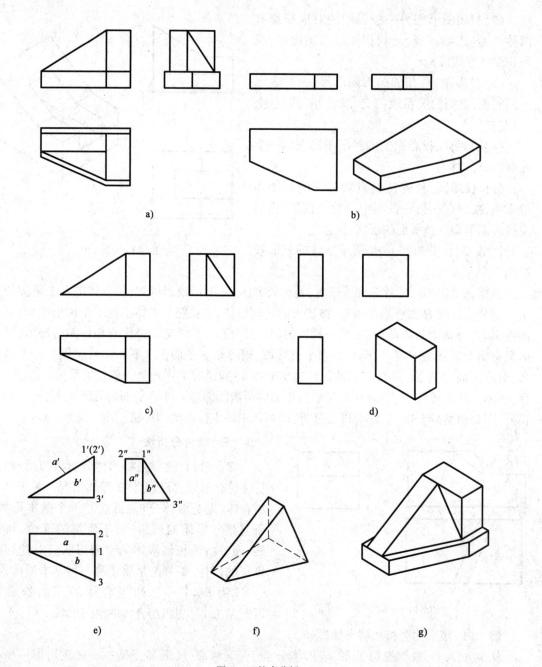

图 6-15 综合分析

a)已知条件;b)形体分析(下部分);c)形体分析(上部分);d)形体分析(四棱柱);e)线面分析(上部分);f)直观图;g)空间形状

图中ⅠⅡ为正垂线,ⅠⅢ为侧平线,该二直线组成的面平行 W 面,再根据投影图中各线、面的相互位置关系即可想出形体空间形状,如图 6-15f)所示,后边为一三棱柱,前边是一个三角块。

(3)将以上分析结果组合起来得到图 6-15g)的形状。

[例 6-5] 根据底板的两面投影[图 6-16a)],补画侧面投影图。

解 (1)分析:

由两面投影图补画第三投影图,应先分析已知投影图所给出的形体的空间形状。①该形体为一块矩形板,右下部被挖掉一块[图6-16b)];②从图6-16a)中 H 面投影可知,底板的前后分别被两个铅垂面切割,为一平放的 L 形。

(2)作图[图6-16c)]:

①按投影关系,补画侧平面 A;

②作铅垂面Ⅰ的侧面投影图,该平面的侧面投影图必须与1′封闭图形相类似;

③作铅垂面Ⅱ的侧面投影图,作法同Ⅰ面,注意它的侧面投影被底板左侧厚度挡住,画成虚线;

④作侧平面 B 的侧面投影图。

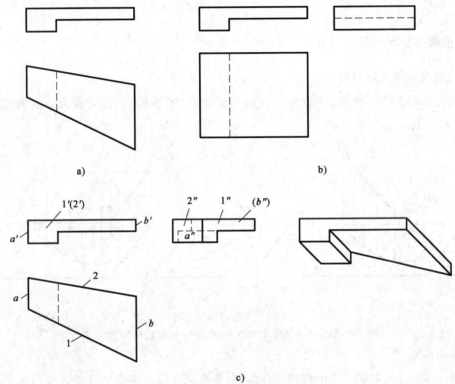

图6-16 根据两面投影图补画第三投影图
a)已知条件;b)形体分析;c)补画投影图

第七章 曲线和曲面立体的投影

第一节 曲　　线

一、曲线的基本知识

（一）曲线的形成和分类

曲线可以看成是一动点不断改变方向的运动轨迹[图7-1a)]，也可视为一系列点的集合[图7-1b)、c)]。

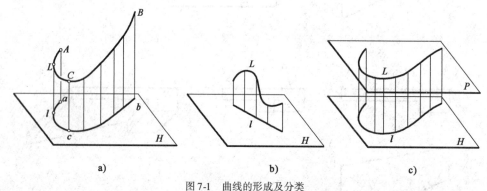

图7-1　曲线的形成及分类
a)空间曲线；b)平面曲线，投影为一直线；c)平面曲线，投影反映实形

曲线的分类：

按照动点运动时有无一定的规律，曲线可分为规则曲线与不规则曲线。按曲线上各点的相对位置，曲线又可分为平面曲线与空间曲线。

(1)平面曲线：曲线上所有的点都在同一平面内称为平面曲线[图7-1b)、c)]，常见的平面曲线有圆周、椭圆、抛物线、双曲线、等高线等。

(2)空间曲线：曲线上任意四个连续的点不在同一平面内称为空间曲线，如螺旋线以及两曲面在一般情况下相交所形成的交线等。

（二）曲线的投影

1. 曲线的投影及特性

曲线的投影一般仍为曲线。曲线上任一点的投影，必在曲线的同面投影上。求曲线的投影，就是求出曲线上一系列点的投影，然后顺次光滑连接各点的投影，即得曲线的投影。

曲线与投影面相对位置的不同，其投影也各不相同。在平面曲线中，当平面为一般位置面时，曲线的投影仍为曲线；当平面为投影面垂直面时，曲线在该投影面上的投影积聚为一直线[图7-1b)]；当平面为投影面平行面时，曲线在该投影面上的投影反映曲线的实形

[图7-1c)]。空间曲线在任何情况下都不可能积聚成直线。

2. 曲线投影图的标注

一条曲线可用一个字母或一些点的字母来标注。空间曲线的投影比较复杂,一般需要标注曲线上一些特殊点,如曲线的端点、最高最低点、最前最后点、最左最右点等,用以说明曲线在投影图中的对应位置,以确定曲线的空间形状[图7-2a)]。对某些曲线的投影,如果两个投影已能表达该曲线而不致引起误解时,可用一个字母表示[图7-2b)]。

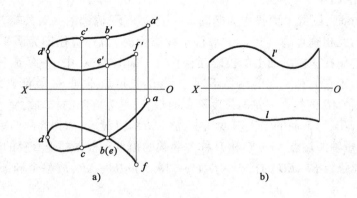

图7-2 曲线的投影
a)注出曲线上一些点的字母;b)用一个字母注出曲线

3. 曲线的切线

当直线 AB 在空间与曲线 CD 相切,其投影 cd 也与 ab 相切(图7-3)。曲线上的特殊点在投影图中一般保持其原有性质。

二、圆的投影

圆是平面曲线,在工程上应用最广,所以下面将对圆投影性质和画法进行专门研究。

(一)平行于投影面的圆

平行于投影面的圆在该投影面的投影反映圆的实形,在另两投影面上的投影积聚为特殊位置直线,其长度等于圆的直径。

图7-4是一水平圆,在 H 面的投影上反映圆的实形。因圆平面垂直 V 面、W 面,故在 V 面、W 面上的投影,分别积聚成平行 OX 轴和垂直 OZ 的直线,它们的长度等于圆的直径。

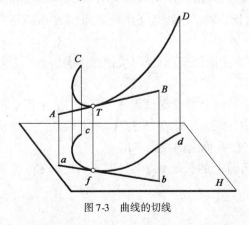

图7-3 曲线的切线

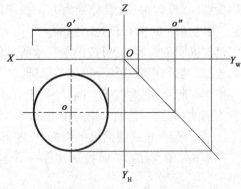

图7-4 水平圆的投影

(二)倾斜于投影面的圆

倾斜于投影面的圆在该投影面上的投影为椭圆。圆心的投影为投影椭圆心。圆内任意一对互相垂直的直径,其投影都为椭圆的一对共轭直径。共轭直径的性质是:两直径之一平分与另一直径平行的弦。

如图 7-5a)所示,圆位于 W 面垂直面上,为侧垂面。它在 W 面上的投影积聚为一段直线,长度等于圆的直径 CD。

P 面倾斜于 V 面,圆的 V 面投影为椭圆。一般情况下,椭圆的一对共轭直径是不互相垂直的,只有当圆的互相垂直的直径之一平行于投影面时,另一直径即为圆平面对该投影面的最大斜度线,它们在该投影面上的投影互相垂直。如图 7-5a)中,平面 P 上的圆的直径虽然长度相等,但由于它们对 V 面的倾角不同,投影的长度就不同,一般都要缩短,只有平行于 V 面的那条直径 AB 的投影 $a'b'$ 的长度不变而最长,是为椭圆的长轴。垂直于 AB 的那条圆周直径 CD,因位于对 V 面的最大斜度线上,故 $c'd'$ 缩得最短,称为椭圆的短轴。而且长短轴互相垂直。长短轴的端点 A、B、C 和 D 称为椭圆的顶点。根据共轭直径的性质,利用平行于 AB、CD 的圆周弦线 EF、EG 的投影 $e'f'$、$e'g'$ 对称于 $a'b'$、$c'd'$,故整个椭圆将以长短轴为对称轴。

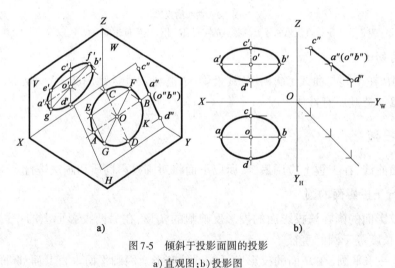

图 7-5 倾斜于投影面圆的投影
a)直观图;b)投影图

图 7-5b)中,圆的 H 面投影也是一个椭圆,因圆直径 AB、CD 又分别为 H 面的平行线和最大斜度线,故投影 ab、cd 又分别为 H 面投影椭圆的长短轴。但由于 CD 对 V 面和 H 面的倾角不同,所以,cd、$c'd'$ 的长度是不同的。

已知椭圆的长短轴,可按第十三章所示的近似方法画出椭圆,也可按换面法求出椭圆上各点的投影,然后,用曲线板光滑连成椭圆。

图 7-6 所示,圆垂直于 V 面,倾斜于 H 面,它在 V 面上的投影积聚成一斜线,在 H 面上的投影为椭圆,椭圆的长轴为圆的正垂方向的直径 AB 的投影 ab,故 $ab \perp OX$ 轴,长度为 $2R$;短轴 $cd \perp ab$,是为圆上正平线的水平投影,长度可由 $c'd'$ 在 H 面上的投影求出。

图 7-6a)中,圆的 W 面投影也是一个椭圆,椭圆上的长短轴,仍是圆上 AB 和 CD 投影的结果。

图 7-6b)是用换面法作出的椭圆。

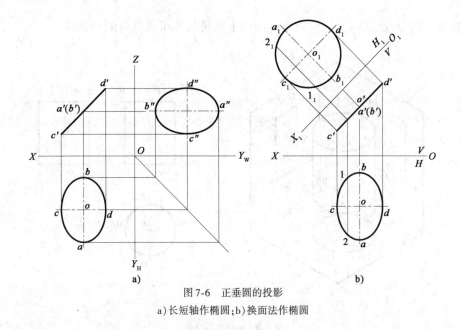

图 7-6 正垂圆的投影
a)长短轴作椭圆;b)换面法作椭圆

第二节 曲面体的投影

由曲面或曲面与平面围成的形体称为曲面体。常见的基本曲面体有:圆柱体、圆锥体、球体、环体等。本节主要介绍常见曲面体的形成方式、投影特点、曲面上的定点及截切。

一、柱体

(一)圆柱体

1. 圆柱体的形成

圆柱体的形成方式之一,如图 7-7 所示,一直线 AA_1,绕与其平行的另一直线 OO_1 旋转,所得到的轨迹是一圆柱面。直线 OO_1 为轴线,AA_1 为母线,母线 AA_1 在圆柱面上的任一位置时,称为圆柱面的素线。若把母线 AA_1 和轴线 OO_1 连成一矩形平面,该平面绕 OO_1 轴旋转的轨迹就是圆柱体。圆柱体是两个相互平行且相等的平面圆(即顶面和底面)和一圆柱面所围成。

圆柱体的特点:垂直柱轴截,正截面是圆;平行柱轴可以在圆柱面上取直线。

2. 圆柱体的投影

图 7-8 是一垂直 H 面的圆柱体,在 H 面上投影,圆柱曲面有积聚性,投影成一个圆;顶面圆和底面圆平行 H 面,均重影于该圆上,并反映实形。圆柱体在 V 面上的投影是一矩形线框,其几何意义表示前半个圆柱面和后半个圆柱面的重叠投影;矩形线框的最上、最下两条水平线段是圆柱体顶圆和底圆的积聚投影,其长度反映圆的直径;矩形线框的最左、最右两条竖直垂线是圆柱面上最左、最右两条轮廓线 AA_1、BB_1,称为 V 面转向线(是投影光面与圆柱曲面的切线,不同于棱柱体的棱线,随投影方向不同而改变)。圆柱体的 W 面投影仍为矩形线框,$d''d_1''$ 和 $c''c_1''$ 为圆柱体 W 面的转向线。

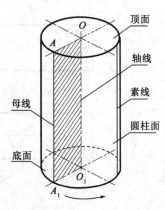

图 7-7 圆柱的形成

需要注意的是:曲面体上的转向线是曲面上可见与不可见部分的分界线。

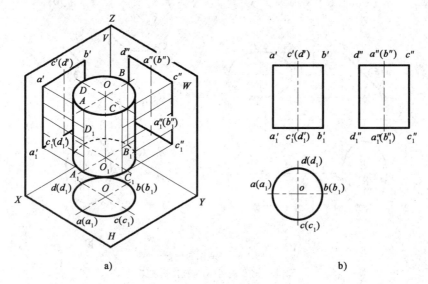

图 7-8 圆柱体的投影
a)直观图;b)投影图

3. 圆柱上取点

(1)面上取点

在圆柱体表面上取点的方法是:特殊点(转向线、顶圆和底圆上的点)直接定;一般点需要经过圆柱面的积聚性投影作图。

[**例 7-1**] 已知圆柱体表面上的点 A 和点 C 的 V 面投影,求作这两点的其他投影[图 7-9a)]。

解

①圆柱体的 W 面投影具有积聚性,因而圆柱面上点的 W 投影一定积聚在圆柱面的 W 投影上,又因 a' 是转向线上的可见点(特殊点),说明点 A 位于圆柱面前边的转向线上,可直接在圆柱面上定出 H、W 面的投影 a 和 a''[图 7-9b)]。

②c' 点为不可见点,即点 c 位于后半个圆柱面上,属圆柱面上的一般点,故需经过圆柱面在 W 面上的积聚性投影作图。过 c' 引水平线与 W 投影交于 c'',按点的投影规律,求出 H 投影上的点 c[图 7-9b)]。

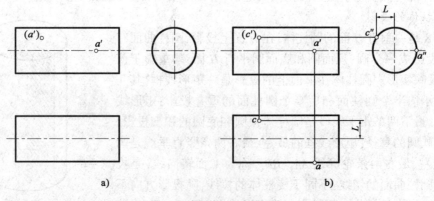

图 7-9 求圆柱面上点的投影
a)已知;b)作图

（2）面上取线

根据圆柱面的形成特点,平行于柱轴可以取直线,其他均为曲线。求直线的投影,只要求出直线上两端点的投影相连即可。求曲线的投影,要求出曲线上若干点的投影,然后光滑的连成曲线。

[**例 7-2**] 如图 7-10 所示,已知圆柱面上 AB、CD 线的正面投影 $a'b'$、$c'd'$,求其另外二投影。

解

①求 AB 线的投影:由图 7-10a)的 V 面投影可以看出,AB 倾斜于柱轴线,是一曲线,应找出曲线上若干点的投影,用光滑曲线连接。找点时应先找特殊点,如 A、E、B[图 7-10b)],然后在曲线上要内插点,如Ⅰ、Ⅱ点,除特殊点可以直接作图外,其他点均通过积聚性投影作图。AB 曲线在 H 面的投影积聚在圆上。在 W 面上的投影有可见性问题,转向线为可见和不可见的分界线。AE 在柱的左边,侧面投影可见,EB 在柱的右边,侧面投影不可见,画虚线,曲线通过转向线处（E 点）要与转向线相切。

②求 CD 线的投影:CD 是一段铅垂直线,它在 H 面上的投影积聚为一点,侧面投影为铅直线 $c''d''$。CD 在圆柱左边,侧面可见[图 7-10b)]。

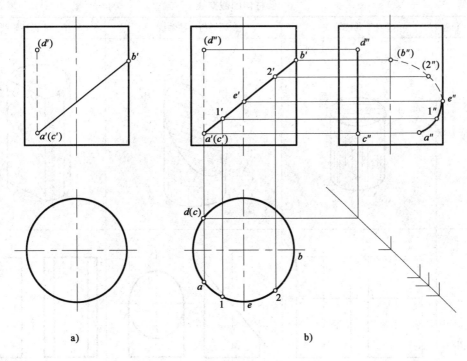

图 7-10 求圆柱面上线的投影
a)已知；b)作图

4.圆柱体的截交线

图 7-11 所示木屋架端部节点下弦截口的投影。可看成是由两个平面 R_v 和 P_v 截切圆柱所形成。

根据截平面与圆柱轴线的不同位置,圆柱上的截交线有圆、椭圆、矩形三种形状,如表 7-1 所示。

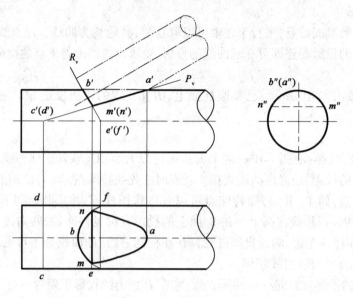

图 7-11 平面截切圆柱

圆柱体的截交线　　　　　　　　　　　　　　　　表 7-1

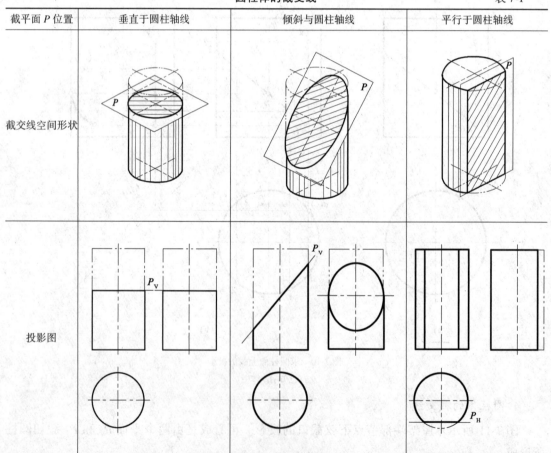

[**例 7-3**] 已知正圆柱分别被正垂面 P、水平面 Q 和侧平面 R 所截,求作截交线的投影(图 7-12)。

解 (1)分析[图7-12a)]

①圆柱轴线垂直于 H 面,截平面 P 为正垂面,与圆柱轴线斜交,交线为椭圆(部分),椭圆长轴平行于 V 面,短轴垂直于 V 面,椭圆的 V 面投影为一直线段,与 P_v 重影,椭圆的 H 面投影,落在圆柱面的积聚投影上,即 cab 所包含的部分。

②截平面 Q 为水平面,与圆柱轴线垂直,截交线是一小部分圆,且在 H 面上反映实形,交线的 W 面投影积聚为一条直线。

③截平面 R 为侧平面,截交线为一矩形平面,在 W 面上反映实形。

(2)作图[图7-12b)]

以截平面 P 为例:

①求特殊点。即长短轴上的点Ⅰ、Ⅱ、A 和柱顶面 B、C 点,它们的 H 面投影积聚在圆柱面的积聚性投影上。因长、短轴上的点Ⅰ、Ⅱ、A 在转向线上,故 W 面投影直接定。B、C 点的 W 面投影则经过 H 面上的积聚性投影作图。

②求一般点。为使作图准确,需要再求截交线上若干个一般点,如在截交线 V 面投影上任取一点 $3'$,据此求出 H 面投影 3 和 W 面投影 $3''$,由于椭圆是对称图形,可作出与点Ⅲ对称的Ⅳ点的投影。

③连点。在 W 投影上,按顺序依次连接 $c''—2''—4''—a''—3''—1''—b''$ 各点,即为椭圆形截交线的 W 面投影。

Q 面、R 面截交线的投影,读者自行作出。

④整理描深图形。作出各交线的 W 面投影后,要进行整理,如 $1''$、$2''$ 上部的转向线被切掉了,故不应画线,$1''$、$2''$ 以下的转向线应加深保留。结果如图7-12b)所示。

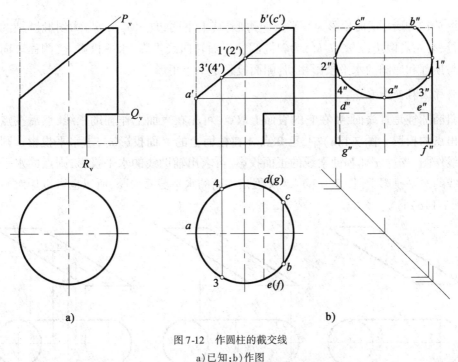

图7-12 作圆柱的截交线
a)已知;b)作图

(二)斜椭圆柱体

1.斜椭圆柱体的形成

形成方法之一,以底圆为曲导线,母线与底圆倾斜所生成的曲面,其截面为椭圆,这种曲面体称斜椭圆柱体[图7-13a)]。

斜椭圆柱体的特点:垂直轴线的正截面为椭圆;平行于柱轴可取直线;以平行于柱底的平面截该曲面,截交线是圆。

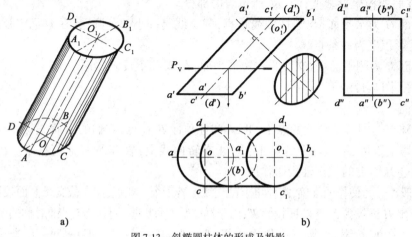

图7-13 斜椭圆柱体的形成及投影
a)形成;b)投影图

2. 斜椭圆柱体的投影

斜椭圆柱的三个投影都没有积聚性,水平截面都是大小相等的圆,圆心在 OO_1 的连线上。

如图7-13所示,正面投影为一平行四边形,其上下两边($a_1'b_1'$、$a'b'$)为斜椭圆柱的顶面和底面的投影,左右两边($a'a_1'$、$b'b_1'$)为斜椭圆柱正面转向线投影;水平投影上,侧面转向线的水平投影与顶圆和底圆的水平投影相切;侧面投影是一个矩形。

3. 斜椭圆柱面上取点

因斜椭圆柱是直线面,要在它的表面上取点,可先在表面上作辅助素线,然后按点的投影规律作出点的投影。图7-14a)中,已知点 A 在柱面上的 V 面投影 a',求水平投影。则可利用辅助素线作图,先过 a' 作辅助素线的正面投影,再求出辅助线的水平投影,则点的水平投影必在辅助线的水平投影上[图7-14b)]。又因该柱面的水平截面为圆,所以也可以用水平圆作辅助线[图7-14c)]。

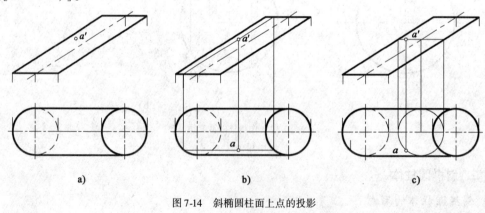

图7-14 斜椭圆柱面上点的投影
a)已知;b)作素线;c)作水平圆

二、椎体

(一) 圆锥体

1. 圆锥体的形成

如图 7-15 所示,一直线 SA 绕与它相交的另一直线 SO 旋转,所得的轨迹为圆锥面。SO 称为锥轴,SA 称为母线,母线在圆锥面上的任一位置称为素线。如果把母线 SA 和轴 SO 连成一直角三角形 SOA,该平面绕直角边 SO 旋转,它的轨迹就是正圆锥体。正圆锥体的底面为圆平面,从锥顶 S 到底面圆的距离为圆锥的高。

圆锥体的特点:垂直于圆锥轴线截,正截面是圆,过锥顶可以取直线。

2. 圆锥体的投影

图 7-16a),圆锥体轴线垂直 H 面,底面平行 H 面,其三面投影如图 7-16b) 所示。

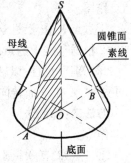

图 7-15 圆锥的形成

水平投影是一个圆,它是圆锥面和底面的重影,反映底面的实形。正面投影是一等腰三角形,它是前半个圆锥面和后半个圆锥面的重合投影,三角形底边是圆锥底面的积聚投影,其长度等于圆的直径。左右两条边 $s'a'$ 和 $s'b$ 是圆锥最左、最右两条轮廓素线(转向线) sa 和 sb 的投影,该转向线在 H 面上的对应投影是中间的水平点划线 sa 和 sb,三角形 $s'a'b'$ 即为圆锥体在 V 面上的投影。

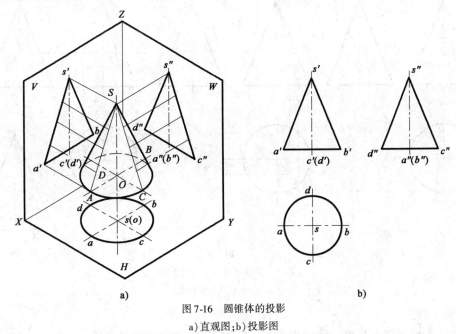

图 7-16 圆锥体的投影
a)直观图;b)投影图

圆锥体在 W 面上的投影也是等腰三角形,分析方法与上述相同。

3. 圆锥面上取点、线

(1)面上取点

求作圆锥体表面上点的投影有两种方法。

①素线法:过锥面点通过锥顶以素线作为辅助线,利用线上定点的方法求点的投影,称为素线法;

②纬圆法:过锥面点作垂直于圆锥轴线的纬圆(即平行底圆作水平圆),以纬圆作为辅助线来确定点的投影的方法,称为纬圆法。

[例7-4] 已知圆锥体表面上的点 K 的 V 面投影 k',求作 K 点的其余二投影[图7-17a)]。

解

方法一:素线法

作图:

①过点 K 作素线 SA 的 V、H 投影 $s'a'$、sa[图7-17b)]。

②根据直线上的点的投影原理,由 k' 求出 k 和 k''。

③判别可见性,以转向线为分界,因整个圆锥面的水平投影都可见,所以点 A 的水平投影 a 可见;点 A 在 V 面转向线的左边,说明点 A 在左半个圆锥面上,则 a'' 可见。

方法二:纬圆法

作图:

①过点 K 作一纬圆,因所作的纬圆是 H 面平行面,在 V 面上的投影应为一条平行 OX 轴的直线,故过 k' 作平行 OX 轴的直线,与 V 面上投影的两条转向线分别交于 $1'$ 和 $2'$,此线即为纬圆的 V 面投影。然后求纬圆的 H 面投影,以 s 为圆心,以 $1'2'$ 为直径作圆,即为纬圆的 H 面投影。自 k' 向下引垂线,与纬圆的 H 面投影相交于 k 点。

②根据 k 和 k' 可求得 k''[图7-17c)]。

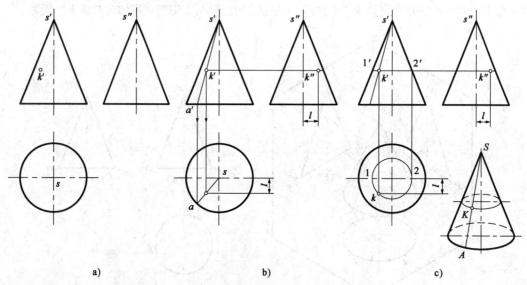

图7-17 圆锥体表面上点的投影

a)已知;b)素线法;c)纬圆法

(2)面上取线

圆锥体表面上只有过锥顶才能取直线,其他任何形式的线都是曲线。

[例7-5] 已知圆锥面上 AB、BC 线的 V 面投影,求作另外二投影[图7-18a)]。

解 (1)分析

AB 线是曲线,是椭圆的一部分;CB 线延长过锥顶,是素线的一段。

(2)作图[图7-18a)]

①作 AB 线

按圆锥面上取点的方法作图,作 AB 线的 H、W 投影,先作特殊点,如点 A、D、B 直接作图,注意 D 点水平投影的求法,可先定 W 面投影,再根据 W 面投影返回到 H 面投影上。其次作一般点,其作图方法同图 7-17。最后将所求各点光滑连接,并判别可见性,AB 的水平投影为可见,画实线,侧面投影 $a''d''$ 可见,画实线,$d''b''$ 不可见,画虚线。

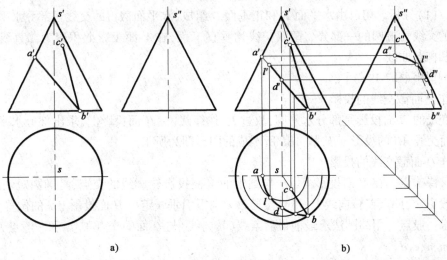

图 7-18 求圆锥面上线的投影
a)已知;b)作图

② 作 CB 线

因 CB 是直线,所以过锥顶作素线 SB 的投影,连 sb 得素线 SB 的水平投影,按点在线上的投影规律求得点 C 的 H 面投影 c,cb 相连即为 CB 线的 H 面投影;再将 $s''b''$ 相连,过 c'' 作横平线与 $s''b''$ 交与 c'',$c''b''$ 相连即为所求的 W 面投影。$c''b''$ 是虚线,最后整理加深。

4.圆锥体的截交线

平面截切圆锥,根据截平面与圆锥的位置不同,其截交线有五种形状,如表 7-2 所示。

圆锥体的截交线 表 7-2

截平面 P 位置	截平面垂直于 圆锥曲线	截平面与锥面上 所有素线相交	截平面平行于 圆锥面上一条素线	截平面平行于 圆锥面上两条素线	截平面通过锥顶
	圆	椭圆	抛物线	双曲线	两条素线
截交线空间 形状					
投影图					

求圆锥面上截交线的投影时,除截交线是直线和圆以外的其他几种曲线,都需要找出曲线上若干个点的投影光滑连接,因此,基本作图方法是应用圆锥面上取点的作图方法。

[例 7-6] 补全带切口的圆锥的水平投影[图 7-19a)]。

解 (1)分析。切口由水平面 P 和正垂面 Q 组成,水平面截得的交线是部分水平圆;正垂面截得的交线为椭圆的一部分。两截交线均垂直 V 面,在 V 面投影上积聚为二直线,水平投影为圆和椭圆曲线。

(2)作图[图 7-19b)]。

①作 P 面截交线的投影

因交线的 H 面投影是部分水平圆,故过 P_v 作纬圆,在 H 面投影上,求出部分水平圆和 P、Q 两平面交线 AB 的投影 a、b,故 ABL 所围成的图形即为所求。

②作 Q 面截交线的投影

a. 求特殊点。在 V 面投影上,Q_v 与圆锥的 V 面投影轮廓线的交点,是椭圆短轴的端点 c 的 V 面投影 c',此点在转向线上,可直接通过 c' 向下引垂线定出 H 面投影上 c 的位置。

b. 求一般点。用纬圆法求最前最后素线(转向线)与 Q 面的交点 M、N 和一般点 E、D 的 H 面投影 m、n、e、d。

③连线

在 H 面投影中,依次连接 b-m-e-c-d-n-a 各点,即得部分椭圆的 H 面投影。

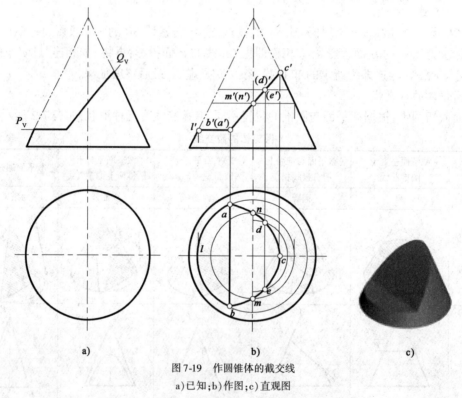

图 7-19 作圆锥体的截交线
a)已知;b)作图;c)直观图

[例 7-7] 已知穿孔圆锥的 V 面投影,求 H 和 W 面投影[图 7-20a)]。

解 (1)分析。从已知的 V 面投影可知,圆锥上的穿孔是分别由正垂面 P、水平面 Q_1、Q_2 和侧平面 R 切割圆锥而形成的。其中 P 面通过锥顶,截交线为前后两条直线(素线);Q_1、Q_2 面垂直圆锥轴线,截交线为前后四段圆弧;R 面平行于锥轴,截交线为前后两段双曲线。

82

（2）作图[图7-20b)]。

按圆锥面上前、后各有 AB、BD、DC、CA（ML、LK、KN、NM）四段线来求 H、W 面投影。作图方法仍是面上取点、线。

①作水平面 Q_1、Q_2 与圆锥的截交线 AC、BD、MN 和 LK，图中采用纬圆法作图。交线的 H 面投影分别为 ac、bd、mn 和 lk 四段圆弧，W 面投影为四段水平直线（$a''c''$、$b''d''$、$m''n''$、和 $l''k''$）。

②作过锥顶的正垂面 P 与圆锥的截交线，在 H 面投影上连 sb、sl，其中 ab，ml 为所求。同样可求得截交线 W 投影 $a''b''$、$m''l''$。

③作侧平面 R 与圆锥的截交线 CD、NK，因该交线平行 W 面，故交线的 H 面投影为垂直 OX 轴的直线 cd、nk，侧面投影则反映双曲线特征。作图时，需要找出曲线上若干点的投影，如 E 点的求法，在 V 面 $c'd'$ 线上任选一点 e'，利用纬圆法求出 e' 点在 H 面上的对应投影 e，再根据点的投影规律求出 e''，将曲线上各点光滑连接即可。

（3）求截平面之间的交线，判别可见性，完成圆锥的投影。四个截平面之间两两产生的交线是：AM（P 与 Q_1）、BL（P 与 Q_2）、CN（Q_1 与 R）、DK（Q_2 与 R），连 BL、AM、CN 和 DK 的 H、W 投影（虚线）即可。全部截交线的 H、W 面投影均为可见，连成实线。此外，圆锥最前（后）素线 Ⅱ Ⅰ（Ⅲ Ⅳ）之间被截断，故 W 面投影前（后）转向线上的 $2''1''$（$3''4''$）之间不能连线。

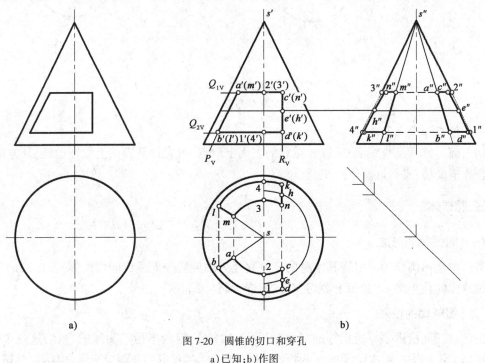

图 7-20 圆锥的切口和穿孔
a）已知；b）作图

（二）斜椭圆锥体

1. 斜椭圆锥体的形成

斜椭圆锥体的形成方法与圆锥体的形成方法类似，但锥顶 S 和圆心 O 的连线不和圆垂直，垂直于斜椭圆锥的轴线截切，其正截面为椭圆[图7-21a)]，这种曲面体称斜椭圆锥体。

2. 斜椭圆锥体的投影

图7-21b)中，当锥顶 S 和锥底圆圆心 O 的连线 SO 平行于 V 面时，它的正面投影为一三角形，三角形内的两条点划线，其中一条为轴线（锥面的轴线是两对称面的交线），另一条是圆心

连线,左右两边线 $s'a'$、$s'b'$ 为转向线的投影;水平投影是一个圆以及与圆相切的两转向线 sa、sb;侧面投影为一三角形,两边线 $s''d''$、$s''c''$ 同样是转向线的投影。

斜椭圆锥和圆锥面的性质基本相同,过锥顶的平面截切斜椭圆锥,截交线是二直线;和底圆锥平行的平面截切圆锥体,截交线是圆,截平面距离锥顶位置不同,截得的圆大小不同;截得的圆的半径和圆心位置及两个投影的关系见图 7-21c)。

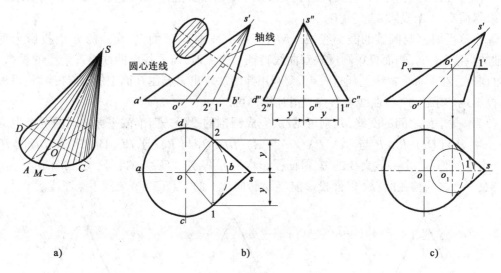

图 7-21 斜椭圆锥的形成及投影
a)直观图;b)投影;c)作图

3. 斜椭圆锥面上取点

因斜椭圆锥面是直线面,所以要在它的表面上取点,可先在其表面上取辅助线,其方法是:过锥顶作辅助线;平行底圆作水平圆。

三、圆球体

(一)圆球体的形成

圆球体是由圆作为母线绕其本身的任一直径为轴旋转一周形成的球面体[图 7-22a)]。

圆球体的特点是:在球面上截切,其截面皆为圆(或圆弧)。

(二)圆球体的投影

圆球的三面投影是直径相等的三个圆[图 7-22b)],圆的半径均为球的半径,这三个圆是位于球体上不同方向的三个轮廓圆的投影,亦即转向线的投影。V 面投影圆 $a'b'c'd'$ 是球体上平行于 V 面的最大正平圆的正面投影,其水平投影与横向中心线重合,侧面投影与竖向中心线重合;H 面投影 $aecf$,是球体上平行于 H 面的最大圆的水平投影,其正面投影和侧面投影均与横向中心线重合;W 面投影圆 $f''b''e''d''$,是球体上平行于 W 面的最大侧平圆的侧面投影,其水平投影和正面投影与竖向的中心线重合。

(三)圆球体表面上取点

在圆球体表面上取点,只能采用纬圆法作辅助线,即在球面上作平行于投影面的辅助圆。

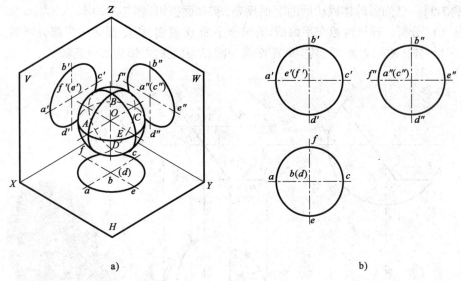

图 7-22 圆球体的投影
a) 直观图；b) 投影图

[例 7-8] 已知球面上点 A 的正面投影 a'，求点 A 的 H、W 面投影 [图 7-23a)]。

解 (1) 过点 A 作纬圆的 V 面投影，即过 a' 作水平纬圆的 V 面投影 $1'2'$（为积聚的直线段），如图 7-23b) 所示。

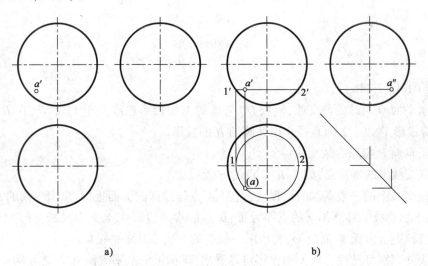

图 7-23 球面上取点
a) 已知；b) 作图

(2) 根据纬圆的 V 面投影，作出纬圆的 H、W 面投影，纬圆 H 面投影的直径等于 $1'2'$。

(3) 根据点的投影规律定出 a 和 a''。从图中可见点 a' 可知，点 A 位于前半球面的左下角，故 a 不可见，a'' 可见。

(四) 圆球体的截交线

圆球体被任何方向的平面所截，截交线都是圆。截平面平行于投影面时，截交线在该投影面上的投影是圆；当截平面垂直于投影面时，截交线在该投影面上的投影积聚成一条与截交圆直径相等的直线；当截平面倾斜投影面时，截交线在该投影面上的投影为椭圆。

[例7-9] 已知圆球体截切后的 V 面投影,求 H 面投影[图7-24a)]。

解 (1)分析。球被两相交平面截切,被水平面 Q 截切,所得截交线为部分圆弧,在 H 面上反映实形;被正垂面 P 截切,其空间截交线为圆,H 面上的投影为部分椭圆。

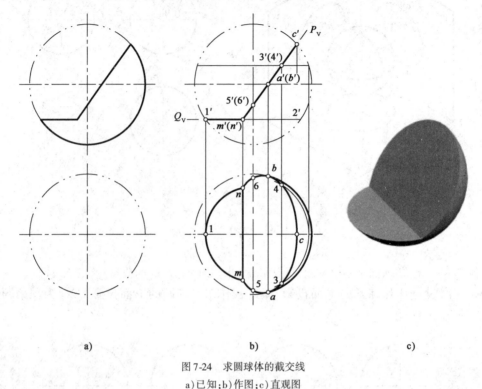

图7-24 求圆球体的截交线
a)已知;b)作图;c)直观图

(2)作图[图7-24b)]。

①作水平面 Q 与球的截交线,延长 Q_V 与球的 V 面投影轮廓交于 1′、2′点,在 H 面上定出 1′点的对应投影 1,以 1′2′为直径作出纬圆的 H 面投影。

②作正垂面 P 与球的截交线:

a. 求截交线上的特殊点,如 A、B、C 点的 H 面投影。

b. 求截交线上的一般点,如Ⅲ、Ⅳ点,过 3′、4′点作纬圆的 V 面投影,求出纬圆的 H 面投影,过 3′、4′向下引垂线与纬圆相交的点即为Ⅲ、Ⅳ点的水平投影 3、4,V 面投影上的 5′、6′点在转向线上;是特殊点,因无 W 面投影,要用求一般点的方法求其水平投影。

③连线并判别可见性。从 V 面投影可以看出,球面上的水平大圆 A、B 之左的一段圆弧已被截掉,故 H 面投影上用双点划线表示或不画线。

四、圆环体

(一) 圆环体的形成

圆环体是由圆平面绕与它共面而不相交的轴旋转而成[图7-25a)]。

(二) 圆环体的投影

如图7-25b)所示,当圆环面的轴线垂直 H 面时,它的 H 面投影是两个同心圆,分别是内环面转向圆(又称颈圆)的投影与外环面转向圆(又称为赤道圆)的投影。圆环面的 V、W 面投影上的小圆,分别是圆环面对 V 面或 W 面转向圆的投影。而 V、W 面投影上、下两个小圆相切的水平线段,则是圆环面上最高和最低部位两个圆的积聚性投影。

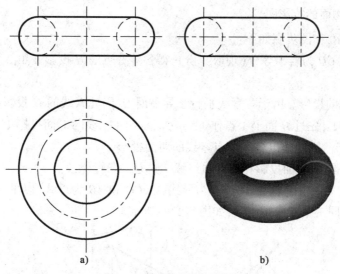

图 7-25 圆环体的形成及投影
a) 投影图; b) 直观图

(三) 圆环体表面上取点

环体表面上取点可利用纬圆法。

[例 7-10] 如图 7-26 所示,已知环面上点 A 的 V 面投影 a',求 H 面投影。

解 作图 [图 7-26b)]:

①过 a' 平行 H 面作纬圆,V 面投影为一直线段,与外环面的 V 面投影轮廓线相交于 $1'2'$;

②在 H 面上作出纬圆的水平投影,直径为 $1'2'$,利用点的投影规律作出点 A 的水平投影 a,由 a' 知,a 落在前半圆上。同理求出点 A 的侧面投影 a''。

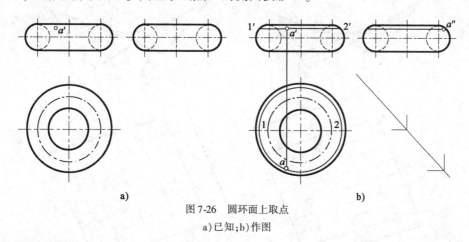

图 7-26 圆环面上取点
a) 已知; b) 作图

五、双曲抛物面

(一) 双曲抛物面的形成

以一直线为母线沿着两条交叉直线为导线移动,且始终平行一个导平面所形成的曲面,为双曲抛物面,又称直纹曲面。

图 7-27a) 是一对交叉直线 AB、CD 为导线，H 面垂直面 Q 为导平面，直线 L(AD) 为母线，沿着 AB、CD 且平行 Q 面运动时，素线 L_1、L_2…所形成的曲面是一个直纹面，称双曲抛物面。

(二) 双曲抛物面的投影图

图 7-27b) 所示，作图步骤如下：

(1) 分直导线 CD 为若干等分 (现取 8 份)，得各等分点的 H 投影 d、1、2、3…c 和 V 面投影 d′、1′、2′、3′…c′。

(2) 作各素线的投影。由于各素线平行于导平面 Q，因此素线的 H 投影都平行于 Q_H。如过分点 I 的素线 II_1，先过 H 面上 1 点作 11_1∥Q_H，求出 11_1 线的 V 面投影 1′$1_1'$，连 1′$1_1'$即为素线 II_1 的 V 面投影。同法作出各等分点素线的两面投影。

(3) 作出与各素线 V 面投影相切的包络线。这是一条抛物线。

在图 7-27 中，如以交叉直线 AD、BC 为导线，以 CD 和 AB 为母线，以平行于 AB 的 P 平面为导平面，可形成同一个双曲抛物面，如图 7-27c) 所示。

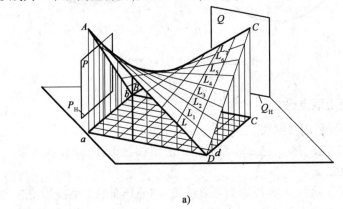

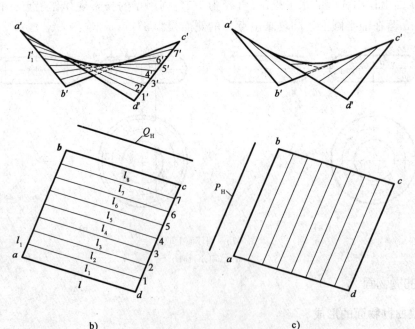

图 7-27 双曲抛物面的形成及投影
a) 形成；b) 投影 (一)；c) 投影 (二)

图7-28为双曲抛物面应用于屋面的例子。整个屋面由四片双曲抛物面组成,并且都是以墙面作为它们的导平面。

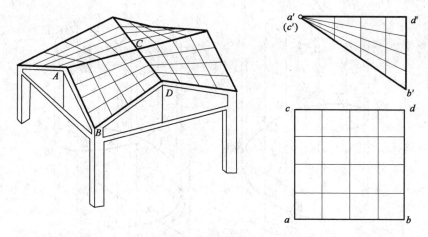

图7-28 双曲抛物面的应用

(三)面上取点

在双曲抛物面上取点,采用素线法,如图7-29所示,已知双曲抛物面过渡段上,点K的V面投影,求点K的H、W面投影。因该点位于曲面的素线上,故过点K作一素线$1'2' \parallel c'd'$(母线),求出在H面上的对应投影 1 2,即可定出H面投影k及W面投影k''。

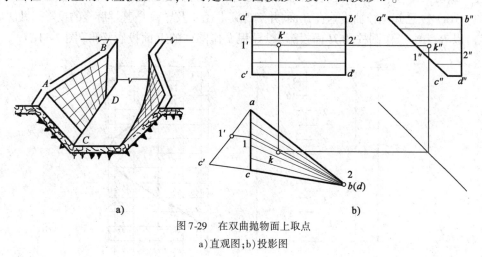

图7-29 在双曲抛物面上取点
a)直观图;b)投影图

第三节 平 螺 旋 面

一、圆柱螺旋线

(一)圆柱螺旋线的形成和分类

如图7-30a)所示,一点沿正圆柱面上一条与柱轴平行的直线作等速上升运动,同时直线又绕柱轴作等速旋转运动,点在空间运动的轨迹称为圆柱螺旋线。点到轴的距离称为螺旋半径(R),直线旋转一周时,点上升的距离称导程(h)。

由于点在圆柱面上旋转方向的不同,形成两种方向的螺旋线。从左向右经过圆柱面的前面而上升的螺旋线,称为右螺旋线[图7-30a)],从右向左经过圆柱面的前面而上升的螺旋线,称为左螺旋线[图7-30b)]。

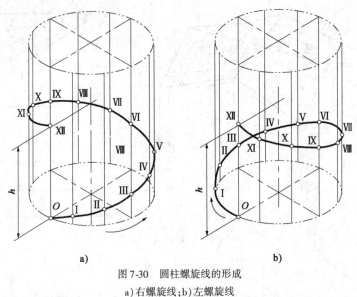

图 7-30 圆柱螺旋线的形成
a)右螺旋线;b)左螺旋线

(二)圆柱螺旋线的投影

已知螺旋线半径、导程和旋转方向(右旋或左旋),即可定出螺旋线,画出投影图。

图 7-31a)中,已知圆柱轴线垂直 H 面,并知螺旋半径 R 及导程 h,其螺旋线的投影图做法如下:

(1)以 R 为半径作圆柱的 H 面投影,以导程 h 作圆柱的 V 面投影矩形[图 7-31a)]。

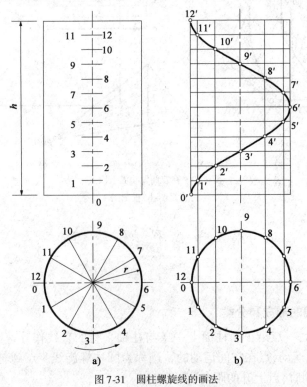

图 7-31 圆柱螺旋线的画法
a)已知条件;b)作图

(2) 将 H 面投影圆周分为若干等分,本图分为十二等分;在 V 面投影中将导程 h 作同样数目的等分。

(3) 由 H 面投影中圆周上各等分点引垂线到 V 面上,与导程相应分点所引的水平线相交,得螺旋线上各点的 V 面投影 0′、1′、2′…。

(4) 按顺序连接 0′、1′、2′…各点,即为螺旋线的 V 面投影。

二、平螺旋面

(一) 平螺旋面的形成

如图 7-32a)所示,直母线 MN 沿圆柱螺旋线运动,并始终与圆柱的竖轴线相交成 90°角,这样形成的曲面称为平螺旋面。

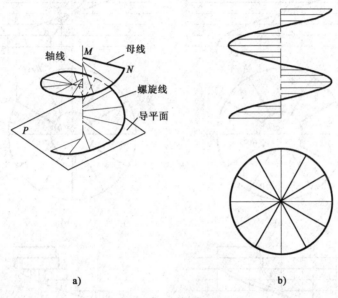

图 7-32　平螺旋面
a)平螺旋面的形成;b)平螺旋面投影图

(二) 平螺旋面的投影

为了清晰地表示螺旋面,除了画出圆柱螺旋线的投影以外,还需要画出一系列素线的投影。图 7-32b)为平螺旋面的投影图,由于轴线平行于正面,且所有的素线都与轴线垂直,因此,素线的正面投影都垂直于轴线的正面投影。

(三) 螺旋楼梯的画法

图 7-33 是平螺旋面应用于螺旋楼梯的例子。螺旋楼梯的底面为平螺旋面,内、外边缘为圆柱螺旋线。

螺旋楼梯的画法如下:

(1) 确定螺旋面的导程及其所在圆柱面直径。设螺旋梯上一圈(即一个导程)有十二级,螺旋梯内外侧到轴线的距离,分别是内外圆柱的半径。

(2) 根据内、外圆柱的半径、螺距的大小以及梯级数,画出螺旋面的两面投影[图 7-33a)]。按螺距的级数等分螺旋面的 H 投影为 12 等分,每一等分就是螺旋梯上一个踏面的 H 投影,各踏面均为水平面,螺旋梯的踢面(又称为起步)的 H 投影,积聚在踢面踏面的分界线上,

且与 H 面垂直,如图 7-33a)中的$(b)ad(c)$ 和$(f)eg(h)$ 等。

(3)作各踢面的 V 面投影[图 7-33b)]。第一级踢面由矩形 $BADC$ 组成,是正平面,在 H 面上积聚成一水平线段,其底线 BC 是螺旋面的第一根素线,求出 BC 的 V 面投影 $b'c'$ 后,过两端点分别画竖线,截取一级的高度(O 线和 I 线之间),得点 a' 和 d',连 $a'b'$,矩形 $b'a'd'c'$ 就是第一级踢面的 V 面投影,且反映该踢面实形。

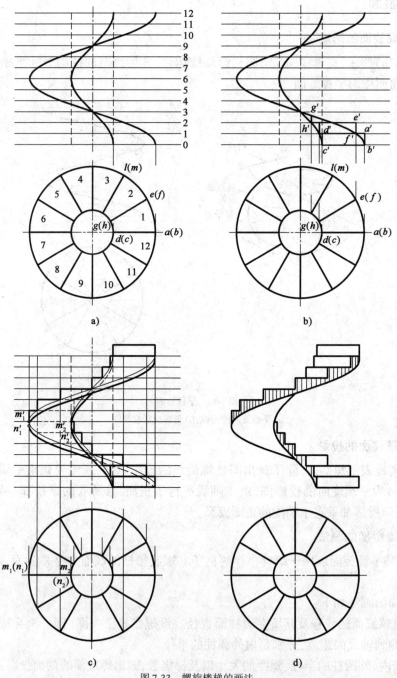

图 7-33 螺旋楼梯的画法
a)螺旋面的投影;b)作踢面的投影;c)画梯板;d)加绘投影线

第一级踏面的 H 投影为 $a(f)(h)d$,它在 V 面上的投影积聚成一条水平线段 $a'f'd'h'$。

第二踢面由 $FEGH$ 组成,过 H 投影上 $(f)e$、$g(h)$ 引铅垂线与水平分格线 1 线、2 线(一级高度)相交得矩形线框,$f'e'g'h'$ 为第二踢面的 V 面投影。

(4)作各踏面的 V 面投影。因各踏面均为水平面,所以各踏面的 V 面投影均积聚成一水平线。

以此类推,画出其余各级踢面和踏面的 V 面投影。

(5)画螺旋楼梯底面(板)的投影[图 7-33c)],楼梯底面(板)也是一个螺旋面,它的形状和大小与梯级的螺旋面完全一样,只是两者相距一个梯板厚度(沿竖直方向),梯板底面的 H 面投影与各梯级 H 投影重合。

画梯板底面的 V 面投影,可对应于梯级螺旋面上的各点,向下截取相同高度,求出底板螺旋面相应各点的 V 面投影。如第 7 级踢面底线的两端点是 M_1、M_2,从它们的 V 面投影 m'_1、m'_2 向下截取梯板沿竖直方向的高度,得 n'_1、n'_2,即所求梯板底面上与 M_1、M_2 相对应的两点 N_1、N_2 的 V 面投影。同法求出其他各点,光滑连成曲线即为所求。完成后的螺旋梯的两面投影如图 7-33d)所示。

第八章 直线与立体表面相交、立体与立体表面相交

第一节 直线与立体表面相交

直线与立体表面相交,其交点称为贯穿点,贯穿点是直线与立体表面的共有点。

求贯穿点的问题,实质上是求线面交点问题。因此,求贯穿点的方法和求直线与平面的交点的方法相类似。

一、利用积聚性求贯穿点

当立体表面或直线的某投影有积聚性时,可利用积聚投影直接求出贯穿点。其方法与直线和特殊位置平面相交求交点的方法相同。

如图 8-1 所示为直线 AB 与三棱柱相交,从 H 面投影可以看出,三棱柱的 H 面投影有积聚性,直线 AB 与三棱柱的左、右侧面相交,利用棱柱侧面 H 投影的积聚性,可直接求出贯穿点 M、N 的 H 面投影 m、n,贯穿点的 V 面投影 $m'n'$,可利用直线上取点或面上取点的方法求出。

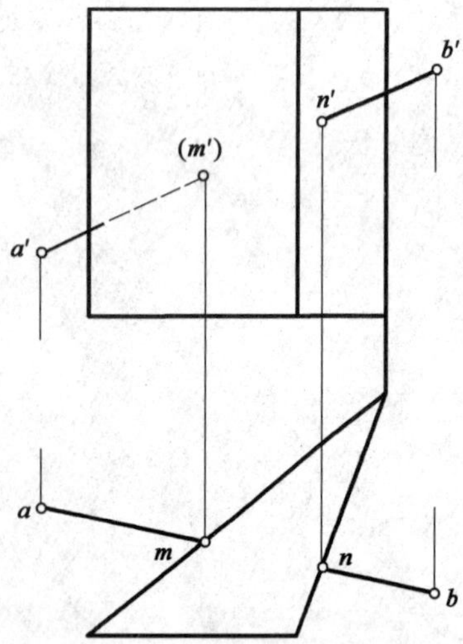

最后,还要判别贯穿点的可见性,贯穿点是否可见,要看该点所在的表面是否可见。点 N 所在的棱面在 V 面上的投影可见,所以 n' 可见,点 M 所在的棱面在 V 面投影上不可见,则 m' 不可见。直线与立体重叠的部分,要根据贯穿点的可见性画出,贯穿点可见,画实线,贯穿点不可见,画虚线。直线穿入立体中的一段,视为与立体融合,故不用画线,必要时,用细实线或双点划线示出。

图 8-1 直线与三棱柱相交

二、利用辅助面求贯穿点

当立体表面投影没有积聚性时,要利用辅助面求贯穿点,其方法类似于直线与一般位置平面相交求交点的方法。

作图步骤如下:
(1)包含已知直线作辅助面;
(2)求出辅助面与立体表面的截交线;
(3)求已知直线与截交线的交点,即为直线与立体表面的贯穿点;
(4)判别可见性。

辅助面的选取应视立体的具体情况而定,力求使辅助面与立体截交线的投影是直线或圆。

[**例 8-1**] 已知直线 EF 与三棱锥相交,求其贯穿点(图 8-2)。

解 (1)选辅助面,可通过 EF 的正垂面或铅垂面作辅助面。

(2)作图:

①包含 EF 作正垂面 P;

②求出 P 面与三棱锥的截交线。截交线在 H 面上的投影是△123,该三角形与 ef 交于 k、l、k、l 即为贯穿点在 H 面上的投影;

③按点在线上求出贯穿点的 V 面投影 $k'l'$;

④判别可见性,点 K 在棱面△SAB 上,其 V、H 两面投影均为可见。点 L 在 SAC 面上,H 面上投影可见,V 面投影 l' 不可见,故靠近点 l' 一段直线($l'3'$)不可见,画成虚线。

[**例 8-2**] 求直线 AB 与圆球的贯穿点(图 8-3)。

解 (1)选辅助面,如果选正垂面作辅助面,则截交线在 H 面上的投影是椭圆,不利于解题。选正平面作辅助面,截交线的正面投影为圆,则能迅速准确的求出贯穿点。所以该题选正平面作辅助面。

(2)作图:

①通过 AB 作正平面 P;

②求出 P 面与圆球面截交线的 V 面投影,它与 $a'b'$ 的交点为 $m'n'$,即为贯穿点的 V 面投影,再求出贯穿点的 H 面投影 m、n;

③判别可见性,M 点在球的左前下半球上,故 V 面投影 m' 可见,H 面投影 (m) 不可见;N 点在球的右前上半球上,其 H、V 投影均为可见点。

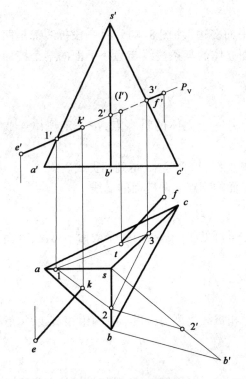

图 8-2　直线与三棱锥相交

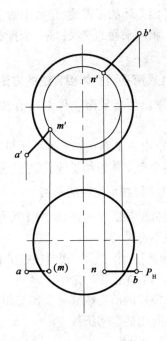

图 8-3　直线与圆球相交

第二节　立体与立体表面相交

两立体相交,也叫作两立体相贯,所得表面交线称相贯线。相贯线是相交两立体表面的共有线。

两立体相贯,有两种类型:

①全贯。当一立体的一组棱线贯穿另一立体的同一个棱面时称为全贯[图8-4a)]。
②互贯。当两立体都只有部分互相咬接时称为互贯[图8-4b)]。

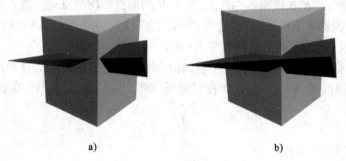

图8-4　两立体相贯的类型
a)全贯;b)互贯

一、两平面立体相交

(一)相贯线形式

两平面立体的相贯线,是封闭的空间折线或平面多边形(图8-4)。每一段折线都是两平面立体上相应平面的交线;每一个折点都是一平面立体的某条棱线与另一平面的某个棱面的贯穿点。

(二)求两平面立体相贯线的方法

(1)求出两个平面立体上所有棱线及底边与另一个立体的贯穿点,按一定规律连成相贯线。

(2)求出一平面立体上各平面与另一立体的截交线,组合起来,得到相贯线。

求两平面立体的相贯线,实质上是求直线与平面的交点或两棱面的交线。

(三)相贯线可见性的判别

判别可见性的原则:只有两个可见面的交线才是可见的。只要有一个棱面不可见,其面上的交线就不可见。

[例8-3]　求三棱柱和四棱柱的相贯线[图8-5a)]。

解　(1)确定相贯线类型

因三棱柱的所有棱线完全参与相交,所以此题相贯线类型为全贯。有两组相贯线,每组相贯线均为封闭的空间折线。

(2)投影分析

相贯线是两立体表面的共有线,而四棱柱的水平投影有积聚性,所以相贯线的水平投影必然积聚在四棱柱的水平投影上;同样,三棱柱的侧面投影有积聚性,相贯线的侧面投影必然积聚在三棱柱的侧面投影上。因此,相贯线水平投影和侧面投影均为已知,只需求出相贯线的正面投影。

(3)求相贯线

方法一:利用积聚性投影作图

从图8-5a)中水平投影可以看出,四棱柱的 F 棱、G 棱未参与相贯,而三棱柱的 C 棱、D 棱、E 棱和直立四棱柱的 A 棱、B 棱均参与相贯,每条棱线有两个交点,两组相贯线上分别有5个交点(折点),求出这些交点,便可连成相贯线。

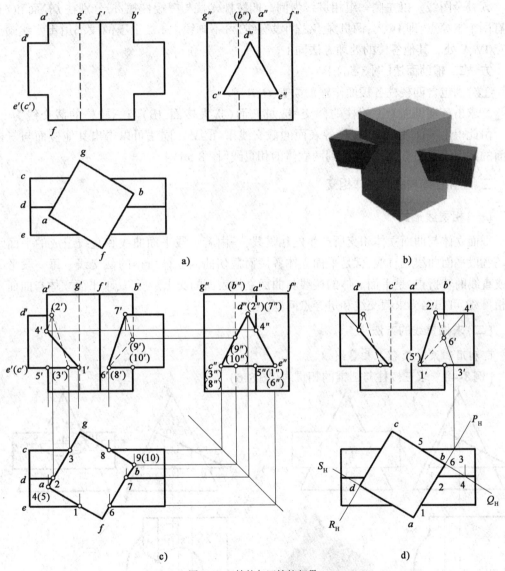

图8-5 三棱柱与四棱柱相贯
a)已知;b)直观图;c)积聚性作图;d)辅助面法作图

具体作图:

①在相贯线的已知投影上,分别标出交点(折点)的投影,如 H 投影上的1、2、3、4、5等点;

②用点在线上的定点方法求出各交点的正面投影 $1'$、$(2')$、$(3')$、$(4')$、$(5')$ 等点。交点 $4'$ 和9可根据侧面投影定。

③连线。因相贯线是两立体表面的共有线,所以,只有位于甲立体同一棱面同时又位于乙立体同一棱面上的两点才能相连。在V面投影上,分别连成1'4'(2')(3')(5')和6'7'(9')(8')(10')两组相贯线。

④判别可见性。根据立体上两可见面的交线才是可见的原则来判别。在V面投影上,四棱柱前边的左、右两个侧面为可见面,三棱柱的DE面可见,所以交线1'4'和6'7'可见,而4'(2')、(2')(3')、(3')(5')和7'(9')、(9')(8')、(8')(10')不可见。其中(3')5'、(8')(10')与e'棱线重影。

⑤补全图线。以左侧一组相贯线为例。四棱柱A棱与三棱柱相贯,分别在DE面和CE面上有两个贯穿点,即Ⅳ、Ⅴ,两贯穿点之间没有线,可不画线。A棱上下两段都用粗实线画至贯穿点Ⅳ、Ⅴ处。其他各棱的处理方法同上。

方法二:辅助面法[图8-5d)]

①分别包含四棱柱各棱面作辅助面P、Q、R、S。

②求出各辅助面与三棱柱的截交线,如P面(扩大棱面AB)与三棱柱的截交线为△ⅠⅡⅢ。由此得出棱面AB与三棱柱各表面的截交线Ⅰ-Ⅱ-Ⅵ。同法可以得出其他棱面与三棱柱表面的截交线。组合起来,就得到两立体的相贯线[图8-5d)]。

二、平面立体与曲面立体相交

(一)相贯线形式

平面立体与曲面立体相交所产生的相贯线,是由若干段平面曲线和直线组成的平面闭合线。各段平面曲线或直线,就是平面立体各棱面截切曲面立体所得的截交线。每一段平面曲线或直线的转折点,是平面立体的棱线与曲面立体表面的交点。所以,求平面立体与曲面立体的相贯线,可归结为求截交线和贯穿点问题。

(二)求相贯线的方法

1. 利用积聚性投影求相贯线

[例8-4] 求三棱柱与圆锥的相贯线(图8-6)。

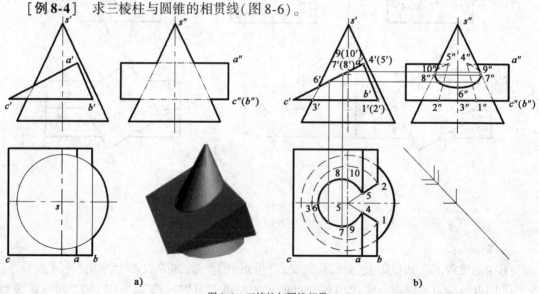

图8-6 三棱柱与圆锥相贯
a)已知;b)作图

解 (1)分析相贯线

从图8-6a)、b)可知,此题为互贯,只有一组相贯线。

三棱柱底面 CB 与圆锥的截交线为一段圆弧;AB 棱面扩大后通过锥顶,截交线为两段直线(素线);棱面 AC 与圆锥的截交线为部分椭圆;棱线 A、B 与圆锥面有四个交点,是相贯线上的折点,也称结合点。

因三棱柱各棱与正面垂直,所以,三棱柱的正面投影有积聚性,相贯线的正面投影已知,要求的是水平投影和侧面投影。应用面上取点取线的方法解题,和前述求立体的截切穿孔方法一致。

(2)作图[图8-6c)]

① 求特殊点。相贯线上的结合点、转向线上的点、最高、最低点、最前、最后点、最左、最右点均为特殊点。求结合点,可通过求截交线获得,也可先直接定结合点。此题先求 CB 棱面与圆锥的截交线,该截交线 V 面投影已知,可把它看成是圆锥表面上的一条线,用面上取线的方法求出该线的水平投影132,它与 B 棱相交于1、2 两点,这两点是结合点,再将 s1、s2 连线,与 A 棱交于4、5 两点,14、25 为 AB 棱面与圆锥面交线的水平投影。然后再求 AC 棱面与圆锥的截交线,此截交线是椭圆的一部分,椭圆长短轴的端点是特殊点,要求出,9、10 点是转向线上的点,通过侧面投影直接定出。

② 求一般点。凡是曲线(除特殊点求出外)中间还要内插若干一般点,求法同前。

③ 连线。同一交线上相邻两点才能相连。如 H 面上 4-9-7-6-8-10-5 可以连接。

④ 判别可见性。锥面的 H 投影都可见,但 CB 棱面的 H 投影不可见,故132不可见。侧面投影椭圆部分的可见性以转向线上的9、10 点为界,8″6″7″可见,4″9″、5″10″不可见,最后整理画全各图线。

2. 利用辅助面法求相贯线

[例8-5] 求三棱柱和圆球的相贯线[图8-7a)]。

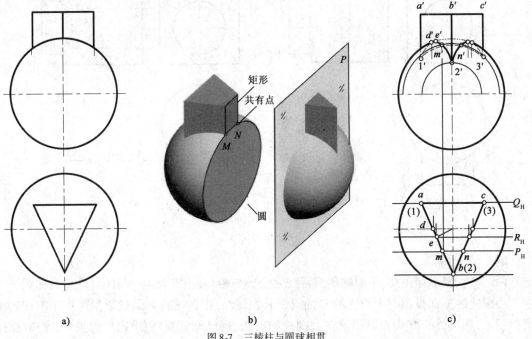

图8-7 三棱柱与圆球相贯
a)已知;b)直观图;c)作图

解 (1)分析

三棱柱水平投影有积聚性,相贯线的水平投影与之重合。只要求相贯线的 V 面投影。由水平投影可知,此题为全贯,有一组相贯线。

棱面 AC 与球的截交线为一段圆弧,其 V 面投影反映实形;AB、BC 棱面与球的截交线,空间为部分圆,在 V 面上的投影为部分椭圆;棱线 A、B、C 与球相交,有三个贯穿点(结合点)。

(2)作图

采用辅助面的原则应使所求截交线的投影是直线或圆。本例选正平面为辅助面,如图 8-7b)所示,正平面 P 与球面交线为圆,与三棱柱交线是两直线(矩形),圆和两直线交点 M、N 即为三棱柱与球面的共有点,作图过程见图 8-7c)。

按此法,可作若干个辅助面,求得若干个共有点,光滑连接起来即得两立体的相贯线。

三、两曲面立体相交

(一)相贯线形式

两曲面立体相交,一般情况下,相贯线是封闭的空间曲线,特殊情况下相贯线是平面曲线或直线。

(二)求相贯线方法

1. 利用积聚性投影

两相交曲面之一,如果有一个投影具有积聚性,则相贯线的这个投影必位于曲面的积聚投影上而成为已知,其余投影就可借助于另一曲面上的线求出。

[例 8-6] 求两正交圆柱的相贯线[图 8-8a)]。

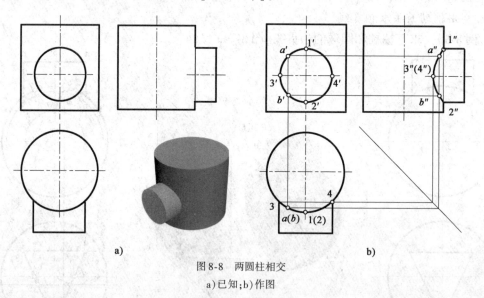

图 8-8 两圆柱相交
a)已知;b)作图

解 (1)分析

两圆柱直径不等正交,小圆柱所有素线完全参与相交,相贯线为一条闭合的空间曲线。

小圆柱的 V 面投影与大圆柱的 H 面投影有积聚性,相贯线的 V 面投影积聚在小圆柱的积聚投影上,相贯线的 H 面投影积聚在大圆柱的前面,现已知相贯线的 V、H 面投影,求 W 面投影。另外,两相交圆柱左右对称,在 W 投影上,左右部分的相贯线重影。

(2)作图[图8-8b)]

特殊点直接定,一般点需利用积聚性投影作图。

2. 辅助平面法

[例8-7] 求圆柱与圆锥的相贯线[图8-9a)]。

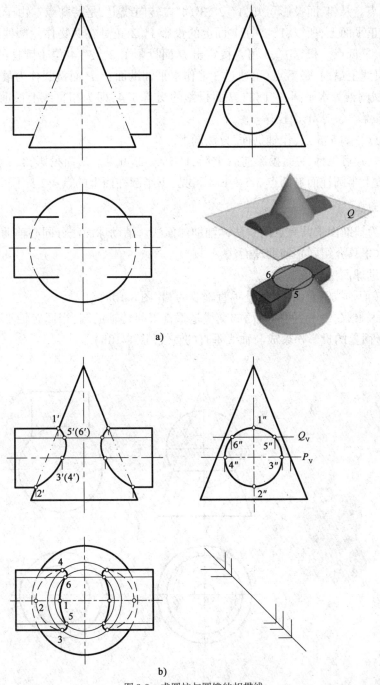

图8-9 求圆柱与圆锥的相贯线
a)已知;b)作图

解 (1)分析

由图8-9a)可知,圆柱所有素线完全参与相交,相贯线形式为全贯。左右各有一条封闭的空间曲线,且相贯线前后对称,相贯线的 W 面投影重合在圆的 W 投影圆上,只要求相贯线的 H、V 面投影即可。根据圆柱、圆锥与投影面的相对位置,故选水平面为辅助平面,与两立体截交线分别为直线和圆,直线与圆的交点就是相贯线上的点。

(2)作图[图 8-9b)]

①求特殊点。从 W 面投影可知,1″、2″、3″、4″在转向线上,是特殊点。由于两曲面体的轴线同处于一个正平面上,所以,1″、2″在 V 面上的投影 1′、2′正处在两物体轮廓线的交点上。是相贯线上最高、最低点。根据 1′、2′可直接定出 H 面投影 1、2。3″、4″位于圆柱的最前、最后转向线上,是相贯线上最前、最后点,可通过 3″4″作水平辅助面 P,P 面截圆柱为最前最后转向线(两条直线),截圆锥为水平圆,它们的 H 面投影的交点 3、4,即为相贯线上最前、最后的 H 面投影,由 H 面投影 3、4 求 V 面投影。

②求一般点。如 5、6 点,作辅助面,方法同上。

③连线。判别可见性,V 面投影前后重影,1′-5′-3′-2′可见。H 面投影,3、4 为可见与不可见的分界点,故上半圆柱面上的点 3-5-1-6-4 可见,下半圆柱面上的点 4-2-3 不可见。

3. 辅助球面法

以球面作为辅助面求共有点的方法称辅助球面法。辅助球面法分同心辅助球面法和变心辅助球面法,这里只介绍同心辅助球面法。

1)使用辅助球面法的依据

(1)两回转面轴线重合,相贯线是垂直轴线的圆[图 8-10a)]。

(2)回转面轴线过球心,两回转面的交线是垂直于回转轴的圆,当回转轴平行于某投影面时,圆在该投影面上的投影积聚成与轴线垂直的直线[图 8-10b)]。

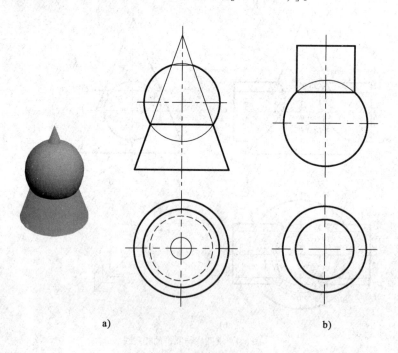

图 8-10　使用辅助球面法的作图依据

a)已知；b)作图

2) 辅助球面法的基本原理

辅助球面法的基本原理仍是三面共点原理。如图 8-11a)、b) 所示,圆锥与圆柱斜交,若以两轴线的交点 O 为圆心,以适当大小的半径 R 作球,球与圆锥面的交线为圆,与圆柱的交线也是圆,两圆的交点就是相贯线上的点,此点是圆锥面、圆柱面和球面三个面的共有点。

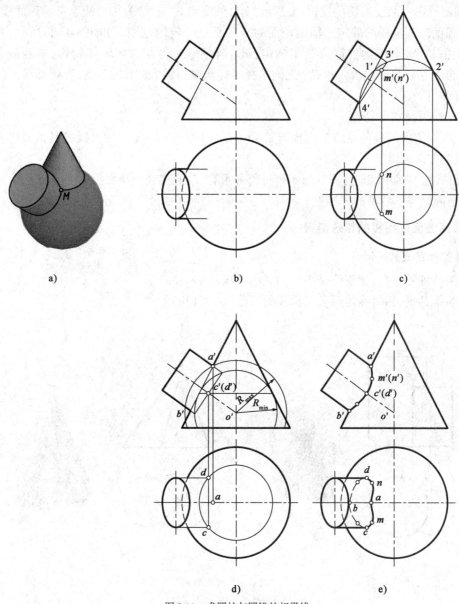

图 8-11 求圆柱与圆锥的相贯线

a) 直观图;b) 已知条件;c) 球面作图;d) 最大最小半径确定;e) 作图结果

3) 同心辅助球面法的使用条件

(1) 相交的两曲面体必须是回转体;
(2) 两回转体的轴线必须相交;
(3) 两回转体的轴线必须平行于同一投影面。

4)作图

如图8-11b)所示,求相贯线。作图与辅助平面法基本相同。

(1)作辅助球面的投影,即以两轴线投影的交点 o' 为球心。以适当的半径 R 作圆[图8-11c)]。

(2)求出辅助球面与两曲面交线(圆)的投影,即直线段 $1'2'$ 和 $3'4'$,它们分别垂直于两条轴线的同面投影。两交线圆的投影($1'2'$ 和 $3'4'$)的交点 m'、n' 即为相贯线上点的正面投影。

(3)辅助球面半径的确定。辅助球面的半径是有一定的范围。如图8-11d)所示,最大半径(R_{max})由球心 o' 到最远的特殊点 a' 确定,最小半径(R_{min})与大回转体相切,本题最小半径(R_{min})与锥相切。只要在 R_{max} 和 R_{min} 之间选择半径画球,均可求出共有点,否则都求不出两曲面的共有点。

(4)连线与判别可见性。

①连线。依次连接各点的 V 面投影 $a'-m'(n')-c'(d')-b'$。相贯线的其他投影可按曲面上取点的方法求出。

②可见性。V 面投影上,可见与不可见部分重合,故画实线。H 面投影上,c、d 点为转向线上的点,是可见与不可见的分界点。$c-m-a-n-d$ 为可见,另一部分不可见,画虚线。

(三)两曲面体相贯的特殊情况

1. 相贯线是直线

(1)两柱轴线平行,相贯线是平行轴线的直线[图8-12a)]。

(2)两锥共顶,相贯线是两条过锥顶的直线[图8-12b)]。

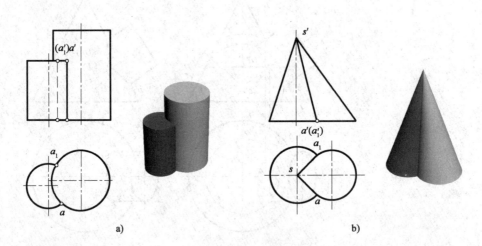

图8-12 相贯线是直线
a)两柱轴线平行;b)两锥共顶

2. 相贯线是平面曲线

(1)凡同轴回转体,相贯线为圆[图8-13a)]。

(2)两回转体有公切球,相贯线为平面曲线,如图8-13b)所示,两圆柱轴线相交,直径相等。两柱之间存在一个公切球,其相贯线是两个椭圆。因两柱轴线和 V 面平行,交得的椭圆和 V 面垂直,所以,相贯线的 V 面投影积聚成两条直线。

当圆柱和圆锥轴线相交,所作的球面同时与圆柱和圆锥相切,交线也是平面曲线(椭圆),如图 8-13c)所示。

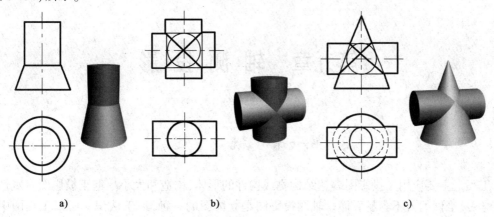

图 8-13 相贯线为平面曲线

a)同轴回转体;b)轴线正交;c)具有内切球的圆柱圆锥

第九章 轴测投影

第一节 概 述

工程上主要应用正投影图表达结构物或构件的形体、构造和大小。但正投影图直观性差，未经学习、培训的人不容易看懂。轴测投影图是立体图的一种，易于认识。所以工程图中，把轴测投影图作为辅助性图，以帮助读图（图9-1）。

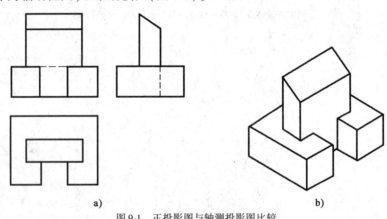

图9-1 正投影图与轴测投影图比较
a) 正投影图；b) 轴测投影图

一、轴测投影图的形成

用平行投影的方法，把形体连同它的三个坐标轴一起向设定的投影面（P）投影得到的投影图，称为轴测投影图（简称轴测投影或轴测图），如图9-2所示。

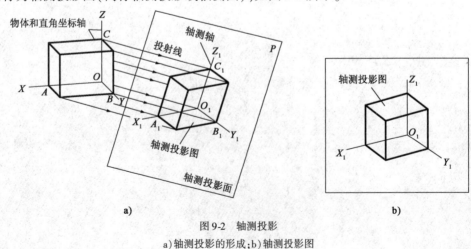

图9-2 轴测投影
a) 轴测投影的形成；b) 轴测投影图

二、术语

(1)轴测轴。三根直角坐标轴 OX、OY、OZ 在轴测投影面上的投影 O_1X_1、O_1Y_1、O_1Z_1 称为轴测投影轴,简称轴测轴。

(2)轴间角。相邻两轴测轴的夹角,称为轴间角($\angle X_1O_1Y_1$,$\angle X_1O_1Z_1$,$\angle Y_1O_1Z_1$),如图 9-2 所示。

(3)轴测。形体的投影所反映的长、宽、高数值是沿轴测轴 O_1X_1、O_1Y_1、O_1Z_1 来测量的。

(4)轴向变形系数。沿轴测轴方向,线段的投影长度与其真实长度之比,称为轴向变形系数。

图 9-2 中,OX 轴的轴向变形系数 $P = O_1A_1/OA$;OY 轴的轴向变形系数 $q = O_1B_1/OB$;OZ 轴的轴向变形系数 $r = O_1C_1/OC$。

从轴测投影的形成可以看出,轴向变形系数和轴间角是在轴测投影图上决定物体空间位置的作图依据。因此,知道了轴间角和轴向变形系数,就可以沿着轴向度量物体的尺寸,也可以沿着轴向量画出物体上各点、各线段和整个物体的轴测投影。

三、轴测投影的特性

(1)直线的轴测投影一般仍为直线,但当空间直线与投射线平行时,其轴测投影为一点。

(2)形体上相互平行的线段,其轴测投影仍然互相平行;直线平行坐标轴,其轴测投影亦平行相应的轴测轴。

(3)互相平行的线段,它们的投影长度与实际长度的比值等于相应的轴向变形系数。

(4)轴测投影面 P 与物体的倾斜角度不同,可以得到一个物体的无数个不同的轴测投影图。

四、轴测投影的分类

根据投射线与轴测投影面的夹角不同,轴测投影可分为两类:

(一)正轴测投影

投射线的方向垂直轴测投影面,这种投影称为正轴测投影。

根据各轴向变形系数的不同,又分 3 种情况。

(1)正等轴测投影(简称正等测)

正等测的三个轴向变形系数相等,即 $p = q = r$。

(2)正二等轴测投影(简称正二测)

正二测有两个轴的轴向变形系数相等,另一个不等,即 $p = r \neq q$。

(3)正三等轴测投影(简称正三测)

正三测的三个轴向变形系数均不等,即 $p \neq q \neq r, p \neq r$。

(二)斜轴测投影

斜轴测投影的投射方向倾斜于轴测投影面。

1. 正面斜轴测投影

以正面或平行于正面的平面作为轴测投影面时所得的投影称为正面斜轴测投影。根据轴向变形系数的不同,又分为 3 种情况:

(1)斜等测

三根轴的轴向变形系数相等,即 $p = q = r$。

(2)斜二测

两根轴的轴向变形系数相等,其中一根不等,即 $p = r \neq q$。

(3)斜三测

三根轴的轴向变形系数均不等,即 $p \neq q, p \neq r$。

2. 水平斜轴测投影

以水平面或平行于水平面的平面作轴测投影面时,所得的投影称为水平斜轴测投影。水平斜轴测投影的轴向变形系数相等,即 $p = q = r$。

在以上的各种轴测投影中,我们根据工程实际的需要,重点介绍正轴测投影中的正等测,斜轴测投影中的斜二测及水平斜轴测投影。

第二节 正等轴测投影

如图9-3所示,设想空间一长方体,它的三个坐标轴与轴测投影面 P 倾斜,投射线方向 S 与轴测投影图 P 垂直,在 P 面上所得到的投影是正轴测投影。在正轴测投影中,常用的是正等轴测投影。

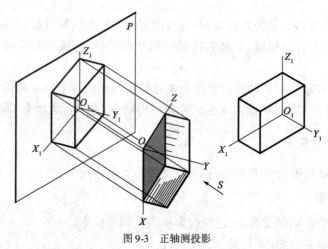

图9-3 正轴测投影

一、正等轴测投影(正等测)

(一)正等轴测图的轴间角和轴向变形系数

正等测图是使空间形体的三个坐标轴与轴测投影面的倾角相等。所以,各轴向变形系数和轴间角均相等。即:

轴间角 $\angle X_1 O_1 Y_1 = \angle Y_1 O_1 Z_1 = \angle X_1 O_1 Z_1 = 120°$,一般将 $O_1 Z_1$ 轴画成垂直位置,使 $O_1 X_1$ 和 $O_1 Y_1$ 轴与水平成 $30°$(图9-4)。

轴向变形系数经计算 $p = q = r = 0.82$,为简化作图,常把变形系数取为1,即凡与轴测轴平行的线段,作图时按实长量取,这样绘出的图形,其轴向尺寸均为原来的1.22倍($1:0.82 \approx 1.22$),图9-5是不同变形系数的正等测图。

轴测轴的设置,可选择在形体上最有利于特征表达和作

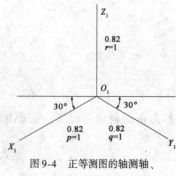

图9-4 正等测图的轴测轴、
轴间角、轴向变形系数

图简捷的位置,如图9-6所示。

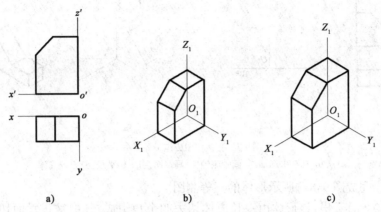

图9-5 不同变形系数的正等测图比较
a)投影图;b)变形系数1:0.82;c)变形系数1:1

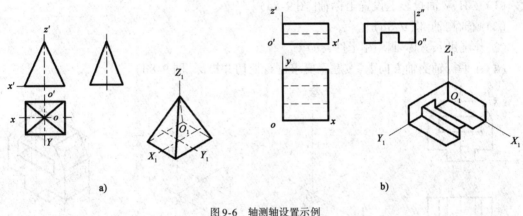

图9-6 轴测轴设置示例
a)四棱锥的轴测图;b)带切口板体的轴测图

(二)平面立体正等测图的画法

根据平面立体的特征,为了作图方便,可选用下列作图方法。

1. 直接作图法

对于简单的平面立体,可以直接选轴,并沿轴量尺寸作图。

[例9-1] 画出如图9-7a)所示形体的正等轴测图。

解 作图步骤:

(1)在 H、V 面投影上设置坐标轴[图9-7a)]。

(2)画轴测轴[图9-7b)]。

(3)沿轴向度量尺寸,画形体前端面的轴测投影图,过端面上各点作 Y_1 轴的平行线,并量取形体的宽度[图9-7c)]。

(4)描深,完成作图。

2. 切割法

大多数平面立体可以设想为长方体挖切而成,为此,先求出长方体正等测图,然后进行轴测挖切,从而完成立体的轴测图。

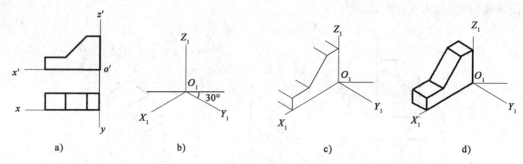

图 9-7 直接作图法作正等测图
a)已知 确定坐标轴;b)画轴测轴;c)画端面,引 Y 轴平线;d)整理描深

[**例 9-2**] 完成图 9-8a)所示形体的正等测图。

解 从图 9-8a)看出,该形体由一长方体切去四个角组成,其中被正垂面切去形体的左、右上角,分别被水平面和侧平面切去左、右下角,中间有一矩形孔。

作图:

(1)在 H、V 面投影上设置坐标轴[图 9-8a)]。

(2)画轴测轴[图 9-8b)]。

(3)作辅助长方体轴测图[图 9-8c)]。

(4)在平行轴测轴方向上,按题意要求进行挖切并描深[图 9-8d)]。

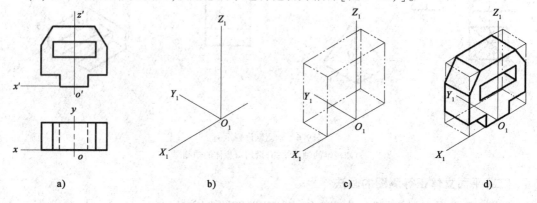

图 9-8 切割法作形体的正等测图
a)已知 确定坐标轴;b)画轴测轴;c)画长方体;d)作切割,整理描深

3. 坐标法

根据坐标关系,画出立体表面各点的轴测投影图,然后连成形体表面的轮廓线。坐标法是画轴测图的基本方法,特别适合形体复杂和非特殊位置平面包围的平面立体。

[**例 9-3**] 根据正三棱锥的 V、H 面投影,作正等测图[图 9-9a)]。

解 三棱锥是由底面 △ABC 和锥顶点 S 组成,只要按坐标求出锥底面三角形和锥顶点的轴测投影,然后按顺序连各棱线即可。

作图:

(1)在 H、V 面投影上设置坐标轴,在 H 面上,坐标原点 o 与 s 重影[图 9-9a)]。

(2)画轴测轴,在 Y_1 轴上定出点 A_1、D_1 的位置,$A_1O_1 = ao$,$D_1O_1 = do$,见图 9-9b)。

(3)过点 D_1 作线平行 X_1 轴,在直线上定 B_1C_1($B_1C_1 = bc$),连线 $A_1B_1C_1$,见图 9-9c)。

(4)在 Z_1 轴上取 $O_1S_1 = o's'$,连线 S_1A_1、S_1B_1、S_1C_1。描深,完成全图[图 9-9d)]。

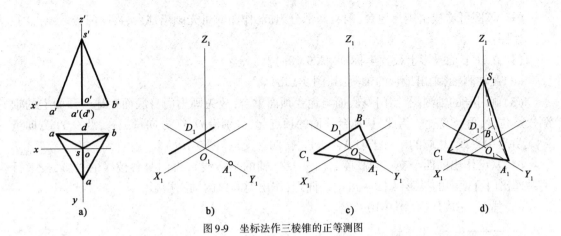

图 9-9 坐标法作三棱锥的正等测图

a)已知 确定坐标轴;b)画轴测轴;c)画锥底;d)画锥顶、描深

4. 叠加法

这种方法是将形体看成是由若干个基本形体叠加而成。作图时,将简单形体逐个叠加画出,最后完成轴测图的绘制。

[**例 9-4**] 画出图 9-10a)所示建筑形体的正等测图。

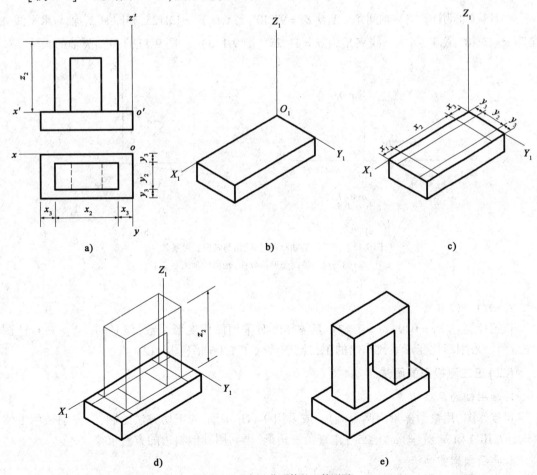

图 9-10 叠加法作形体的正等测图

a)已知 确定坐标轴;b)画轴测轴、地台;c)门身底面定位;d)画出门身;e)描深,完成轴测图

111

解 该图可看成由矩形地台、门身两部分组成,作图时可先画出地台,再画门身。

作图:

(1)在 H、V 面投影上设置坐标轴[图 9-10a)]。

(2)画轴测轴,画出地台的轴测图[图 9-10b)]。

(3)画门身的轴测图,因门身底面与地台顶面重合,故先画出门身底面在地台顶面上的轴测投影位置,再竖高度。为此,从地台顶面的顶点起,分别沿 O_1X_1 方向量 x_3x_2,沿 O_1Y_1 方向量 y_3y_2,并各引直线,相应的平行于 O_1X_1、O_1Y_1,得四个交点[图 9-10c)]。

(4)从已作出的四个交点竖高度 z_2(作 O_1Z_1 轴的平行线),得门身各棱线的投影,按平行关系作出门身顶面的投影[图 9-10d)]。同理,作出门洞口的轴测投影。

(5)描深,完成作图[图 9-10e)]。

二、正二等轴测(正二测)

正二测投影要求两根轴的轴向变形系数相等,另一根不等,即 $p=r\neq q$,通常选 $p=r=2q$,此时所得的正轴测投影,称为正二测投影。

(一)轴间角与轴向变形系数

1. 轴间角

经计算(证明计算略):轴间角 $\angle X_1O_1Z_1=97°10'$,$\angle X_1O_1Y_1=131°25'$,亦即 O_1X_1 轴与水平线夹角为 $\varphi=7°10'$,O_1Y_1 与水平线夹角为 $\sigma=41°25'$[图 9-11a)]。图 9-11b)为轴测轴的画法。

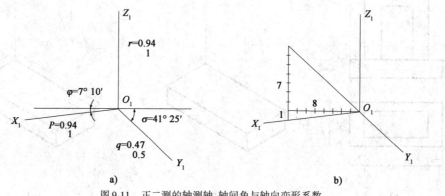

图 9-11 正二测的轴测轴、轴间角与轴向变形系数
a)轴间角与轴向变形系数;b)轴测轴画法

2. 轴向变形系数

根据计算:$p=r=0.94$,$q=0.47$。具体作图时采用简化变形系数,即 $p=r=1$,$q=0.5$[图 9-12a)]。采用简化变形系数作出的正二测图放大了 1.06 倍(图 9-12)。

(二)正二测投影的画法

1. 轴测轴的画法

尺规作图,用量角器量出两个倾角,或采用 9-11b)所示的正切方法绘制,即分别采用 1:8($=\tan 7°10'$)和 7:8($=\tan 41°25'$)作直角三角形,再利用其他斜边的方法求得。

2. 正二测图的画法

基本作图方法同正等测。同样,先作形体分析,沿轴量画。可采用直接作图法、切割法、坐标法,这三种方法可以综合运用,见图 9-13。

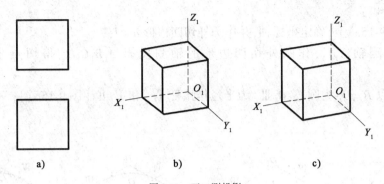

图9-12 正二测投影
a) 正投影图; b) $p=r=0.94, q=0.47$; c) $p=r=1, q=0.5$

作图步骤如下：
(1) 在 H、V 面投影上设置坐标轴 [图9-13a)];
(2) 画轴测轴 [图9-13b)];
(3) 作形体底面的正二测图 [图9-13c)];
(4) 通过形体底面各端点引 Z_1 轴平行线，截取相应高度，描深，完成作图 [图9-13d)]。

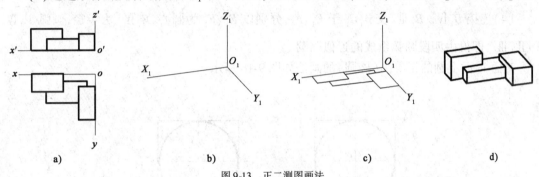

图9-13 正二测图画法
a) 正投影图; b) 定坐标轴 $p=r=1, q=0.5$; c) 作形体底面的轴测图; d) 竖高度，结果描深

三、曲面体的正轴测投影

(一) 圆的正等测投影

1. 平行于坐标面圆的正等测图

由于正等测的三根坐标轴与轴测投影图倾斜成等角，所以，三个坐标面也都与轴测投影面成相同角度倾斜，因此，平行于这三个坐标面上的圆，其投影是类似图形，即椭圆。椭圆的长短轴与轴测轴有关，当圆在 XOY 坐标面或平行 XOY 坐标面时，椭圆的长轴垂直 Z_1 轴，短轴平行 Z_1 轴；当圆在 XOZ 坐标面或平行 XOZ 坐标面时，椭圆的长轴垂直 Y_1 轴，短轴平行 Y_1 轴。当圆在 YOZ 坐标面或平行 YOZ 坐标面时，椭圆的长轴垂直 X_1 轴，短轴平行 X_1 轴。图9-14 是平行于坐标面圆的正等测图。

平行于坐标面圆的正等测图的画法，通常采用近似画法，即四心椭圆法。现以 H 面上圆的正等测为例说明

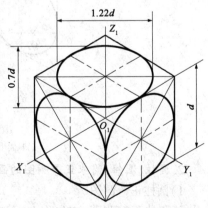

图9-14 坐标面或其平行面上圆的正等测图

其画法(图9-14):

(1)在图9-15a)上,确定坐标轴,并作圆外切四边形 abcd;

(2)作轴测轴 X_1Y_1,作圆外切四边形的轴测投影 $A_1B_1C_1D_1$ 得切点 I_1、II_1、III_1、IV_1[图9-15b)];

(3)分别以 B_1、D_1 为圆心,B_1III_1 为半径作弧 III_1IV_1 和 I_1II_1[图9-15c)];

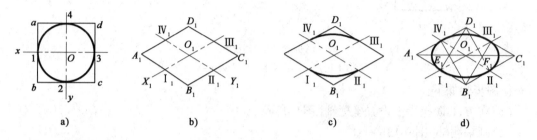

图9-15 四心法画水平圆的正等测图
a)已知 确定坐标轴;b)画菱形;c)定圆心;d)画圆弧,连椭圆

(4)连接 B_1IV_1、B_1III_1 交 A_1C_1 于 E_1、F_1,分别以 E_1、F_1 为圆心,E_1IV_1 为半径,画弧 $\overparen{I_1IV_1}$ 和 $\overparen{II_1III_1}$,即得由四段圆弧组成的近似椭圆。

V面W面上圆的正等测(椭圆)的画法如图9-16所示。

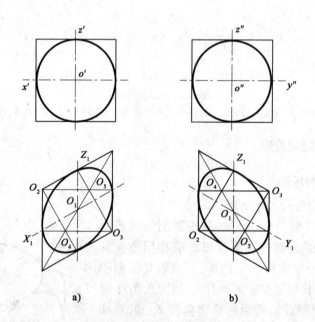

图9-16 V、W面上椭圆的画法
a)V面上椭圆的画法;b)W面上椭圆的画法

2.圆柱、圆锥、圆球正等测图的画法

1)圆柱正等测图

画圆柱正等测图,应先作上、下底圆的轴测投影椭圆,然后再作两椭圆的公切线,图9-17为铅垂放置的正圆柱的正等测图的画法。作圆柱正等测图的步骤如下:

(1) 确定坐标轴,在 H 面上作圆的外切正方形[图 9-17a)]。
(2) 作轴测轴 X_1、Y_1、Z_1,在 Z_1 上截取圆柱高度 H,并作 X_1、Y_1 的平行线[图 9-17b)]。
(3) 作圆柱上、下底圆的轴测投影椭圆[图 9-17c)]。
(4) 作两椭圆公切线,对可见轮廓进行描深,虚线不画[(图 9-17d)]。

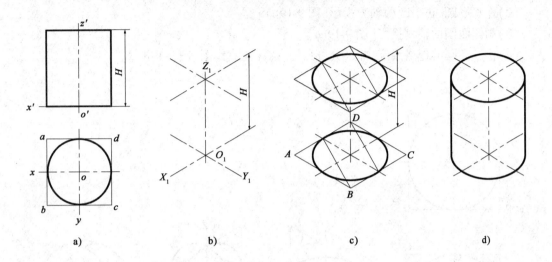

图 9-17 圆柱的正等测图
a)已知 确定坐标轴;b)定高度;c)画上下底椭圆;d)作公切线、描深

2) 圆锥的正等测图

画圆锥正等测图,先作底面椭圆,过椭圆中心往上竖圆锥高度,求得锥顶 S,过 S 点作椭圆的切线即可,作图步骤如图 9-18 所示。

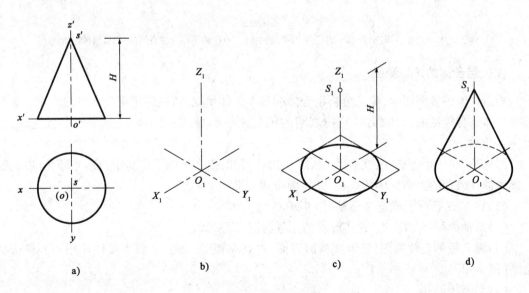

图 9-18 圆锥的正等测图
a)已知 确定坐标轴;b)作轴测轴;c)画底圆的轴测图;d)作公切线、描深

3) 圆球的正等测图

图 9-19 所示为球的正等测图画法,球从任何一个方向投影都是椭圆,且圆的直径等于球的直径,作图时,只要过球心分别作出平行于三个坐标面的球上最大圆的正等测图,即椭圆,再作此三个椭圆的包络线圆即为所求。作图步骤如下:

(1) 确定轴测轴,在 H、V 面上作圆的外切正方形[图 9-19a)]。

(2) 作水平圆、正平圆的轴测投影[图 9-19b)]。

(3) 画侧面圆的轴测投影[图 9-19c)]。

(4) 作三椭圆的包络线圆,并区分可见性,描深完成作图[图 9-19d)]。

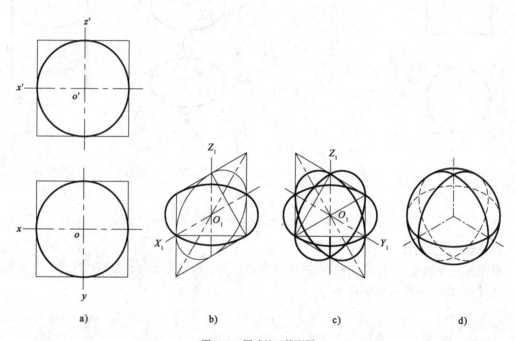

图 9-19　圆球的正等测图
a) 已知 作外切正方形；b) 作水平圆、正平圆的轴测投影；c) 作侧平圆的轴测图；d) 作椭圆的包络线

(二) 组合体的正等测图

画组合体的轴测图时,应先分析组合体的基本形体情况,再决定采用什么方法绘制。如果基本形体是有规则的形体,而且它们之间的位置比较明显,则可采用坐标分块叠加起来,如图 9-10 所示。

图 9-20 为一组合体的正等测图,从图 9-20a)可知,组合体的下部是带有两个圆角的底板,上部为带有圆孔的半圆柱体的立板,其作图步骤如下:

(1) 在 V、H 投影上确定坐标轴[图 9-20a)]。

(2) 画轴测轴 X_1、Y_1、Z_1,并作底板的正等测图[图 9-20b)]。

(3) 画立板的正轴测图,先画立板前表面,再画立板后表面,上部半圆柱体用四心椭圆法绘制[图 9-20c)]。

(4) 画竖板圆孔。

(5) 描深图线,完成作图[图 9-20d)]。

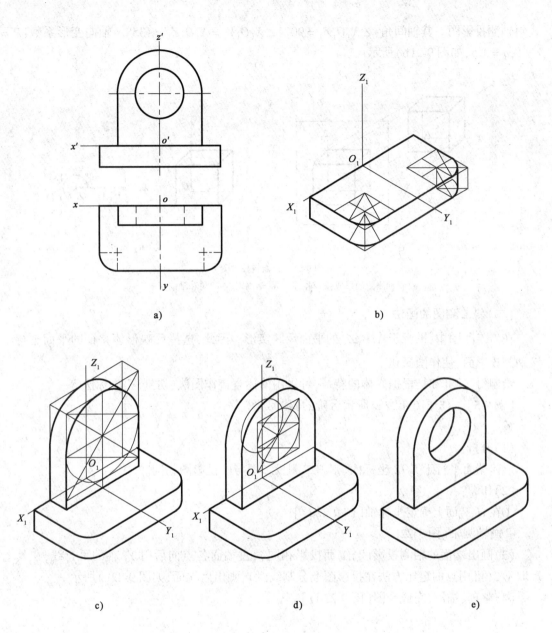

图 9-20 组合体的正等测图

a)已知 定坐标轴;b)作底板,画四分之水平圆弧的轴测投影;c)作立板上端的圆柱面;d)画竖板圆孔;e)整理描深

第三节 斜轴测投影

斜轴测投影也叫斜角投影。当投射方向 S 倾斜于轴测投影面 P 时,所得的投影称为斜轴测投影,见图 9-21a)。为了便于作图,常使物体的某一坐标面平行于轴测投影面。

一、正面斜二测投影(斜二测)

(一)斜二测图的轴间角和轴向变形系数

斜二测图是斜轴测投影的一种,是两坐标轴(一般是 X、Z 轴)与轴测投影面平行的特殊形式斜轴测投影图。其轴间角：$\angle X_1O_1Z_1 = 90°$，$\angle X_1O_1Y_1 = X_1O_1Z_1 = 135°$。轴向变形系数：$P = r = 1, q = 0.5$，如图9-21b)所示。

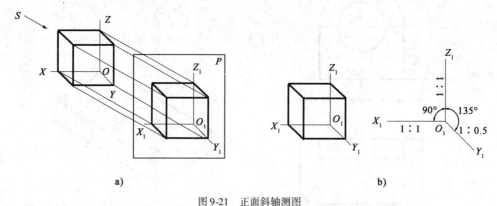

图9-21 正面斜轴测图
a)斜轴测图的形成；b)斜二测图的轴测轴、轴间角和轴向变形系数

(二) 斜二测图的画法

在斜二测图中，平行于 $X_1O_1Z_1$ 的平面反映实形。因此，选择反映形体特征的平面平行于该轴测投影面，使作图简化。

绘制斜二测图时，根据立体的特征，可采用前述直接作图法、切割法、坐标法等。

[例9-5] 作出图9-22a)所示台阶的斜二测图。

解

(1)分析：

形体端面平行于 XOZ 坐标面，则斜二测投影图与原投影图相同。

(2)作图：

①在 H、V 面上确定坐标轴[图9-22a)]。

②画轴测轴[图9-22b)]。

(3)画出端面的轴测投影(与 V 面投影相同)，过端面各点向后引 Y_1 轴的平行线，在其上量取 y/2(可用点的定比方法在投影图上分割线段)，画出后端面，如图9-22c)所示。

(4)整理、描深，完成全图[图9-22d)]。

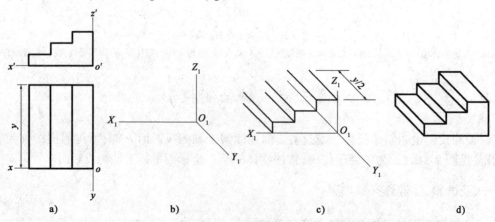

图9-22 台阶的斜二测
a)已知 确定坐标轴；b)画轴测轴；c)作台阶端面；d)整理描深

[**例9-6**] 画出图9-23所示形体的斜二测图。

解 该形体的特征面平行于V面,因此,选XOZ面平行于轴测投影面。作图方法和步骤与图9-22相同。需要注意的是,形体后端面的圆心O_3是过前端面O_2引平行于O_1Y_1轴的直线上量取$l/2$而得[图9-23c)]。描深后所得的斜二测图如图9-23d)所示。

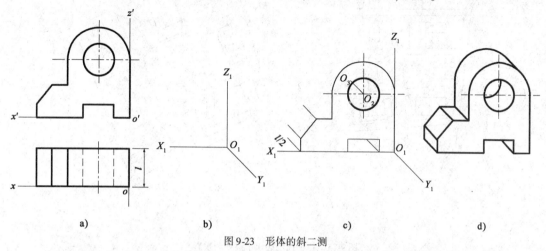

图9-23 形体的斜二测

a)已知 确定坐标轴;b)画轴测轴;c)作形体的端面,过各点引Y轴的平行线;d)量取$y/2$,整理描深

二、水平斜轴测投影

如图9-24a)所示,由于XOY坐标面与轴测投影面平行或重合,所以,轴间角$\angle X_1O_1Y_1 = 90°$,轴向变形系数$p = q = 1$。O_1Z_1轴的位置随投影方向不同而变化,可以形成任意位置,轴向变形系数可以取任意值。为方便作图,立体效果好,建筑制图标准中规定,O_1Z_1轴取竖直方向。轴向变形系数$r = 1$,O_1Y_1与水平成30°、45°、60°[图9-24b)]。按这种关系画出的图称为水平斜等测,适合用来绘制一个区域的总平面布置(图9-25)及一幢房屋的水平剖面图。

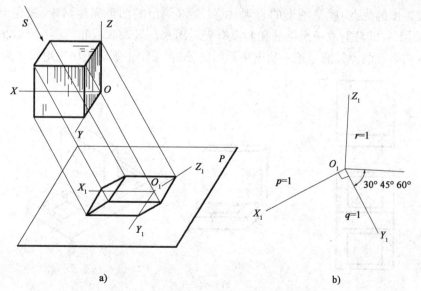

图9-24 水平轴测投影的形成和轴测轴的画法

a)形成;b)轴测轴画法

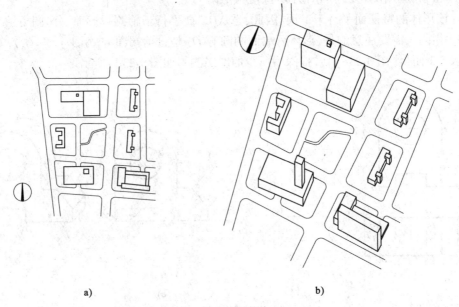

图 9-25　总平面图的水平斜轴测投影
a) 总平面图；b) 轴测图

第四节　轴测投影图的选择

一、轴测投影图种类的选择

在作某一形体的轴测投影图时，选择哪一种轴测图好，可以根据下面两个要求来选择：

1. 图形要富有立体感

轴测投影图的优点，就是图形的直观性强，要求画出的图形完整清晰，避免遮挡。例如图 9-26b) 采用斜二测图，立板后部的孔洞没有表示出来。若改画成正等测[图 9-26c)]，就能使底板上的前后孔洞比较清楚地表示出来。因此，该例采用正等测图比选用斜二测效果好。

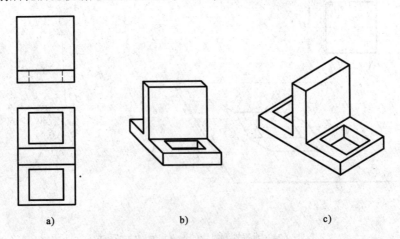

图 9-26　选用轴测图时避免被遮挡
a) 正投影图；b) 斜二测图；c) 正等测图

图 9-27a)所示是一正方形板上坐一四棱台,如画成正等测图[图 9-27b)],则底面的正方形板的两个侧面重合为直线,上部四棱台立体效果也不好。而画成正面斜二测[图 9-27c)]就能得到理想的表达。所以,正方形转过45°角的物体不宜作正等测图。

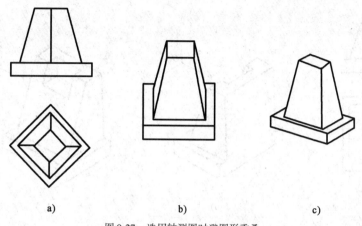

图 9-27 选用轴测图时避图形重叠
a)正投影;b)斜二测图;c)正等测图

2. 作图要简便

图 9-28 是一建筑形体的正等测图和斜二测图。从两个图比较看,图 9-28a)正等测图要比图 9-27b)斜二测图作图麻烦得多,需要画几个椭圆,而在斜二测图中,因形体上的 XOZ 坐标面与轴测投影面平行,故在该面上圆的投影直接反映实形,因此作图简便。

一般情况下,当正面投影为圆或是曲线以及形状复杂的特殊形体时,常采用斜二测投影。而方正平直的形体,水平面上带有圆的形体宜用正等测,因形体上主要面上的圆形,可用近似方法——四心椭圆法画出,故作图简便。

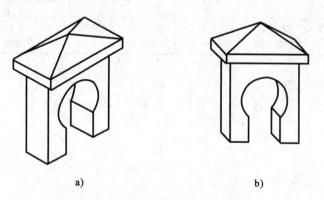

图 9-28 带圆的物体的正等测图与斜二测图比较
a)正等测;b)斜二测

二、轴测投影图投影方向的选择

画轴测图时,选择投影方向,要使所画的图形能清楚地反映形体特征。图 9-29b)、c)是图 9-29a)所示形体从两个方向投影得到的正等测图。图 9-29b)是从形体的左前上方向右后下方投影,而图 9-29c)是从形体的右前上方向左后下方投影。轴测轴的安排与图 9-29b)相比,相当于 O_1Z_1 轴顺时针旋转了90°(即 O_1X_1 和 O_1Y_1 互换位置)。很明显,图 9-29c)能较清楚地反映物体切口处的结构形状。

总之，在画轴测投影图时，要结合形体的具体情况，选不同的投影方向，使作出的轴测图达到理想的效果。常用的投影方向见表9-1。

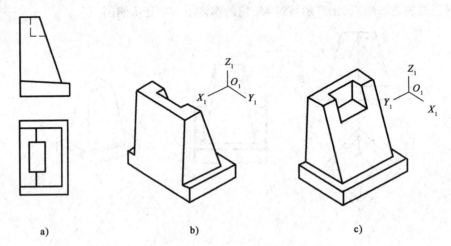

图9-29 轴测投影图投影方向的选择
a) 正投影图；b) 从左、前、上方向右、后、下方向投影；c) 从右、前、上方向左、后下方投影

轴测轴和投影方向 表9-1

从左、前、上方向左、后下方投影	从右、前上方向左、后、下方投影	从左、前、下方向左、后、上方投影	从右、前、下方向左、后、上方投影

第十章 剖面图、断面图和简化画法

第一节 形体的基本视图

在工程上,用正投影法绘制的正投影图也称视图。前面介绍的三面投影图,在建筑制图中,又把水平投影称为平面图,把正面投影称为正立面图,把侧面投影(由左向右观看形体在 W 面上所得到的图形)称为(左)侧立面图。

三面投影图表示的是形体的上下、前后、左右六个方向中的上、前、左三个方向中的形状和大小。对于一般形体来说,这三个投影图足以确定其形状和大小。但对于某些复杂的建筑形体与细部,还需要得到或从右向左、或从后向前、或从下向上的投影图。为了满足工程实际的需要,按照国家《房屋建筑制图统一标准》(GB/T 50001—2017)的规定,在已有的三面投影体系基础上,再增加三个投影面,即在 V、H、W 投影面的相对方向上加设 V_1、H_1、W_1 三个投影面,形成六面投影体系,然后将形体置于六面投影体系中,分别向六个投影面作正投影,这样就得到了一个形体的六面投影图(基本视图),并分别把在 V_1、H_1、W_1 三个投影面上得到的投影图称为背立面图、底面图、右侧立面图。如图 10-1a)为六个基本视图的形成与展开方法。图 10-1b)为展开后六面投影图的排列位置。

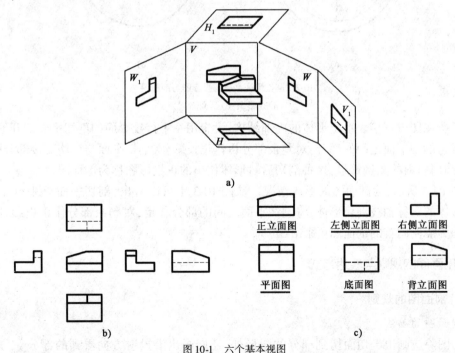

图 10-1 六个基本视图
a)六个基本视图的形成;b)六个基本视图的排列;c)基本视图的配置

如在同一张图纸上绘制若干个视图(投影图)时,各视图的位置宜按图 10-1c)的顺序进行布置。图名宜标注在视图的下方,在图名下用粗实线绘制一条横线。

第二节 剖 面 图

一、剖面图的概念

前面介绍了正投影的基本原理和用投影图表达形体的方法。但是,仅仅用三面投影图还不能明确表达形体的内部结构。工程制图的目的是把工程建筑物的外形尺寸和内部构造都准确地表达出来,并且要求图线清晰,容易看懂,便于施工。对于构造简单的建筑构件,用三面投影图就能表达清楚。但对于内部结构较复杂的形体,就会在投影图中出现许多虚线,虚线、实线纵横交错,既影响读图又不便于尺寸标注(图 10-2)。

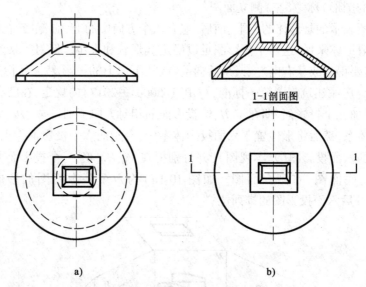

图 10-2 圆锥薄壳基础的投影图与剖面图
a)投影图;b)剖面图

为了能在图中直接表示出形体的内部结构,设想用一平行投影面的剖切平面切开形体,移去观察者与剖切平面之间的部分,对剩余部分再作正投影,将剖切平面与形体交接部分画上粗实线,并画出材料的图例符号,这种剖切后对形体作出的正投影图称为剖面图。

如 10-3 所示,为剖面图的形成情况。从图 10-3 中可以看出,剖切平面 P 平行于 V 面,并通过形体的对称轴线剖切形体,将剖切平面之间的部分移走,对剩余部分作正投影,所得的投影图即为船闸闸首的剖面图[图 10-3b)]。

二、剖面图的规则与表达方式

(一)剖面图的规则

1. 剖面图的画法

剖面图除应画出剖切面切到部分的图形外,还应画出沿投射方向看到的部分。《房屋建筑制图统一标准》(GB/T 50001—2017)规定:被剖切面切到部分的轮廓线用 0.7b 线宽的实线绘制,剖切面没有切到但沿投射方向可以看到的部分,用0.5b的实线绘制。

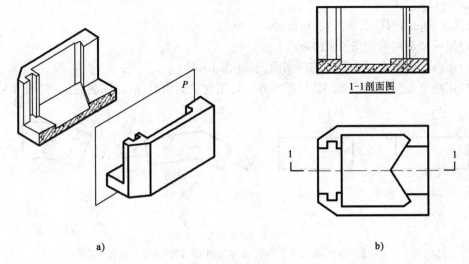

图10-3 剖面图的形成
a)直观图;b)剖面图

2. 剖面图的剖切符号

(1)剖切符号宜优先选择国际通用方法来表示(图10-4),也可以采用常用方法表示(图10-5),同一套图纸应选用一种表示方法。本节介绍常用方法表示。

(2)剖面的剖切符号应由剖切位置线及剖视方向线组成,均应以粗实线绘制,线宽宜为b。剖面的剖切符号应符合下列规定:

①剖切位置线的长度宜为6~10mm,剖视方向线应垂直于剖切位置线,长度应短于剖切位置线,宜为4~6mm。绘制时,剖视剖切符号不应与其他图线相接触。

②剖切符号的编号宜采用阿拉伯数字,按剖切顺序由左至右、由上向下连续编排,并应注写在剖视方向线的端部(图10-5)。

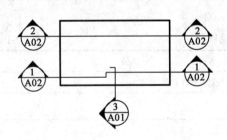
图10-4 剖视的剖切符号(一)

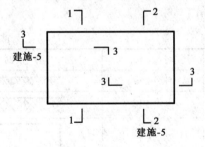
图10-5 剖视的剖切符号(二)

③需要转折的剖切位置线,应在转角的外侧加注与该符号相同的编号。

3. 剖面图的图纸编号

当被剖切图样不在同一张图纸内,应在剖切位置线的另一侧注明其所在图纸的编号(图10-5),也可在图上集中说明。

4. 剖面图的名称

剖切后所得到的剖面图一般应注写图名,图名应与剖切符号的编号一致,编号宜采用阿拉伯数字,注写在视图的下方或一侧,并在图名下用粗实线绘一条横线,其长度应以图名所占长度为准(图10-3)。

5. 剖切的方式

根据形体的结构特点和需要,可选择以下剖切方式:

(1)用一个剖切面剖切[图10-6a)]。

(2)用两个或两个以上平行的剖切面剖切[图10-6b)]。

(3)用两个相交的剖切面剖切[图10-6c)],用此法剖切时,应在图名后注明"展开"字样。

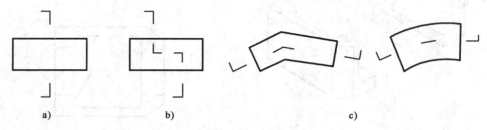

图10-6 剖切方式
a)一个剖切面剖切;b)两个平行的剖切面剖切;c)两个相交的剖切面剖切

6. 剖面图中的注意事项

(1)剖切位置面应通过形体的主要对称面或轴线,并要平行或垂直于某一投影面。

(2)由于剖切是假想的,所以在画形体的其他视图时,不影响形体本身的完整性。

(3)剖面图是剖切完形体之后,对剩余部分再作投影而得的投影图,所以,除剖面区域外,凡可见部分应全部画出。另外,在剖面图上一般省略虚线,除非没有表示清楚的部位,需要画出少量虚线。

7. 剖截面的表示法

1)常用建筑材料图例

假想用剖切面剖开形体,剖切面与形体接触到的部分称为剖截面或断面。在建筑工程图样中的断面上应根据不同材料画出建筑材料图例。

常用建筑材料应按《房屋建筑制图统一标准》(GB/T 50001—2017)所示图例画法绘制(表10-1)。

常用建筑材料图例　　　　　　　　　　　　　表10-1

序号	名 称	图 例	备 注
1	自然土壤		包括各种自然土壤
2	夯实土壤		
3	砂、灰土		
4	砂砾石、碎砖三合土		
5	石材		
6	毛石		
7	实心砖、多孔压		包括普通砖、多孔砖、混凝土等砌体

续上表

序号	名称	图例	备注
8	耐火砖	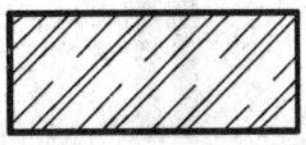	包括耐酸砖等砌体
9	空心砖空心砌块	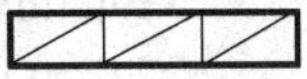	包括空心砖,普通或轻集料混凝土小型空心砌块等砌体
10	加气混凝土	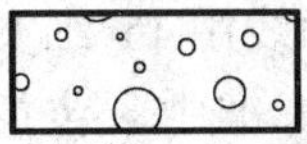	包括加气混凝土砌块砌体、加气混凝土墙板及加气混凝土材料制品等
11	饰面砖		包括铺地砖、玻璃马赛克、陶瓷锦砖、人造大理石等
12	混凝土	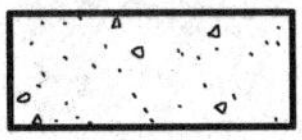	1.包括各种强度等级、集料、添加剂的混凝土; 2.在剖面图上绘制钢筋时,则不需绘制图例线; 3.断面图形较小,不易绘制表达图例线时,可填黑或深灰(灰度宜70%)
13	钢筋混凝土	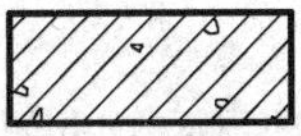	
14	木材	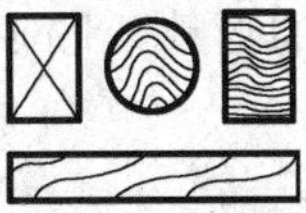	1.上图为横断面,左上图为垫木、木砖或木龙骨; 2.下图为纵断面
15	胶合板	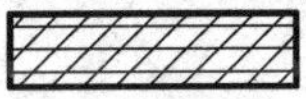	应注明为 X 层胶合板
16	金属	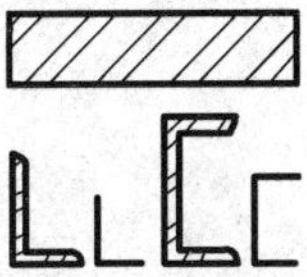	1.包括各种金属; 2.图形较小时,可填黑或深灰(灰度宜70%)
17	玻璃		包括平板玻璃、磨砂玻璃、夹丝玻璃、钢化玻璃、中空玻璃、夹层玻璃、镀膜玻璃等
18	防水材料		构造层次多或绘制比例大时,采用上面的图例

注:1.本表中所列图例通常在1:50及以上比例的详图中绘制表达。
   2.如需表达砖、砌块等砌体墙的承重情况时,可通过在原有建筑材料图例上增加填灰等方式进行区分,灰度宜为25%左右。
   3.序号1、2、5、7、8、13、16图例中的斜线、短斜线、交叉线等均为45°。

2)一般规定

该标准只规定常用建筑材料的图例画法,对其尺度比例不作具体规定。使用时应根据图样大小而定,并应注意下列事项:

(1)图例线应间隔均匀,疏密适度,做到图例正确,表示清楚。

(2)不同品种的同类材料使用同一图例时,应在图上附加必要的说明。

(3)两个相同的图例相接时,图例线宜错开或使倾斜方向相反(图10-7)。

(4)两个相邻的涂黑图例间应留有空隙。其净宽度不得小于0.5mm(图10-8)。

(5)需画出的建筑材料图例面积过大时,可在断面轮廓线内,沿轮廓线作局部表示(图10-9)。

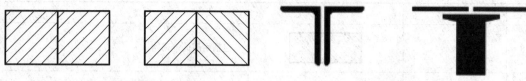

图 10-7　相同图例相接时的画法　　　　　图 10-8　相邻涂黑图例的画法

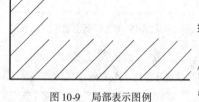

图 10-9　局部表示图例

(6)若不需在截面上表示材料的类别,可采用通用剖面线表示,通用剖面线用 45°细实线绘制,如图 10-7 所示。

当选用制图标准中未包括的建筑材料时,可自编图例。但不得与本标准所列的图例重复。绘制时,应在适当位置画出该材料图例,并加以说明。

(二)剖面图表达方式

1. 全剖面图

假想用一个剖切平面将形体某一部位整个切开后所作的剖面图,称为全剖面图。全剖面图一般适用于外形简单、内部复杂,图形呈不对称的形体。图 10-3 所示船闸的 1-1 剖面图即为全剖面图。图 10-10 所示为一台阶的全剖面图。

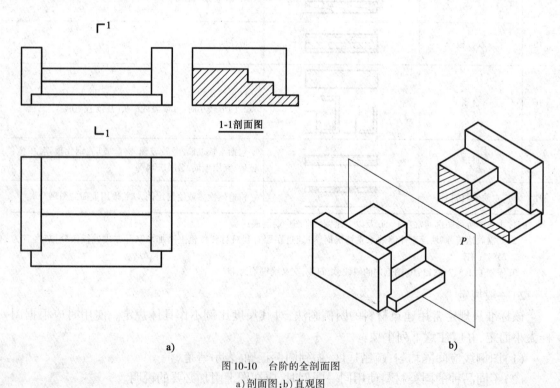

图 10-10　台阶的全剖面图
a)剖面图；b)直观图

2. 半剖面图

当形体图形呈对称时,其投影以对称线作为分界,一半画外形,另一半画剖面图,这种图习惯上称为半剖面图(半剖面图可以理解为形体被切去 1/4,按截切后作出的投影图),如图 10-11所示。

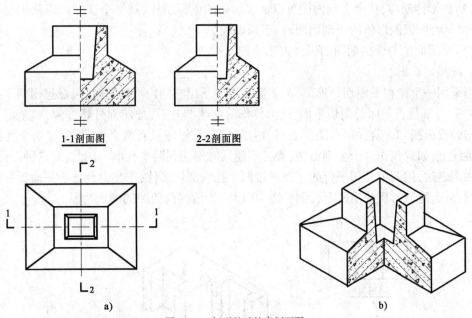

图 10-11 杯型基础的半剖面图
a) 剖面图；b) 直观图

画半剖面图的规则：

(1) 剖面图与视图的分界线应是形体的对称轴线，不可再画剖切面的图形线。在对称线上要画对称符号，对称符号应由对称线和两端的两对平行线组成。对称线应用单点长画线绘制，线宽宜为 $0.25b$；平行线应用实线绘制，其长度宜为 6~10mm，每对的间距宜为 2~3mm，线宽宜为 $0.5b$；对称线应垂直平分两对平行线，两端超出平行线宜为 2~3mm（图 10-11）。

(2) 在 V 或 W 面上画半剖，要"左外、右剖"，即对称轴线的左边画外形视图，右边画形体的内部剖面图。在 H 面上画半剖，要"后外、前剖"或"左外、右剖"，即以图形对称轴线为分界，后边（或左边）画外形视图，前边（或右边）画内部剖面图（图 10-12）。

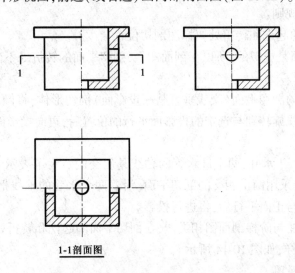

1-1 剖面图

图 10-12 半剖面图

(3)因形体对称,从半个剖面图可以认识形体的内部结构,从半个视图可以认识整个形体的外部形状,所以画形体的半剖面图时,不画虚线。

(4)半剖面图与全剖面图的标注方法相同。

3. 阶梯剖面图

当采用一个剖切平面切开形体,不能清楚地表示出它的内部构造时,可设想用两个或三个(最多三个)平行投影面的剖切平面,把形体作阶梯状剖开后,把前部分移去,对剩余部分作投影所得的投影图称为阶梯剖面图。如图10-13a)所示,形体具有两个孔洞,但这两个孔洞不在同一轴线上,如果仅作一个全剖面图,势必不能同时剖切到两个孔洞。因此,对这种形体,可采用阶梯剖表达,用两个互相平行的平面通过两个孔洞剖切形体,于是得到处于正面投影位置的剖面图,从而能同时反映出两个孔洞。图10-13b)为阶梯剖面图的剖切情况。

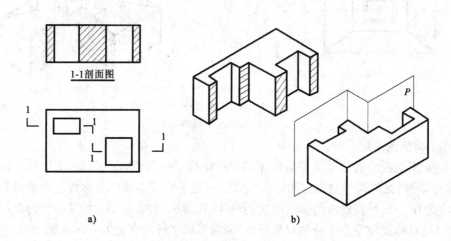

图10-13 阶梯剖面图
a)剖面图;b)直观图

画阶梯剖面图的规则:

(1)在剖切平面的起讫和转折处要标注剖切位置;

(2)由于剖切平面是虚拟的,所以在剖面图上,剖切平面的转折处不应画图线。

4. 旋转剖面图

假想用两个相交的剖切平面(交线垂直某一投影面)剖切形体,将倾斜于投影面的剖切平面绕两剖切平面的交线旋转到与选定的投影面平行的位置后,再向投影面投影,所得的剖面图称为旋转剖面图。

图10-14所示为一集水井,两个进水管的轴线是斜交的。为了表示集水井和两个进水管内部结构的真实形状,采用两个相交的剖切平面,沿着两个水管的轴线把集水井切开,将与正面倾斜的水管旋转到与正面平行后,再进行投影。

旋转剖面图的标注与阶梯剖面图相类似,在剖切平面的起讫和转折处均应进行标注,并在图名后加注"展开"字样,如图10-14所示。

5. 分层剖切的剖面图

对于一些具有不同层次构造的建筑构件,可按实际需要,用分层局部剖切方法剖切,所得到的剖面图称为分层剖切剖面图(又称为局部剖面图)。

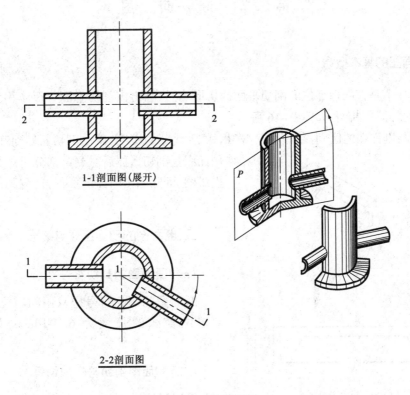

图 10-14 旋转剖面图

图 10-15 是用分层剖切的方法表示楼面各层所用的材料和构造的做法。图中用三条波浪线作为分界线,分别把四层构造都表达清楚了。这种方法多用于反映地面、墙面、屋面等处的构造。

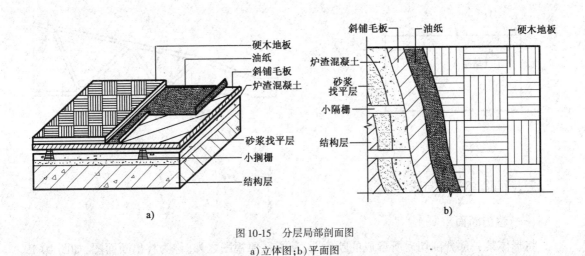

图 10-15 分层局部剖面图
a)立体图;b)平面图

分层剖切的剖面图,应按层次以波浪线将各层隔开,波浪线不应与任何图线重合,也不能超出形体投影的轮廓线(图 10-15)。

第三节 断面图

一、断面图的基本概念

假想用一个垂直剖切部位的剖切平面截切形体,只画出该剖切平面与形体相交部分的图形称为断面图,简称断面,如图 10-16 所示。

断面图与剖面图的区别:断面图只需(用 0.7b 线宽的实线)画出剖切面切到部分的图形;剖面图是剖切形体后对剩余部分再作投影而得的投影图,即除画出断面图形外,还应画出视向方向可见的部分。

二、断面图的剖切符号与编号

(一)断面图的剖切符号

断面图的剖切符号应只用剖切位置线表示,剖切位置线的长度为 6 ~ 10mm,如图 10-17 所示。

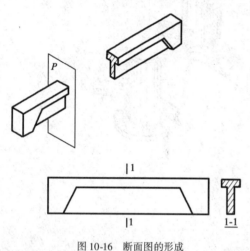

图 10-16 断面图的形成

(二)断面图剖切符号的编号

采用阿拉伯数字按顺序编排(图 10-18);编号应注写在剖切位置线的一侧;编号所在的一侧应为该断面的剖视方向(图 10-16、图 10-18),其余同剖面的剖切符号。

断面图的图名用于剖面图的表达方法,但图名可不加断面图字样。

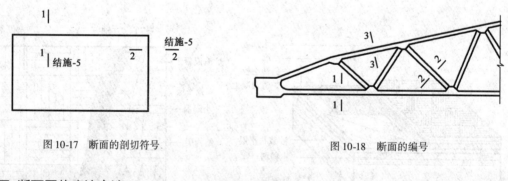

图 10-17 断面的剖切符号　　　　　　　图 10-18 断面的编号

三、断面图的表达方法

(一)移出断面

将形体某一部分剖切后所形成的断面图,移画在原视图之外,称为移出断面图,如图 10-19 所示。

杆件的断面图可绘制在靠近杆件的一侧或端部处并按顺序依次排列(图 10-19)。

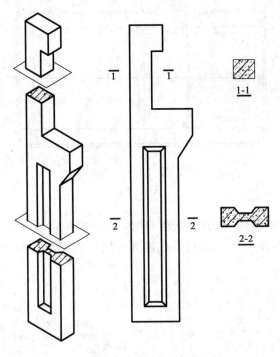

图 10-19　断面图按顺序排列

(二)重合断面

将断面图画在视图轮廓线之内的断面图,称为重合断面图。

图 10-20a)为角钢的直观图,图 10-20b)、c)中的断面图就是重合断面图,断面部分用钢的材料图例(或涂黑)表示。

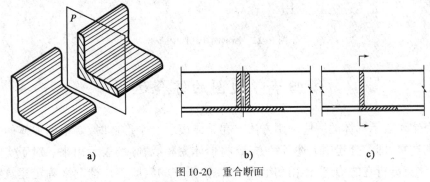

图 10-20　重合断面
a)直观图;b)断面对称;c)断面不对称

重合断面图的轮廓线用细实线绘制;当投影图的图形线与重合断面图形重叠时,原视图中的图形线仍应连续画出,不可间断。

当断面图形对称时可不加任何标注,只需画出断面图的材料图例,如图 10-20b)所示;断面图形不对称时,应在剖切线处画出表示视向的箭头,但可不标注字母,如图 10-20c)所示。

结构梁板的断面图可画在结构布置图上,如图 10-21 所示为屋面结构梁、板重合在屋顶结构平面图上,因断面图形较窄,可涂黑表示。

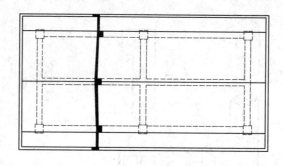

图 10-21　梁、板结构重合断面图

(三) 中断断面图

位于视图断开处的断面图,称为中断断面图。该断面图适用于较长的杆件。如图 10-22 所示,在钢屋架杆件的断开位置,画出杆件的断面,以表示型钢的形状及组合情况,这时不必标出剖切位置符号及编号。

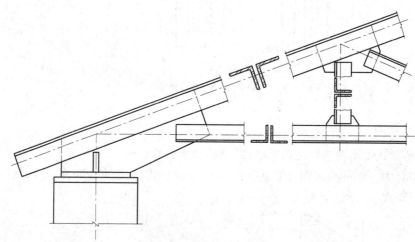

图 10-22　断面画在杆件中断处

第四节　视图的综合运用

前面介绍了表示形体的一些常用方法。在具体表示一个形体时,要根据形体的实际形状进行视图的选择,即综合运用上述各种方法,将形体完整、清晰的表示出来。对于实际工程建筑物,则应注意分析它的构造、作用和组成,以便根据它的实际工作情况来确定建筑物的安放位置,正确选择正面视图和其他视图。

下面举工程实例说明综合应用各种视图表达形体的方法。

［例 10-1］　图 10-23a)所示是涵洞的轴测图,各部分的名称如图所示。图 10-23b)是它的一组视图,图 10-24 是涵洞纵向剖切后的轴测图(局部 1/4)。

涵洞是一种水工建筑物,排泄小量水流,呈狭长形,它的一端为进口,另一端为出口,其顶部被土覆盖。对于这样的工程建筑物,需要综合利用上述所学的知识才能表达清楚。

1. 分析涵洞的组成

涵洞是由底板、洞身和洞口组成。

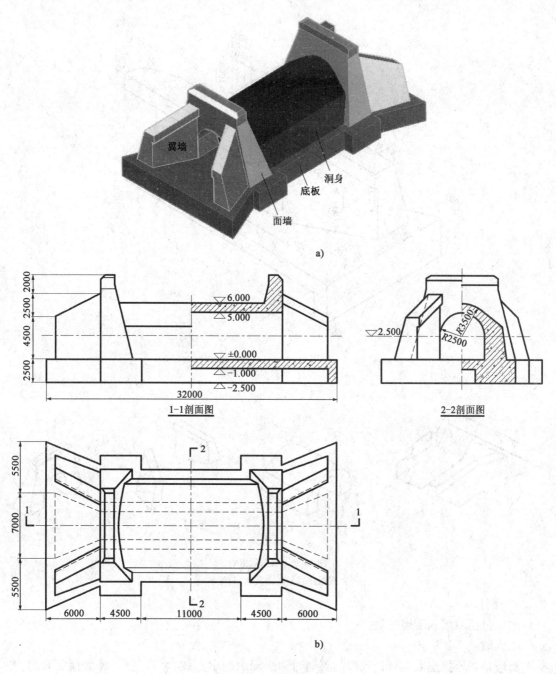

图 10-23 涵洞的组成
a)轴测图；b)半剖面图

(1)底板

底板由长方体切割而成,从左至右,贯穿全洞。底板的底面中间是空的[图 10-25a)],底板顶面高程为 ±0.00m,底板高程为 −2.5m,板厚为 2.5m,中间部分厚 1.00m。

(2)洞身

洞身由边墙和拱圈组成,一般每节为 3~5m。边墙位于底板上面,两边是斜面,上部与拱圈相切,拱圈是等厚的圆拱[图 10-25b)]。

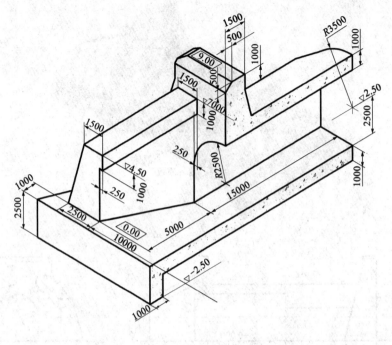

图 10-24 涵洞轴测剖面图

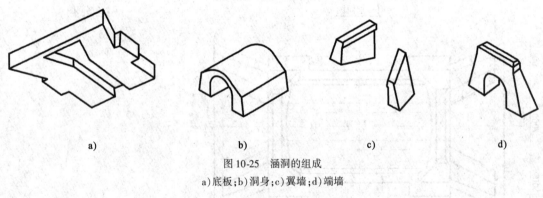

图 10-25 涵洞的组成
a) 底板; b) 洞身; c) 翼墙; d) 端墙

(3) 洞口

洞口包括翼墙和端墙组成。

① 翼墙

翼墙是一垛挡土墙,出口、入口的翼墙对称于涵洞的中心线,呈八字形,翼墙顶面倾斜,左端顶高程为 4.50m,右端顶高程为 7.00m,翼墙右端靠在直立的端墙上[图 10-25c)]。

② 面墙

面墙可看作是一块高 9.00m、宽 12.00m、长 3.5m 的长方体经切割穿孔而成。其中面墙的顶部,左侧以正垂面截切,形成高 1.0m、宽 0.5m 的转角,又以侧垂面截切,形成高 0.3m、宽 0.5m 的抹角。墙面的中部呈拱形穿孔,并与洞身连接[图 10-25d)]。

2. 涵洞图的表达

如图 10-23 所示,根据涵洞的组成及特点,绘图时一般按正常工作位置放置,并使建筑物的主要轴线平行于正立面,左边为迎水面。为了清楚表示洞身、面墙、底板等内部构造和上下游翼墙的形状,鉴于该建筑物前后、左右对称,所以正面视图和侧面视图采用半剖面图的表达方法;平面视图采用外形视图,并采用掀土画法,即没有画出洞身上面覆盖的填土。有了这样一组视图,整个涵洞的内外结构形状和材料就表示清楚了。

除上述三种视图外,还应画出必要的构造详图和结构图,如翼墙、钢筋布置图等。

第五节 视图的简化画法

为减少画图工作量,提高工作效率,"国标"中规定有简化画法。

一、对称图形的画法

构配件的视图有一条对称线,可只画该视图的一半;视图有两条对称线,可只画该视图的1/4,并画出对称符号[图 10-26a)]。图形也可稍超出对称线,此时可不画对称符号[图 10-26b)]。

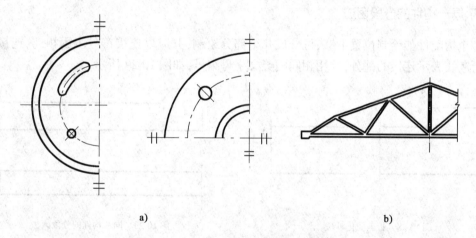

图 10-26 对称图形简化画法
a)画出对称符号;b)不画出对称符号

对称符号用两条垂直于对称轴线的平行等长细实线绘制,长度一般为 6~10mm,间距为 2~3mm,画在对称轴线两端,且平行线在对称线两侧长度相等。

二、相同构造要素的画法

构配件内的多个完全相同且连续排列的构造要素,可仅在两端或适当位置画出其完整形状,其余部分以中心线或中心线交点表示[图 10-27a)]。当相同构造要素少于中心线交点,则其余部分应在相同构造要素位置的中心线交点处用小圆点表示[图 10-27b)]。

三、折断省略画法

较长的构件,当沿长度方向的形状相同或按一定规律变化,可断开省略绘制,断开处应以折断线表示(图 10-28)。

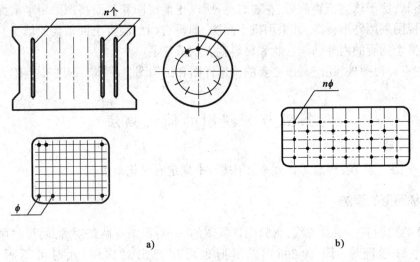

a)   b)

图 10-27 相同要素简化画法

四、同一构件的分段画法

一个构配件如绘制位置不够,可分成几个部分绘制,并应以连接符号表示相连,连接符号应以折断线表示连接的部分,并用相同的英文字母编号,如图 10-29 所示。

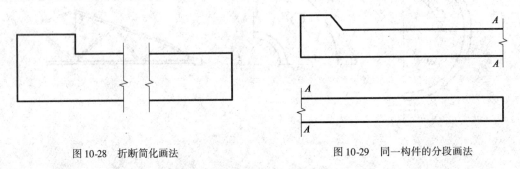

图 10-28 折断简化画法   图 10-29 同一构件的分段画法

五、构件局部不同的画法

一个构配件,如与另一构配件仅部分不相同,该构配件可只画不同部分,但应在两个构配件的相同部分与不同部分的分界线处,分别绘制连接符号,两个连接符号应对准在同一位置上,如图 10-30 所示。

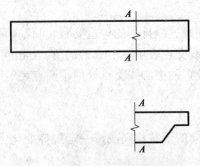

图 10-30 构件局部不同的简化画法

第十一章 标高投影

第一节 概　述

标高投影是正投影体系中的一种表达方法,在土木水利类工程图中应用很广泛,它是用单面水平正投影加注高程来表达那些水平尺度很大,相对的竖向尺度很小,形体又不规则的物体。如地形地貌、河流湖泊等等。与地形关联的工程技术问题(工程总体布置、基坑开挖等),不适合用多面投影体系来表达,因而广泛地应用标高投影的方法。

一、点的标高投影

如图 11-1 所示,设空间点 A 在水平投影面 H 上方,距 H 面垂直距离 4 个单位,为确定点 A 的空间位置,将其投影到水平投影面 H 上,得水平投影 a,并在 a 的右下方标注其高度的数字 4,则 a_4 就是点 A 的标高投影。又如空间点 B 在水平投影面 H 下方 3 个单位,其标高投影为 b_{-3}。若空间点 C 就在水平投影面上,其水平投影 c 即为点 C 本身,则标注为 c_0。标高投影中的高程单位为"m",图上要标出比例或画出比例尺。

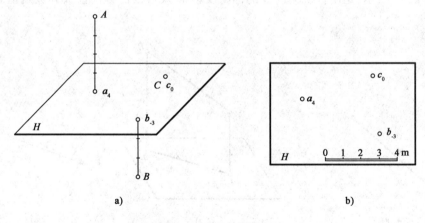

图 11-1　点的标高投影
a)立体图;b)投影图

二、地形等高线

地形地貌是极不规则的复杂曲面,测量学用地形"等高线"来表示(图 11-2),一般称为地形图。地形等高线是用工程测量的手段获得的。从图学的概念可理解为:用一系列高差相同的水平面截切地面而获得一系列不等高度的水平截交线即为等高线(图 11-2)。

测量学中零点水平面称为基准面,我国以黄海平均海平面(青岛验潮湖站提供)为基准

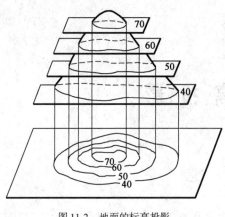

图11-2 地面的标高投影

面。基准面以上的高程为正值,基准面以下的高程为负值。根据地形图的大小、比例和使用要求的不同,等高线的高程间隔可以是:1.0m、2.0m、5.0m等。

地形等高线具有如下特征:

①同一等高线上各点的高程相同;

②等高线必定是闭合的连续曲线(不在图幅内闭合,必定在延伸的图外闭合);

③等高线必定不能相交(地形图中若出现等高线交点的假象,那是悬崖处上下等高线的重影点);

④等高线疏的部位反映地面坡度小,密的部位反映坡度大。

第二节 直线、平面的标高投影

一、直线的标高投影

(一)直线标高投影的表示方式

1. 用直线的水平投影及直线上两点的高程表示

如图 11-3a)、b)所示,直线段 AB 的标高投影,是直线段上两个端点的标高投影。

2. 用直线的方向和线上一点的高程表示

如图 11-3c)所示,是用直线端点 B 的标高投影 b_5 及直线的方向箭头和坡度值表示,箭头指向低端。

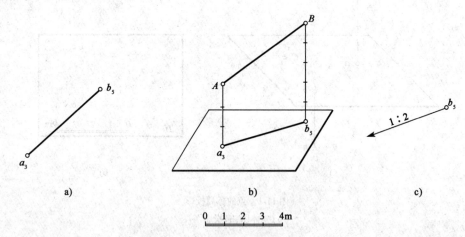

图11-3 直线的标高投影
a)直线的水平投影及其直线上两点的高程;b)立体图;c)直线的方向和线上一点的高程

(二)直线的坡度和平距

1. 直线的坡度

定义:直线上任意两点的高差与水平距离的比值称为该直线的坡度,用符号 i 表示,即:

$$坡度(i) = \frac{高差(H)}{水平距离(D)} = \tan\alpha$$

如图 11-4a)所示，D 为直线段 AB 的两个端点在 H 面上投影的距离，α 为直线段对 H 面的倾角。上式说明，坡度 i 就是当直线上两点间的水平距离为 1 个单位时两点的高度差（图 11-4）。

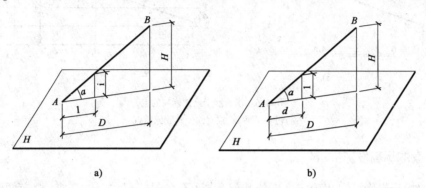

图 11-4 直线的坡度和平距
a)直线的坡度；b)直线的平距

2. 直线段的平距

定义：直线段两端点的高差为 1 个单位时的水平距离称为直线的平距[图 11-4b)]，即：

$$平距(d) = \frac{水平距离(D)}{高差(H)} = \cot\alpha = \frac{1}{\tan\alpha} = \frac{1}{i}$$

由此可见，平距和坡度互为倒数，坡度大则平距小，坡度小则平距大。图 11-3 中直线 AB 的坡度为 1:2，则平距 $d=2$。

若已知直线上两点的高度差 H 和平距 d，则可利用公式 $D = d \times H$ 计算出两点间的水平距离 D。

(三)直线段上整数高程点的求法

1. 数解法

确定图 11-5 所示直线段 AB 上点 C 的高程。

因为

$H_{AB} = (6-3)\text{m} = 3\text{m}$

$D_{AB} = 6\text{m}$(用比例尺在图上量得)

所以

$$i = \frac{H_{AB}}{D_{AB}} = \frac{3\text{m}}{6\text{m}} = \frac{1}{2}$$

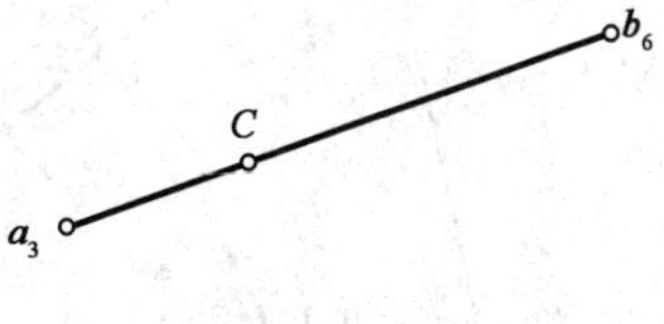

图 11-5 确定直线 AB 上点 C 的高程

量得 $D_{AC} = 2\text{m}$，则 $H_{AC} = i \times D_{AC} = \frac{1}{2} \times 2\text{m} = 1\text{m}$，即点 C 的高程为 $3+1=4\text{m}$。

2. 图解法

如图 11-6a)所示，直线段两端点的标高投影为 $a_{2.2}$、$b_{5.5}$，欲确定线段上整数高程点。

包含直线段 AB 作铅垂面 P[图 11-6b)]，并用适当比例尺在 P 面上作一组相应 $a_{2.2}$、$b_{5.5}$ 的水平整数等距的等高线，如图 11-7b)中 2、3、4、5、6。由 $a_{2.2}$ 向上引垂线，并截取 2.2m 高程，得

$a'_{2.2}$点。同理得 $b'_{5.5}$。连接 $a'_{2.2}$、$b'_{5.5}$(在 P 平面上反映实长)。与水平等高线3、4、5分别交于 c'、d'、e' 各点。再由 c'、d'、e' 向下引垂线交 $a_{2.2}b_{5.5}$ 于 c_3、d_4 各整数高程点。

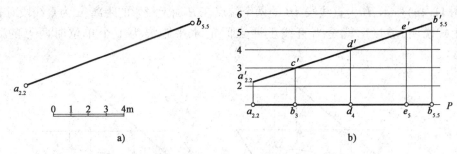

图11-6 求直线上已知标高的点
a)已知条件;b)求直线上整数标高点

二、平面的标高投影

平面的标高投影可以用确定平面的几何元素(不在同一直线上的三点、相交两直线、平行两直线等)的投影来表达,但在标高投影中常用更为简单、明确的表示方法:

1. 平面内的等高线和坡度线

平面内的水平线就是平面内的等高线,也可看成是水平面与该面的交线。

如图11-7a)中的直线 Ⅰ、Ⅱ、Ⅲ…,它们是平面 P 上一组互相平行的直线,其投影也互相平行。当相邻等高线的高差相等时,其水平距离也相等[图11-7b)],图中相邻等高线的高差为1m时,它们的水平距离即为平距 d。

坡度线是平面内对 H 面的最大斜度线,它与等高线垂直。坡度线对 H 面的倾角 α 就是平面 P 对 H 面的倾角。因此坡度线的坡度代表该平面的坡度。

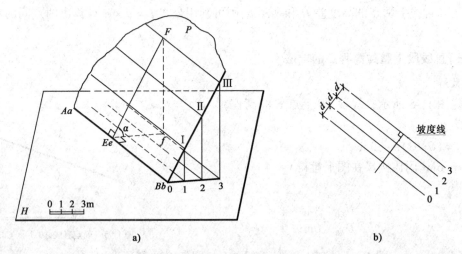

图11-7 平面的标高表示法(一)
a)直观图;b)平面内的等高线和坡度线表示平面

2. 平面的表示法

(1)用平面内任意一条等高线,并加注平面坡度方向符号(箭头)

如图11-8a)是一四棱台,上底标高为4,斜坡面的坡度为1:2,该斜坡面可用它的一条等高线和坡度来表示,如图11-8b)所示。坡度线必须标注坡度的方向(箭头)与比值,以表达平面倾斜的方向与角度。

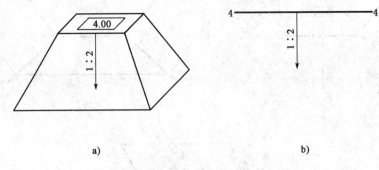

图 11-8 平面的标高表示法(二)
a)直观图;b)一条等高线和坡度表示平面

(2)用平面内任意一般位置直线和平面的坡度表示平面

图 11-9a)中平面,是用该面上一条倾斜直线和平面的坡度表示的平面,图中虚线代表坡度的大致方向,其坡度线的准确方向须作出平面上的等高线后才能确定。

分析图 11-9b)可知,过倾斜直线 AB 作坡度为 1:2 的平面,可理解为过直线 AB 作一平面与锥顶为 A、素线坡度为 1:2 的正圆锥面相切,切线 AC 就是该平面的坡度线。直线 BC 就是该平面上高程为 0 的等高线。

图 11-9c)为作图过程,a_4 的水平距离 $D = d \times H = 2 \times 4\text{m} = 8\text{m}$。以 a_4 为圆心,$R = 8\text{m}$ 为半径作圆弧,过点 b_0 作直线与圆弧相切,切点为 c_0,直线 $c_0 b_0$ 即为此平面上高程为 0 的等高线。

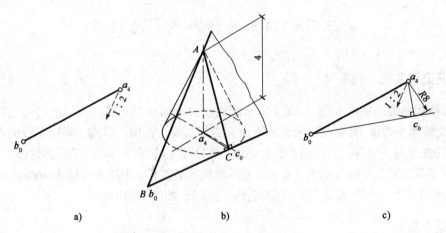

图 11-9 平面的标高表示法(三)
a)一条等高线和坡度表示平面;b)直观图;c)作图过程

[例 11-1] 图 11-10a)所示为一平台,台面高程为 5.00,两侧坡面的坡度均为 1:1.5,正面边坡的坡度为 1:1,求作平台坡面的交线与坡脚线。

解 作图:求作平台正面坡面与两侧面坡面的交线问题,也就是本教材第四章第二节中所阐述的任意两个平面相交求交线的作图问题,如图 11-10c)所示。在标高投影中,两平面的交线问题,简化为在各平面与按各自坡度作相同高程等高线即可,如图 11-10b)所示,图中 AB、BC、CD 本身就是"5"等高线,点 B、C 各为正面坡度与两侧坡面相交的一个交点。两侧面坡面"0"等高线距 AB 的水平距离 $D_1 = d_1 H = 1.5 \times 5 = 7.5(\text{m})$,于是得交点 B_0 和 C_0,连接 BB_0 和 CC_0 即为正面坡面与两侧坡面的交线。"0"等高线即为坡脚线。

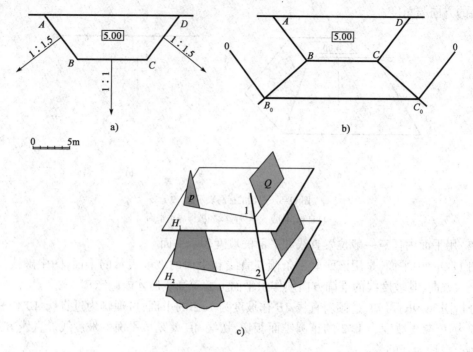

图 11-10 平台坡面的交线与坡脚线
a)已知条件;b)坡面交线与坡脚线;c)求两平面的交线

第三节 曲面的标高投影与应用

一、正圆锥曲面

正圆锥面的轴线垂直 H 面,锥面上所有素线对 H 面倾角都相等。若用水平面截切正圆锥面,其截交线水平投影为圆,此圆就是圆锥面上的等高线。若用一组高差间隔相等的水平面截切圆锥面,就得到一组等间隔的同心圆等高线[图 11-11a)],图 11-11b)是倒圆锥面。

由于正圆锥面在标高投影中的特质(表面素线的坡度均相同;等高线均为圆),在土建工程中常应用于平台、道路、渠道等边坡的转折或连接处,如图 11-12 所示。

二、同坡曲面

同坡曲面可以看作是一直线段作为母线,沿着一条空间曲线为导线移动,母线对水平面的倾角保持不变,而形成的曲面。在公路工程中,弯曲道路的边坡(或填或挖)常做成同坡曲面。

图 11-13a)所示,为一段连接长堤的圆弧形坡道。坡道两侧边坡的坡度都是 1:1,长堤边坡的坡度为 1:1,求作坡道边坡(同坡曲面)的坡脚线和与长堤边坡的交线。

分析:图 11-13b)所示,要包含空间曲线 $A_0B_1C_2D_3$ 作同坡曲面,可以设想为一个正圆锥顶沿空间曲线 $A_0B_1C_2D_3$ 移动,这些正圆锥的包络面就是同坡曲面,同坡曲面上每条素线都是该曲面与正圆锥面的切线(正圆锥面的素线)。

作图:以 $A_0B_1C_2D_3$ 空间曲线上各点 b_1、c_2、d_3 为圆心,分别取 1m、2m、3m 为半径作圆弧,如图 11-13c)所示。各个圆弧即为各正圆锥面上 0m 等高线。自 a_0 对各个 0m 等高线(圆)作公切曲线,得到相应的切点 b_0、c_0、d_0 和切线 b_1b_0、c_2c_0、d_3d_0。公切曲线 $a_0b_0c_0d_0$ 即为同坡曲面上 0m 等高线,也就是坡道边坡的坡脚线。

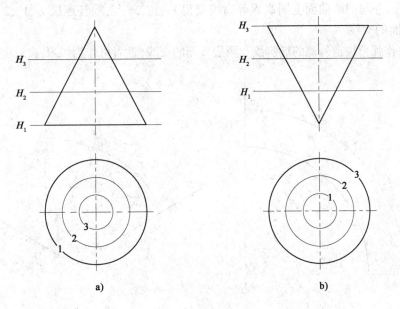

图 11-11　圆锥面的标高投影
a)正圆锥的标高投影;b)倒圆锥的标高投影

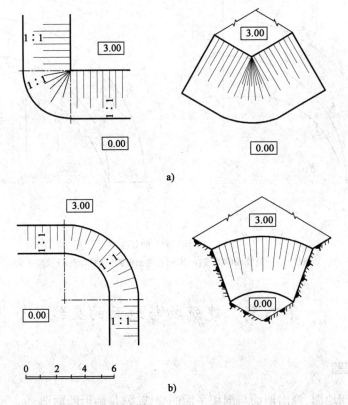

图 11-12　正圆锥面的应用
a)转弯边坡(一);b)转弯边坡(二)

145

同理,可以作出同坡曲面上高程为1m和2m的等高线[如图11-13d)]。

长堤边坡的坡度1:1,取水平距离1、2和3,作长堤边线的平行线,即得长堤边坡面上0、1和2m等高线,并与同坡曲面上同高程等高线交得e_0、1_1、2_2点,顺势连接e_0、1_1、2_2、d_3各点,即得两个边坡面的交线。

同理,可作弧形坡道外侧的坡脚线和两边坡面的交线(读者可作为练习,自行完成作图)。

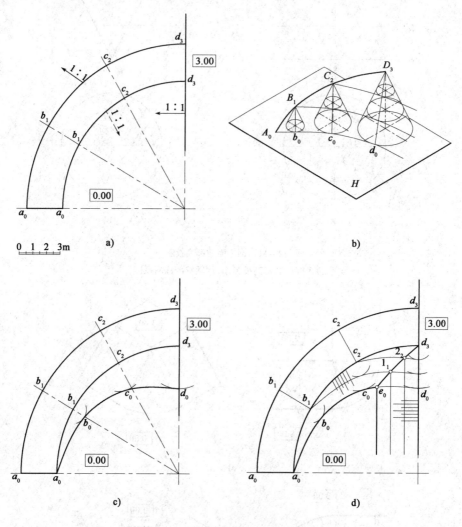

图11-13 同坡曲面的等高线
a)已知条件;b)同坡曲面的形成;c)求同坡曲面坡脚线的作图;d)求坡面交线

第四节 建筑物与地面的交线

一、地形断面图

用铅垂面剖切地面,画出地面与剖切平面的交线,就是地形断面图。

作图方法:

(1) 如图 11-14 所示，铅垂面 A-A 与地面相交，它与地面等高线交于 b、c、d、e、f 各点，这些点就是剖切平面与地形等高线交点的水平投影，其高程与所在等高线的高程相同。

(2) 与地形图上截切部位相平行按相应比例作一组高程间隔相同的等高线，如 100、101、…、105。

(3) 由 A-A 与等高线交点 b、c、d……引铅垂线交相应高程的等高线，得 b′、c′、d′……，顺势连接 b′、c′、d′……各点，即得到地面断面线。

(4) 按规定用粗实线绘出地面断面线，并沿断面线加绘表示自然土壤的图例符号，即得地形断面图。

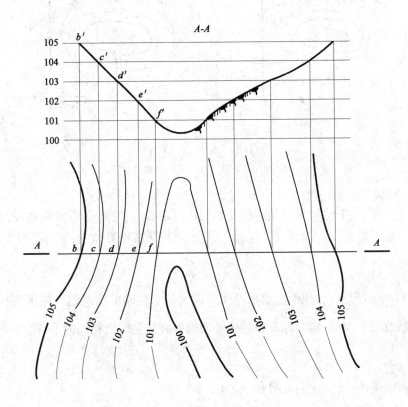

图 11-14　地形断面图的绘制

二、坡面和地面相交

坡面与地面的交线是不规则曲线，它的标高投影也是不规则曲线，如图 11-15a)、c) 所示。

作图方法：由于平面 P 是以此平面上一条 15m 等高线和平面的坡度表达[图 11-15b)]，因此，可以按平面 P 的倾斜方向与比值作 15 等高线的平行线，得到 14、13、12 等高线，如图 11-15c) 所示。P 平面与地面同高程等高线的交点 m……n，即为交线上的一系列点，顺势连接各点即为 P 平面与地面的交线。

三、建筑物与地面交线实例

[例 11-2]　在河床上修筑一土坝，已知河床地形等高线、土坝轴线与坝顶高程，上游坝面坡度为 1∶3，下游坝面坡度为 1∶2，求作土坝坡脚线[图 11-16a)]。

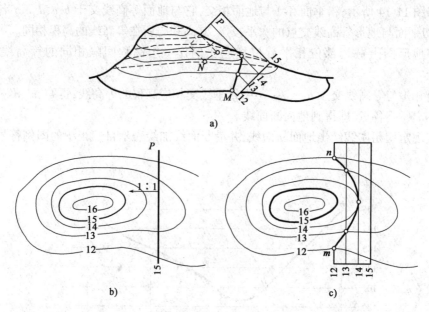

图 11-15 坡面与地面相交
a)示意图;b)平面与地面相交;c)地面交线

解 (1)分析

坡脚线是土坝上、下游坡面和地面的交线[图11-16b)],交线是不规则曲线,需要找出坝面与地面上一系列共有点,方法是在坝面上取与地面相同高程等高线,相同高程等高线的交点即为共有点。

(2)作图

①如图11-16c)所示,在坝面上取与地面等高线高差相同的等高线。坝顶高程是27m,应取的等高线是26、25、24…、19。标高投影中平面的等高线是间距相同的平行线,可按$D=\dfrac{h}{i}$关系求得:

上游坝面坡度: $i=\dfrac{1}{3}$, $h=1\mathrm{m}$, 则 $D_1=3\mathrm{m}$。

下游坝面坡度: $i=\dfrac{1}{2}$, $h=1\mathrm{m}$, 则 $D_2=2\mathrm{m}$。

按图上给定的比例尺,分别在上、下游坝坡面上作等高线。

②求坡脚线。地面和坝边坡面同高程等高线一系列交点,顺势连接,即得所求的坡脚线[图11-16c)]。

上游坝面的坡脚线在高程20m以下,与地面19m等高线没有交点,这表明坝面在地面等高线19m与20m之间,必定有交点。

求作方法:在地面等高线19m与20m之间,垂直坝面等高线作局部断面A-A[图11-16c)],并对应地将断面A-A图移出图形之外作19m、20m等高线。由1、2点分别引垂直线交19m、20m等高线于1′和2′,连接1′2′,则为地面的断面线。同理,引坝面上3、4点,得到3′和4′,连接3′4′,则为坝面的断面线,1′2′与3′4′交于点e′,由e′向下引垂直线交于e,则e点即为上游坡脚线的最低点。

③画出上、下游坡面的示坡线,注明各坡面坡度,即完成全部作图[图11-16d)]。

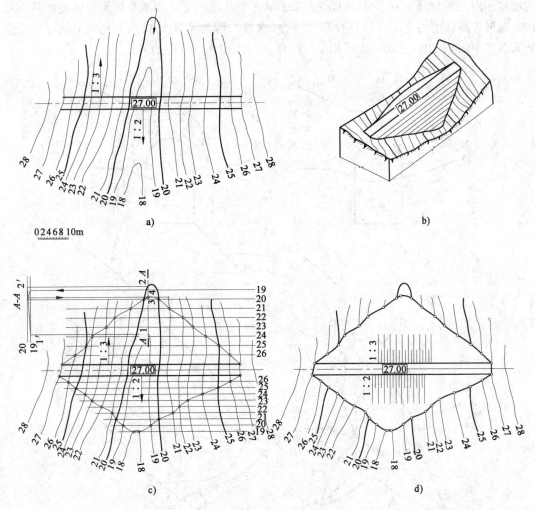

图 11-16 求土坝的坡脚线
a)已知条件;b)示意图;c)求坡脚线作图过程;d)画示坡线完成作图

[**例 11-3**] 在山坡上平整一水平场地,其高程为 24m,场地的平面位置和形状如图 11-17a)所示,填方的坡度是 1∶1.5,挖方坡度是 1∶1,求作开挖线和坡脚线。

解 (1)分析

① 由图 11-17a)地形与场地的状况可以看出,场地边线与地面 24m 等高线的交点 c、d 是填挖方分界点。

② 场地形状是一个半圆形与一个长方形组成。半圆形在挖方区范围内,其开挖边坡面是一个倒置的正圆锥面。长方形一部分在挖方区,另一部分在填方区,要注意填挖方边坡的不同坡度比值。

(2)作图[图 11-17b)]

① 作填方坡脚线,如图 11-17b)所示,场地边线 ca、ab、bd 为填方区边坡线,高程均为 24m。填方坡度 1∶1.5,则填方坡面等高线的水平距离 $D = 1.5$m,取平距 1.5m 作 ca、ab、bd 各边坡线的平行线,即为各坡面间的 23m、22m、21m……等高线。与地面相同高程等高线的交点,即得到填方坡脚线上系列点,顺势连接即得各坡面的坡脚线。

对图 11-17b)中点 m 的说明:点 a 两侧坡面的交线为一与水平成 45°的直线(因两侧坡面

的坡度相同),坡脚线 c、…、k 与坡面交线 am 相交于点 m。点 m 为两个坡面与地面的共有点。19m 地形等高线上的点 k 在标高投影中称为"虚点",因为实际上 19m 等高线上不存在交点,坡脚线在 19m 与 20m 之间的地面相交。同理,求出图 11-17b)中的点 n。

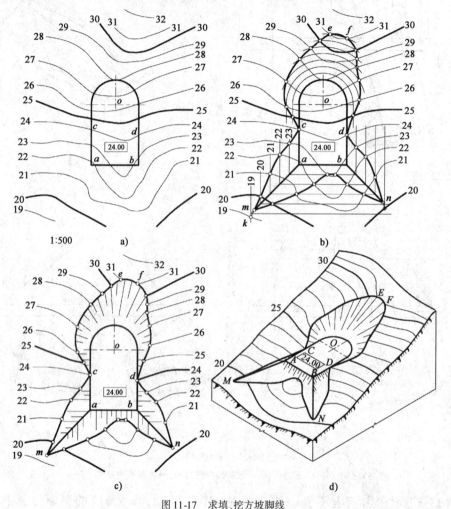

图 11-17 求填、挖方坡脚线
a) 已知条件;b) 求作坡脚线和开挖线;c) 填、挖方示坡线画法;d) 地形立体图

② 作挖方坡脚线,以 o 为圆心,平距 1m 作倒圆锥面 25m、26m、27m……等高线(一组同心圆弧),并以同一平距作场地两侧挖方坡面 25m、26m 等高线,求出与地面相同高程等高线的交点,依次顺势连接各点,即得开挖线。

③ 在各坡面上用细实线画出示坡线。填、挖方示坡线不同,示坡线都是从高处引出,指向低处[图 11-17c)]。

[**例 11-4**] 图 11-18a)为一段坡道与土堤垂直相接,坡道的高程为 0.00m,土堤顶面高程为 3.00m,坡道土堤的边坡均为 1:1.5。求作坡道坡面与土堤坡面的交线及坡脚线。

解 (1) 分析
地平面的高程为 0.00m,也就是说各坡面的 0.00m 等高线即为各坡面的坡脚线。图 11-18a)中,坡道两侧坡面的坡度方向以虚线箭头表示,意为其准确的方向待定,因而其等高线的方向也不定。

150

(2) 作图

①作坡脚线。如图 11-18c) 所示,对坡道坡面的等高线,可以用切正圆锥面的方法得到。于图 11-18d) 中,以 b_3 为圆心,$1.5 \times 3 = 4.5 \mathrm{m}$ 为半径画圆弧,由 a_0 点作该圆弧切线得切点 e_0,$a_0 e_0$ 即是坡道坡面的 0.00 等高线,也是坡脚线。

土堤边坡的坡脚线与堤边线平行,取平距 4.5m 作堤边线的平行线交 $a_0 e_0$ 于 f_0,该 0.00 等高线即为土堤坡面的坡脚线。

②作坡面交线。b_3 与 f_0 都是坡道坡面与土堤坡面的共有点,连接 $b_3 f_0$ 即为该两坡面的交线。

③示坡线的方向,坡面的梳状示坡线(符号)的方向必须垂直其等高线,坡道坡面的示坡线应垂直 $a_0 f_0$,如图 11-18e) 所示。

④另一侧作图同理。

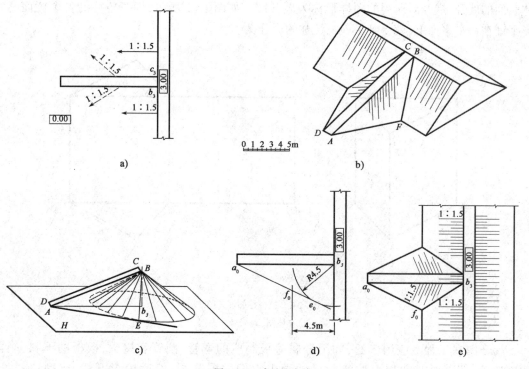

图 11-18 求坡面交线

a)已知条件;b)立体图;c)坡道直观图;d)求引堤坡脚线;e)画坡面交线

第十二章 立体表面的展开

第一节 概　　述

把立体表面的各个侧面,按其实际大小和形状,顺序无褶皱地平铺在一个平面上,称为立体表面的展开,展开后所得的图样形称为展开图。如图 12-1 所示,把三棱柱的各个棱面的实形平铺在一个平面上,就得到了该三棱柱的展开图。

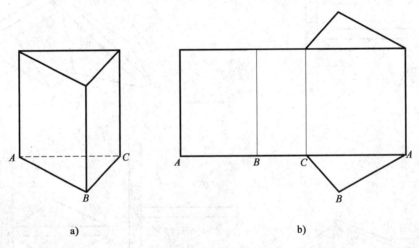

图 12-1　三棱柱的展开图
a)立体图;b)展开图

展开图在工程上应用广泛,如用金属薄板制成的弯管、圆管和接头,模板的下料,罐器的制造等,都需要在薄板上按实际尺寸画出它们的展开图,然后按图下料、成型,焊接成制品。

平面立体表面均为可展开面。曲面立体中表面素线为直线,并相邻素线平行或相交的曲面(如圆柱面、圆锥面)为可展开曲面。曲面立体表面素线非直线的(如球面、环面),称为不可展开曲面。但为了适应生产上的需要,可作近似展开。

第二节　平面立体表面的展开

平面立体的表面都是为多边形棱面所包围,求平面立体表面的展开图,归结为求出包围立体表面的各个多边形的实形,并将它们有序地画在一个平面上,这样就得到了该平面立体表面的展开图。

一、棱柱体表面的展开

图12-2a)所示是被正垂面所截的四棱柱体的投影图。由于四棱柱的棱线互相平行且竖直,所以,只要求出四棱柱体各个面的实形,依次平铺、拼接即可。

作图方法如图12-2b)所示。

(1)顺着立体底面作一条水平直线,并截取 AB、BC、CD、DA,为四棱柱底边 ab、bc、cd、da 的实长。

(2)由 A、B、C、D 点引垂线,与 $2'(1')$、$3'$、$4'$引水平线相应交于 Ⅰ、Ⅱ、Ⅲ、Ⅳ、Ⅰ点,相应连接各个点,即得四棱柱侧面的实形。

(3)下底面,水平投影为实形。只需连接 b、d 点,把四边形分成两个三角形,在展开图中选取相应的边作拼接即可。

(4)被截的顶面,采用换面法获得其实形 1_1、2_1、3_1、4_1。连接 2_1、4_1 点把该实形四边形分成两个三角形。在展开图中选取适当的边作拼接即可。

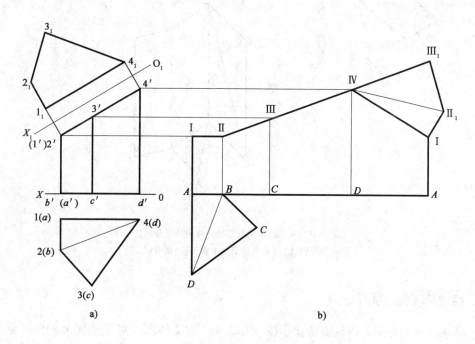

图 12-2 四棱柱的展开图
a)投影图;b)展开图

图12-3a)所示是斜放三棱柱的投影图。图中除上、下底反映三角形的实形外,它的三个棱面都是不反映实形的平行四边形。要求作三棱柱表面的展开图。

作图方法[见图12-3b)、c)]:

(1)将棱柱的每一个棱面用一条对角线分成两个三角形,如 MABN 棱面,对角线 AN 将其分为两个三角形,分别为△MAN 和△ABN。

(2)求出棱线 MA(NB、LC 与 MA 等长)及对角线 AN、AL、CN 的实长,求解过程如图12-3b)所示。

(3)图12-3c)中,取任意一棱,如从 MA 棱开始,按 MA 棱的实长,在适当的位置画出棱线

153

MA,然后以点 A 为圆心,AN 为半径画弧,再以点 M 为圆心,MN 为半径画弧得点 N。又以点 N 为圆心,NB 为半径画弧,以点 A 为圆心,AB 为半径画弧得点 B。连接 AM、MN、NB 和 BA,即得棱面 $MABN$ 的展开图。同法可得其余各棱面及上、下底面的展开图。

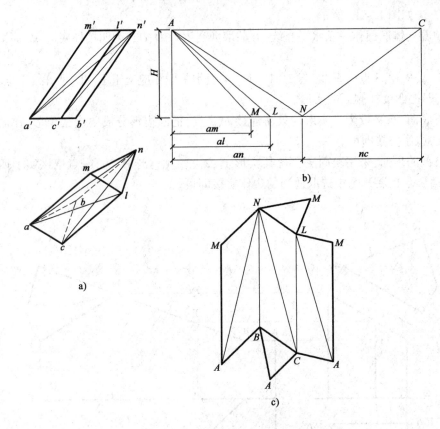

图 12-3 对角线法求斜三棱柱表面的展开图
a)投影图;b)直角三角形法求实长;c)展开图

二、棱锥体表面的展开

图 12-4a)所示为截头四棱锥的投影图,图 12-4b)为立体图。可先按完整的四棱锥展开,然后在展开图上定出截口上各点的位置,连接各点即得到截头四棱锥的展开图。

作图方法[见图 12-4c)、d)]:

(1)图 12-4c)中,直角三角形法求各棱线实长,SA、SB、SC 和 SD 各棱实长相等。

(2)分别在 SA(SB、SC 和 SD)实长线上求出截口的顶点 Ⅰ、Ⅳ、Ⅱ、Ⅲ 的位置。

(3)图 12-4d)中,任取一棱(SA)开始,画出 SA,以 S 为圆心,SB 实长为半径,作弧,再以点 A 为圆心,AB 实长为半径画弧,求出棱面 SAB 的实形。同法连续作出棱面 SBC、SCD、SDA 及底面四边形 $ABCD$ 的实形。按 SⅠ、SⅡ、SⅢ、SⅣ 的实长定出各截口顶点的位置。

(4)作截口 ⅠⅡⅢⅣ 的展开图,截口四个边的实长在展开图中已求出,因截口是四边形平面,故需将四边形用对角线分成两个三角形。对角线 ⅠⅢ 实长见图 12-4c)。在图 12-4d)的展开图中,根据所求各边实长,画出截口实形。

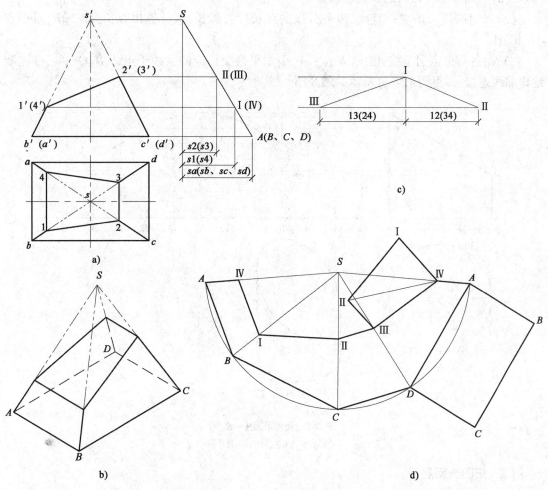

图 12-4 截头四棱锥的展开图
a)投影图;b)立体图;c)直角三角形法求实长;d)展开图

第三节 曲面体表面的展开

一、可展曲面的展开

(一)正圆柱面展开

正圆柱面可以看作由一条母线围绕与其平行的轴旋转而成。因此,可将相邻两条素线间狭小的表面当作平面来展开。对素线间表面取值越小,取量越多,其展开图形越趋精确。

图 12-5a)所示是截头正圆柱的投影图,图 12-5b)为立体图。从图中可以看出,圆柱下底为圆,截口为椭圆。在 H 面上,柱面上所有素线对 H 面垂直,在 V 面投影上反映各素线实长,因此,可以把圆柱面分成若干个狭小的素线间表面。

作图方法[见图 12-5a)、c)]:

(1)将圆柱底圆分为若干等分,本例分 12 等分,得等分点 0、1、2、…、11,并通过各等分点作素线的 V 面投影与截口的积聚投影交于点 a'、b'、c'、…。

（2）将底圆周长展成一直线，以各分段的弦长代替弧长，或计算出弧长，即 $2\pi R$，量得点 Ⅰ、Ⅱ、Ⅲ、…。

（3）由各等分点引垂线，由 a'、b'、c' …… 引水平线交相应的素线于点 A、B、C ……，并光顺地作曲线连接，即得图 12-5c）所示的展开图。

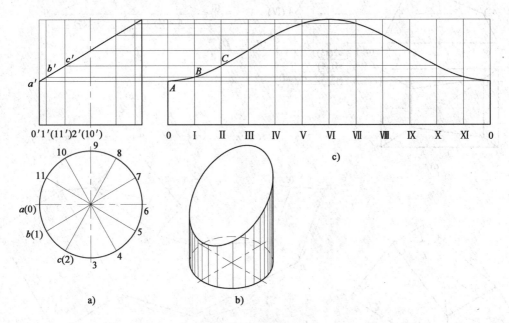

图 12-5　截头正圆柱的展开
a）投影图；b）立体图；c）展开图

（二）正圆锥面展开

图 12-6a）所示是截头正圆锥的投影图，图 12-6b）为立体图。图示正圆锥轴线垂直 H 面，被倾斜于锥轴线的正垂面所截，截口实形为椭圆。作展开图时，可先按完整的圆锥表面展开，然后再求出被截去素线的实长，最后在展开图上确定被截素线端点的位置。

作图方法[见图 12-6a）、c）、d）]：

（1）在投影图中将圆锥表面 12 等分，并标出各等分点的位置。

（2）定点 S 为圆心，以 $s'0'$ 为半径画圆弧，并在弧上取 12 等分，使每份等于底圆 1/12 的弦长，连 $S0$、OS 得到一个扇形，即正圆锥表面的展开图。

（3）在展开图上确定截交素线上各点的位置。用直角三角形法求各段素线的实长，图 12-6c）中示出素线 SB 的作图方法。同理，作出其他各线段的实长。在展开图的 SⅠ 上截取 SB 得点 B，同理可作出其他各点，即可求得截交线的展开图。

图 12-7a）所示是斜椭圆锥的投影图，图 12-7b）为立体图。斜椭圆锥面可以看作由一条直线段为母线绕与之相交的倾斜轴旋转而成。斜椭圆锥表面每条素线的长度都不一样，相邻两条素线间表面可看成不相等的狭小三角形构成。

斜椭圆锥表面展开图作图方法[见图 12-7a）、c）、d）]：

（1）将底圆分成八等分，锥顶与各等分点的连线将斜椭圆锥面分成八个三角形。

（2）用直角三角形法求斜椭圆锥面上各素线的实长[图 12-7c）]。

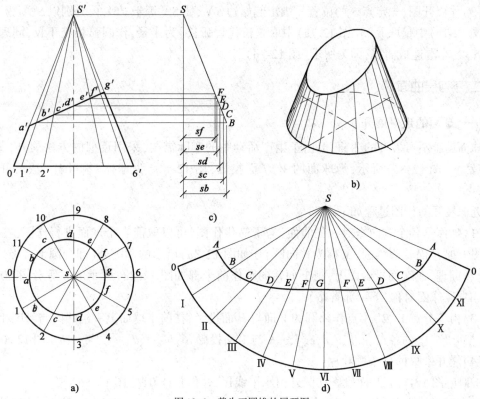

图 12-6 截头正圆锥的展开图
a)投影图;b)立体图;c)直角三角形法求实长;d)展开图

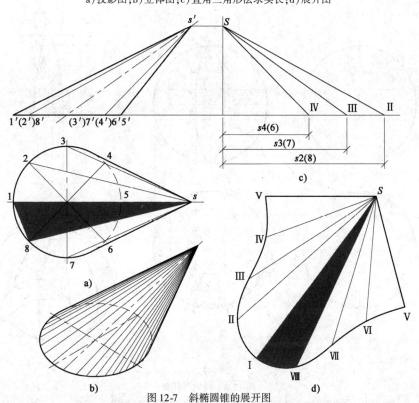

图 12-7 斜椭圆锥的展开图
a)投影图;b)立体图;c)直角三角形法求实长;d)展开图

(3)作展开图,先定点 S 的位置。画出起始边 SV,使 SV 等于 s′5′,再分别以 S、V 为圆心,SⅣ[图 12-7c)中量取]、45[图 12-7a)中取弦长代替弧长]为半径,作圆弧相交于Ⅳ,同理依次作出各点,光滑连成曲线,即为所求[图 12-7d)]。

二、不可展曲面

(一)球面的近似展开

球面属于不可展开的曲面,但由于生产活动中的实际需要,采用近似的方法展开(如"柳叶片"法)。图 12-8a)所示,为球面的 V、H 面投影,图 12-8b)为球体"柳叶片"法展开的示意图。

近似展开的作图过程如下:

(1)球面是各个方向全对称的曲面,为了简化作图,可以取前半个球面进行作图,在 H 面投影图上把 H 面轮廓线圆(又称为转向圆)作如图 12-8a)所示的六等分(即全圆十二等)。

(2)同理,在 V 面投影图上,把 V 面转向圆作前半部如图 12-8a)所示的 6 等分,得 0′、1′、2′、3′、4′点(球面对称,下半部省略)。

(3)由等分点 1′、2′、3′点作纬圆的 V 面与 H 面投影;在前半球面上一组纬圆与经圆相交得中央"柳叶片"上的各点,a、b、c、d、e、f、g、h 与 V 面投影 a′、b′、c′、d′、e′、f′、g′、h′[图 12-8c)]。

(4)展开中央的一条柳叶片:

①对应图 12-8c),V 面投影在圆外引水平线Ⅳ,并作垂线 0Ⅳ[图 12-8d)]。

②作Ⅳ-Ⅲ、Ⅲ-Ⅱ、Ⅱ-Ⅰ、Ⅰ0 等分线[取图 12-8c)中 4′3′、3′2′、2′1′、1′0′弦长代替弧长]。

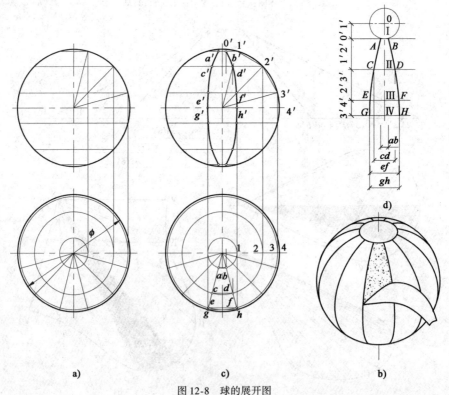

图 12-8 球的展开图
a)投影图;b)"柳叶片"法展开示意图;c)柳叶片的作图;d)展开图

③以 O 为圆心,取图 12-8c)中 0′1′为半径(以弦长代替弧长)作圆,即为该球面的球冠。

④如图 12-8d)所示,以Ⅰ、Ⅱ、Ⅲ、Ⅳ为中间点,取图 12-8c)中 ab、cd、ef、gh(弦长代替弧长),于展开图中相应截得 A 与 B、C 与 D、E 与 F、G 与 H 各点,光顺的连接 A、C、E、G 与 B、D、F、H,即得球面展开图(样板)。

(二)环面的近似展开

环面常用于管道弯头,如通风筒在拐弯处常作成环形连接[图 12-9a)]。由于环面是不可展开曲面,在实践中视圆环的外形与尺寸,将圆环面分为 n(偶数)等分(此例中 n = 6),用 n/2 个全节和两个半节圆柱面代替弯头的圆环面[图 12-9b)]。

为了下料方便,节省材料,可将弯头隔段调换方向,拼成一个正圆柱面[图 12-9c)]。然后按上述截头正圆柱表面展开方法作出展开图[图 12-9d)]。

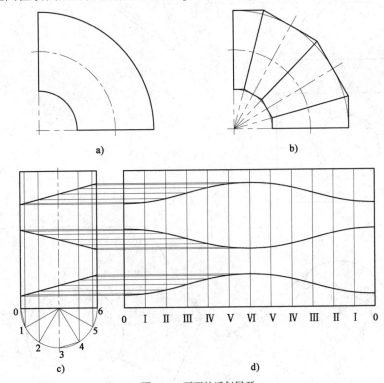

图 12-9 环面的近似展开

a)投影图;b)用圆柱面代替圆环面;c)将各段圆柱面拼接;d)展开图

第四节 展开图实例

[例 12-1] 求图 12-10a)、b)所示变形接头的展开图。

解 (1)分析。变形接头上接圆柱管或圆锥管,下连矩形管。它的表面是由两组性质不同的面组成,一组是四个等腰三角形平面,另一组是四个相同的四分之一倒置斜椭圆锥面。依次作出各部分的展开图,就得到整个变形接头的展开图。

(2)作图(图 12-10)。

①分上端口圆周为十二等分,作出四个倒斜椭圆锥面上的素线[图 12-10a)]。

②求斜椭圆锥面上四条素线和一条拼缝线 E0 的实长[图 12-10c)]。

③作展开图,先作出△AOB的展开图,再展开各个斜椭圆锥面。以斜椭圆锥面A-0ⅠⅡⅢ为例,首先分别以A、0为圆心,以AⅠ[图12-10c)中取实长]、01[图12-10a)中取弦长代替弧长]为半径作圆弧交于点Ⅰ,它就是斜锥底圆上点Ⅰ在展开图上的位置。再分别以A、Ⅰ为圆心,以AⅡ、12为半径作弧,相交于点Ⅱ。依此作出其余斜椭圆锥底的各点及三角形平面各点。光顺连接斜椭圆锥底各点,用直线依次连接三角形底边各点,即为变形接头的展开图[图12-10d)]。

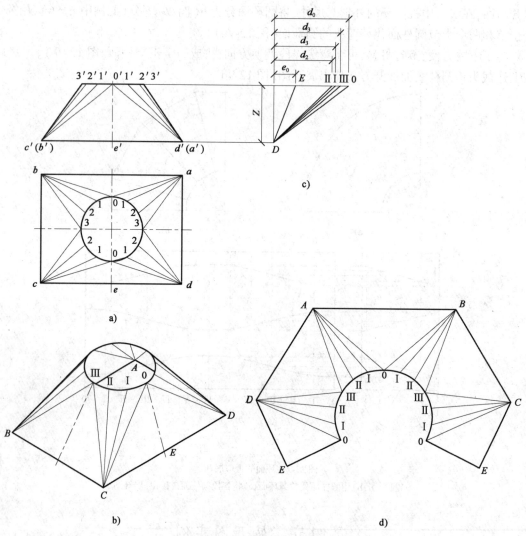

图12-10 变形接头的展开图
a)投影图;b)立体图;c)直角三角形法求实长;d)展开图

[**例12-2**] 图12-11a)是两个不同直径的薄壁圆管垂直相贯,求作两管的展开图。

解 (1)分析。本例为两个直径不同的圆管正交组成,欲求其展开图,首先在投影图上准确地求得相贯线,然后分别展开各管的表面及其相贯线。

(2)作图(图12-11)。

①求出两圆管的相贯线。

②小圆管的展开。将小圆管表面分成12等分,并使图12-11b)展开图与图12-11a)正面

投影成对应关系,然后按图 12-5 的方法展开,如图 12-11b)所示。

③大圆管的展开。即对大圆管上半部分相贯线孔部位的展开。使图 12-11c)展开图对应图 12-11a)投影图,截取大圆管上半部弧长 πR,并分成 6 等分,得到表面素线Ⅰ、Ⅱ、Ⅲ……。另外一组表面素线 A(Ⅲ)、B、C……[在图 12-11a)侧面投影上以弦长代替弧长]。由正面投影相贯线上各点 a'、b'、$2'$、c'……引铅垂线交于图 12-11c)图中对应素线,所得各点光顺地连成曲线,即得开孔部位的展开图[图 12-11c)]。

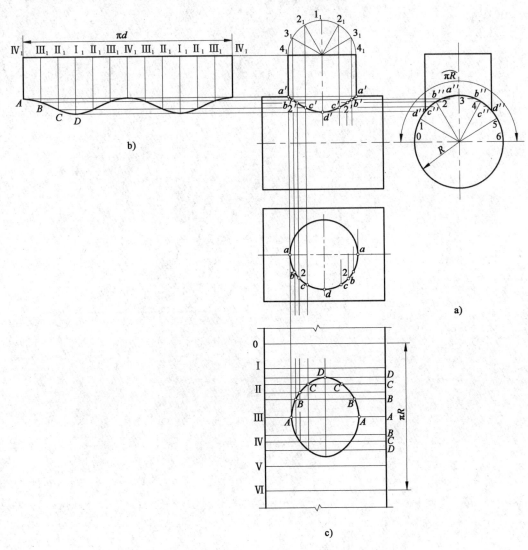

图 12-11 两相贯圆柱的展开
a)投影图;b)小圆管展开图;c)大圆管 1/2 展开图

第二篇 工程制图

第十三章 制图基础

第一节 制图标准

工程图是工程设计、施工、生产和管理的重要技术文件。为便于生产和技术交流,国家对制图技术制定了统一的国家标准(简称"国标",代号"GB")。根据不同的专业,又有相应的制图标准。

目前,国家有关部门制定和颁布实施的制图标准有《总图制图标准》(GB/T 50103—2010)、《房屋建筑制图统一标准》(GB/T 50001—2017)、《建筑制图标准》(GB/T 50104—2010)、《建筑结构制图标准》(GB/T 50105—2010)等。

国际上,早在20世纪40年代就成立了国际标准化组织 IOS(International Organization Standardization),制定了许多国际标准。我国是该组织的创始国之一,国内颁布的有关标准正在与国际接轨,未及修订的标准与国际标准并行。

本章主要介绍《总图制图标准》《房屋建筑制图统一标准》和《建筑制图标准》。

一、图纸幅面及格式(GB/T 50001—2017)

(一)图纸幅面

图纸幅面是指图纸本身的大小规格。无论图纸是否装订,都应画出图框,在图框范围内绘制图样。制图标准规定,绘图时所有图纸幅面和图框尺寸应符合表13-1中的规定。

图纸幅面及图框尺寸　　　　表13-1

尺寸代号	幅面代号				
	A0	A1	A2	A3	A4
$b \times l$	841×1189	594×841	420×594	297×420	210×297
c	10			5	
a	25				

根据制图需要,A0至A3幅面长边尺寸可以加长,但要符合制图标准的规定。

图纸的幅面有两种格式(图13-1):一种是横式幅面,即以短边作垂直边的图纸;A0至A3图纸宜横式使用;另一种是立式幅面,即以短边作为水平边的图纸。必要时可立式使用。

一个工程设计中,每个专业所使用的图纸,不宜多于两种图幅。

(二)标题栏及会签栏

图纸中应有标题栏、图框线、幅面线、装订边线和对中标志。图纸的标题栏及装订边的位置,应符合下列规定:

(1)横式使用的图纸,应按图13-1a)、图13-1b)或图13-1c)规定的形式布置。

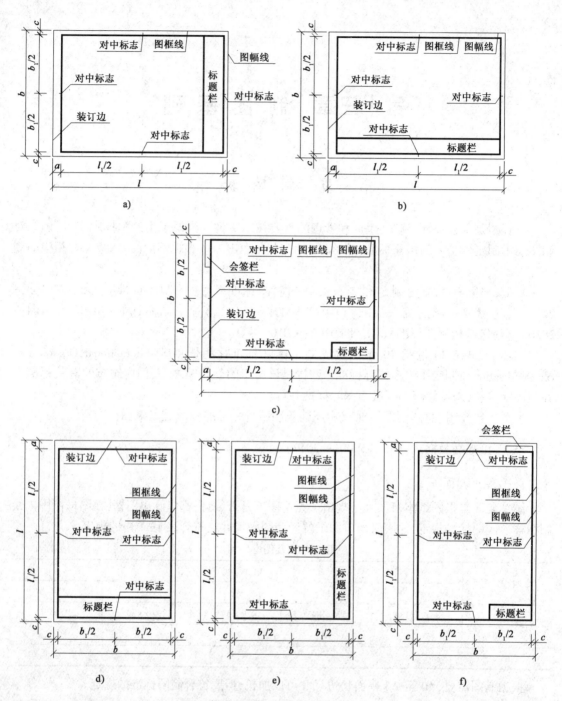

图 13-1 图纸幅面

a) A0-A3 横式幅面(一); b) A0-A3 横式幅面(二); c) A0-A1 横式幅面(三); d) A0-A4 立式幅面(一); e) A0-A4 立式幅面(二); f) A0-A4 立式幅面(三)

(2)立式使用的图纸,应按图 13-1d)、13-1e)或图 13-1f)规定的形式进行布置。

(3)应根据工程的需要选择确定标题栏、会签栏的尺寸、格式及分区。当采用图 13-1a)、图 13-1b)和图 13-1d)、图 13-1e)布置时,标题栏应按图 13-2a)、图 13-2b)所示布置;当采用 13-1c)及图 13-1f)布置时,标题栏、签字栏应按图 13-2c)、图 13-2d)、图 13-2e)所示布局。

签字栏应包括实名列和签名列,并应符合下列规定:

(1)涉外工程的标题栏内,各项主要内容的中文下方应附有译文,设计单位的上方或左方,应加"中华人民共和国"字样;

(2)在计算机辅助制图文件中使用电子签名与认证时,应符合《中华人民共和国电子签名法》的有关规定;

(3)当由两个以上的设计单位合作设计同一个工程时,设计单位名称区可依次列出设计单位名称。

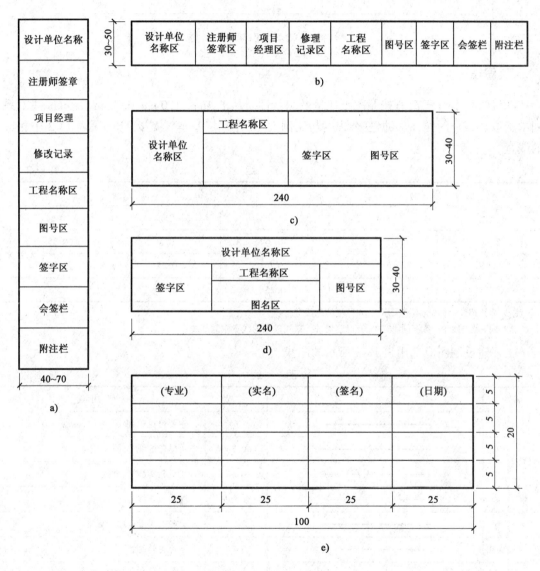

图 13-2 标题栏与会签栏
a)标题栏(一);b)标题栏(二);c)标题栏(三);d)标题栏(四);e)会签栏

学校学生作业使用的标题栏,建议采用图 13-3 的格式。图中数字单位为 mm;标题栏内的字体:图名用 10 号字,校名用 7 号字,其余均用 5 号字(见字体部分);图框线和标题栏的外框线用粗实线,标题栏内分格线用细实线(见图线部分)。

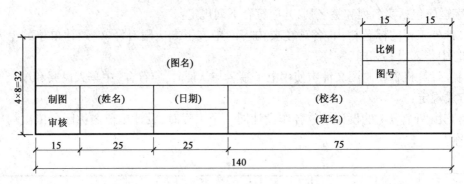

图 13-3　学生用标题栏

二、图线

图线的基本线宽 b，宜按照图纸比例及图纸性质从 1.4mm、1.0mm、0.7mm、0.5mm 线宽系列中选取。每个图样，应根据复杂程度与比例大小，先选定基本线宽 b，再选用表 13-2 中相应的线宽。

线　宽　组　　　　　　　　　　　　　　　　　　　表 13-2

线　宽　比	线　宽　粗			
b	1.4	1.0	0.7	0.5
$0.7b$	1.0	0.7	0.5	0.35
$0.5b$	0.7	0.5	0.35	0.25
$0.25b$	0.35	0.25	0.18	0.13

注：1. 需要缩微的图纸，不宜采用 0.18 及更细的线宽。
　　2. 同一张图纸内，各不同线宽中的细线，可统一采用较细的线宽粗的细线。

工程建设制图应选用表 13-3 所示的图线。

图　线　　　　　　　　　　　　　　　　　　　表 13-3

名称		线　型	线宽	一 般 用 途
实线	粗	——————	b	主要可见轮廓线
	中粗	——————	$0.7b$	可见轮廓线、变更云线
	中	——————	$0.5b$	可见轮廓线、尺寸线
	细	——————	$0.25b$	图例填充线、家具线
虚线	粗	- - - - - -	b	见各有关专业制图标准
	中粗	- - - - - -	$0.7b$	不可见轮廓线
	中	- - - - - -	$0.5b$	不可见轮廓线、图例线等
	细	- - - - - -	$0.25b$	图例填充线、家具线
单点长画线	粗	—·—·—	b	见各有关专业制图标准
	中	—·—·—	$0.5b$	见各有关专业制图标准
	细	—·—·—	$0.25b$	中心线、对称线、轴线等

续上表

名称		线 型	线宽	一 般 用 途
双点长画线	粗		b	见各有关专业制图标准
	中		$0.5b$	见各有关专业制图标准
	细		$0.25b$	假想轮廓线、成型前原始轮廓线
折断线	细		$0.25b$	断开界线
波浪线	细		$0.25b$	断开界线

同一张图纸内,相同比例的各图样应选用相同的线宽组。

图纸的图框和标题栏线,可采用表13-4的线宽。

图框线和标题栏线的宽度(mm)　　　　　　　　表13-4

幅面代号	图 框 线	标题栏外框线	标题栏分格线
A0、A1	b	$0.5b$	$0.25b$
A2、A3、A4	b	$0.7b$	$0.35b$

作图时应注意以下几点:

粗实线宽度b的选取应根据图形的复杂程度而定,一般线宽$b=0.8$mm或1mm。

虚线、点画线或双点画线的线段长度和间隔,宜各自相同。一般图纸上虚线、点画线和折断线尺寸,大致如图13-4所示,可随图形大小而调整。

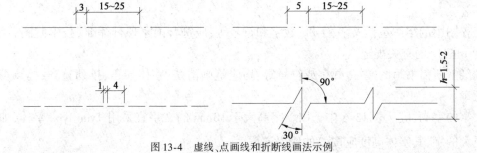

图13-4　虚线、点画线和折断线画法示例

单点长画线或双点长画线的两端,不应采用点。点画线与点画线交接或点画线与其他图线交接时,应采用线段交接。

虚线与虚线交接或虚线与其他图线交接时,应采用线段交接。虚线为实线的延长线时,不得与实线相接。

图线不得与文字、数字或符号重叠、混淆,不可避免时,应首先保证文字清晰。

表13-5为画图线的注意点。

画图线的注意点　　　　　　　　表13-5

图线相变	图　　例	
	正确	错误
两粗实线相交时	┐　└	┬　┴
虚线与粗实线相交时	---┤	---┤

图 线 相 变	图　　例	
	正确	错误
虚线与粗实线相接时	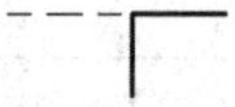	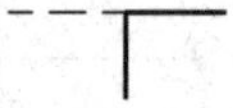
虚线与虚线相接时	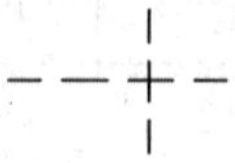	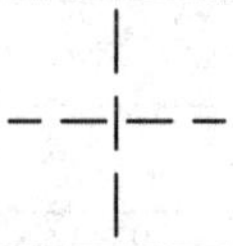
点画线相交时,必须长线相交		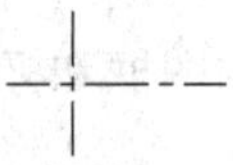
点画线与粗实线相交时必须线段相交		
点画线与虚线圆相交时不应有间隔		

三、字体

工程图中的字体包括汉字、字母、数字和符号等,应符合国家现行标准《技术制图　字体》(GB/T 14691)的有关规定。

图纸上所需书写的文字、数字或符号等,均应笔画清楚、字体端正、排列整齐;标点符号应清楚正确。

文字的字高,应从表 13-6 中选用。字高大于 10mm 的文字宜采用 Tyuc type 字体,如需要书写更大的字,其字体高度应按 $\sqrt{2}$ 的比率递增。

文 字 的 高 度　　表 13-6

字体种类	汉字矢量字体	Tyuc type 字体及非汉字矢量字体
字高	3、5、5、7、10、14、20	3、4、6、8、10、14、20

(一)汉字

国标规定工程图中的汉字写成长仿宋体,并应采用中华人民共和国国务院正式公布推行的《汉字简化方案》中规定的简化字。汉字的高度 h 不应小于 3.5mm,其字宽一般为 $h/\sqrt{2}$。

常用长仿宋字体和字宽列表于 13-7 中。

长仿宋字体的高宽关系(mm)　　表 13-7

字高	20	14	10	7	5	3.5	2.5
字宽	14	10	7	5	3.5	2.5	1.8

长仿宋体字的书写要领:横平竖直、起落有锋、结构均匀、写满方格。其基本笔画见表 13-8。

长仿宋体基本笔画书写示例 表13-8

名称	横	竖	撇	捺	挑	点	钩
形状	 一	丨	丿	㇏	㇀	丶	乚
笔法	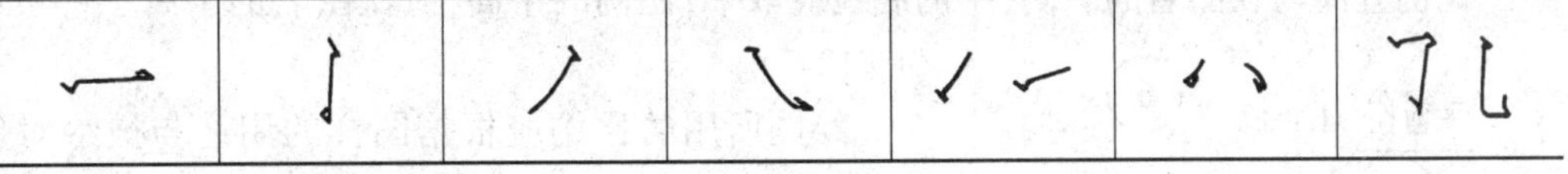 一	丨	丿	㇏	㇀	丶	乚

长仿宋体汉字示例,见图13-5。

10号字

字体工整 笔画清楚 间隔均匀 排列整齐

7号字

横平竖直注意起落结构均匀填满方格

5号字

技术制图机械电子汽车航空船舶土木建筑矿山井坑港口纺织服装

图13-5　长仿宋体示例

(二) 字母和数字

图样及说明中的拉丁字母、阿拉伯数字、罗马数字,宜采用单线简体或ROMAN字体。字母和数字可写成直体和斜体。斜体字字头向右倾斜,与水平成75°;与汉字写在一起时,宜写成直体。字母和数字字高不小于2.5mm,如图13-6所示。

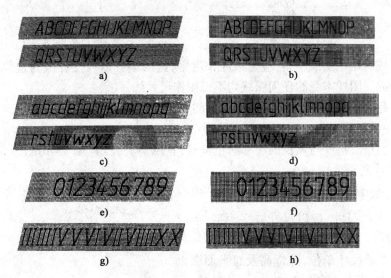

图13-6　字母和数字书写示例

a)大写斜体字母;b)直体大写字母;c)小写斜体字母;d)直体小写字母;e)数字斜体;f)数字直体;g)罗马数字斜体;h)罗马数字直体

四、比例

图样的比例,应为图形与实物相对应的线性尺寸之比。比例的符号应为":",比例应以阿拉伯数字表示,如1:50、1:100等。

比例宜注写在图名的右侧,字的底线应取平;比例的字高,应比图名的字高小一号或两号(图13-7)。

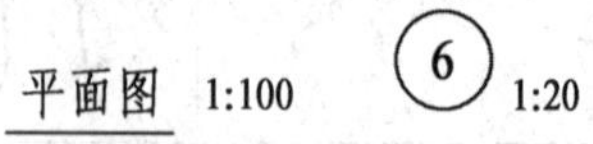

平面图 1:100 ⑥ 1:20

图13-7 比例的注写

绘图所用的比例应根据图样的用途与被绘对象的复杂程度,从表13-9中选用,并优先采用表中常用比例。

绘图比例   表13-9

常用比例	1:1、1:2、1:5、1:10、1:20、1:30、1:50、1:100、1:150、1:200、1:500、1:1000、1:2000
可用比例	1:3、1:4、1:6、1:15、1:25、1:40、1:60、1:80、1:250、1:300、1:400、1:600、1:5000、1:10000、1:20000、1:50000、1:100000、1:200000

五、尺寸标注

(一)尺寸界线、尺寸线及尺寸起止符号

图样上的尺寸,应包括尺寸界线、尺寸线、尺寸起止符号和尺寸数字(图13-8)。

(1)尺寸界线应用细实线绘制,一般应与被注长度垂直,其一端应离开图样轮廓线不小于2mm,另一端宜超出尺寸线2~3mm。图样轮廓线可用作尺寸界线(图13-9)。

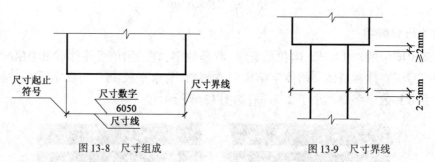

图13-8 尺寸组成　　　　图13-9 尺寸界线

(2)尺寸线应用细实线绘制,应与被注长度平行,两端宜以尺寸界线为边界,也可超出尺寸界线2~3mm。图样本身的任何图线均不得用作尺寸线。

(3)尺寸起止符号用中粗短线绘制,其倾斜方向应与尺寸界线成顺时针45°角,长度宜为2~3mm[图13-10a)]。

(4)半径、直径、角度与弧长的尺寸起止符号,宜用箭头表示[图13-10b)],箭头宽度b不小于1mm。

(二)尺寸数字

(1)图样上的尺寸,应以尺寸数字为准,不应从图上直接量取。

(2)图样上的尺寸单位,除标高及总平面图以米(m)为单位外,其他必须以毫米(mm)为单位。

(3)尺寸数字的读数方向,应按图13-11a)的规定注写。若尺寸数字在30°斜线区内,也可按图

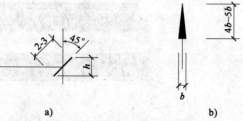

图13-10 尺寸起止符号
a)粗短线尺寸起止符号;b)箭头尺寸起止符号

13-11b)的形式注写。

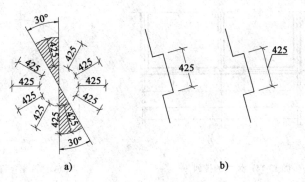

图 13-11　尺寸数字的读数方向

(4)尺寸数字应依据其方向注写在靠近尺寸线的上方中部。如没有足够的注写位置,最外边的尺寸数字可注写在尺寸界线的外侧,中间相邻的尺寸数字可上下错开注写,引出线端部用圆点表示标注尺寸的位置(图13-12)。

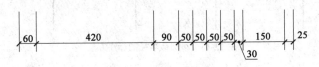

图 13-12　尺寸数字的注写位置

(三)尺寸的排列与布置

(1)尺寸宜标注在图样轮廓线以外,不宜与图线、文字及符号等相交(图13-13)。

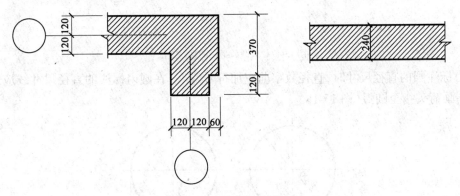

图 13-13　尺寸数字的注写

(2)互相平行的尺寸线,应从被注写的图样轮廓线由近向远整齐排列,较小尺寸应离轮廓线较近,较大尺寸应离轮廓线较远(图13-14)。

(3)图样轮廓线以外的尺寸线,距图样最外轮廓线之间的距离不小于10mm。平行排列的尺寸线的间距宜为7~10mm,并应保持一致(图13-14)。

(4)总尺寸的尺寸界线应靠近所指部位,中间的分尺寸的尺寸界线可稍短,但其长度应相等(图13-14)。

(四)半径、直径的尺寸标注

(1)半径的尺寸线应一端从圆心开始,另一端画箭头指至圆弧。半径数字前应加注半径符号"R"(图 13-15)。

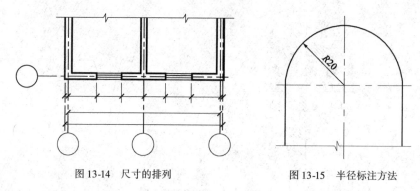

图 13-14 尺寸的排列　　　　图 13-15 半径标注方法

(2)较小圆弧的半径,可按图 13-16 形式标注。较大圆弧的半径,可按图 13-17 形式标注。

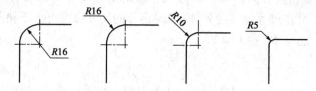

图 13-16 小圆弧半径的标注方法

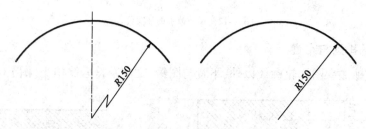

图 13-17 大圆弧半径的标注方法

(3)标注圆的直径尺寸时,直径数字前应加符号"ø"。在圆内标注的直径尺寸线应通过圆心,两端画箭头指至圆弧(图 13-18)。

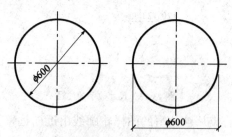

图 13-18 圆直径的标注方法

(4)较小圆的直径尺寸,可标注在圆外(图 13-19)。

(五)角度的标注

角度的尺寸线应以圆弧表示。该圆弧的圆心应是该角的顶点,角的两边线为尺寸界线。

起止符号应以箭头表示,如没有足够位置画箭头,可用圆点代替,角度数字应沿尺寸线方向注写(图 13-20)。

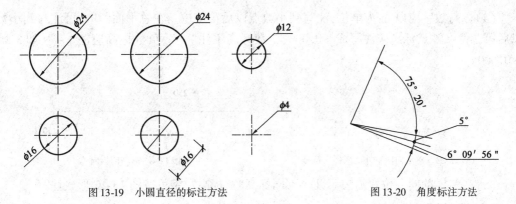

图 13-19　小圆直径的标注方法　　　　　　　图 13-20　角度标注方法

(六) 坡度的标注

标注坡度时,在坡度数字下,应加注坡度符号"←"或"←"[图 13-21a)、b)],箭头应指向下坡方向[图 13-21c)、d)]。坡度也可用直角三角形形式标注[图 13-21e)、f)]。

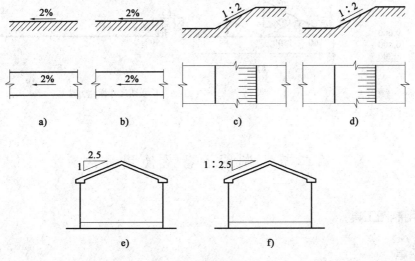

图 13-21　坡度标注方法

(七) 标高的标注

(1) 标高符号应以等腰直角三角形表示,并应按图 13-22a) 所示形式用细实线绘制,如标注位置不够,可按图 13-22b) 所示形式绘制。标高符号的具体画法如图 13-22c)、d) 所示。

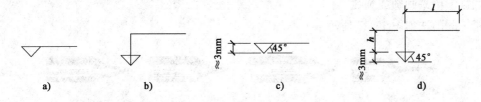

图 13-22　标高符号

l-取适当长度注写标高数字;h-根据需要取适当高度

(2) 总平面图室外地坪标高符号宜用涂黑的三角形表示,具体画法可按图 13-23 所示。

(3) 标高符号的尖端应指至被注写高度的位置。尖端可向下,也可向上。标高数字应注写在标高符号的上侧或下侧(图 13-24)。

(4)标高数字应以 m 为单位,注写到小数点以后第三位。在总平面图中,可注写到小数点以后第二位。零点标高应注写成 ±0.000,正数标高不注" + ",负数标高应注" - ",如 3.000、-0.600。

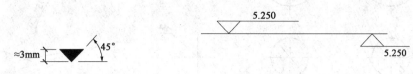

图 13-23　总平面图室外地坪标高符号　　　　图 13-24　标高的指向

(5)在图样的同一位置需表示几个不同标高时,标高数字可按图 13-25 形式注写。

(八)尺寸的简化标注

杆件或管线的长度,在单线图(桁架简图、钢筋简图、管线图等)上,可直接将尺寸数字沿杆件或管线的一侧注写(图 13-26)。

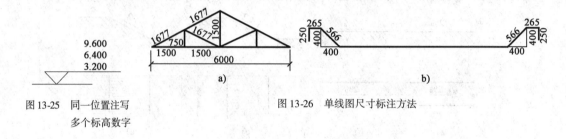

图 13-25　同一位置注写　　　　图 13-26　单线图尺寸标注方法
多个标高数字

第二节　制图设备及使用方法

一、常用制图工具

(一)铅笔

绘图用的铅笔有木质铅笔和自动铅笔两种。铅笔铅芯的软硬用字母"B"(软)和"H"(硬)表示。B 前面的数字越大(如 2B~6B),表示铅芯越软,画出的线越黑;H 前面的数字越大,表示铅芯越硬,画出的线越浅;HB 表示铅芯软硬适中。

画图时,常用 2H 或 3H 铅笔打底稿,用 HB 铅芯铅笔描深图线或写字,B 或 2B 削成铅芯,装在圆规上用来画圆或圆弧。

铅笔的削法如图 13-27 所示。

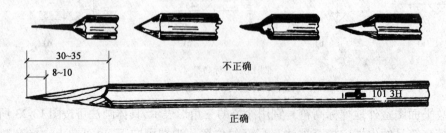

图 13-27　铅笔的削法

(二)图板和丁字尺

以木质表面平整为好。图板的大小依图幅而定。图板的左、右两边镶有工作边,工作边要求平直,以确保作图的准确。如图13-28所示。

丁字尺为丁字形尺,由尺头、尺身组成(图13-28)。丁字尺主要用途是画水平线。画线时,丁字尺尺头紧靠图板工作边(图13-29)。图13-30表示了几种错误的使用方法。

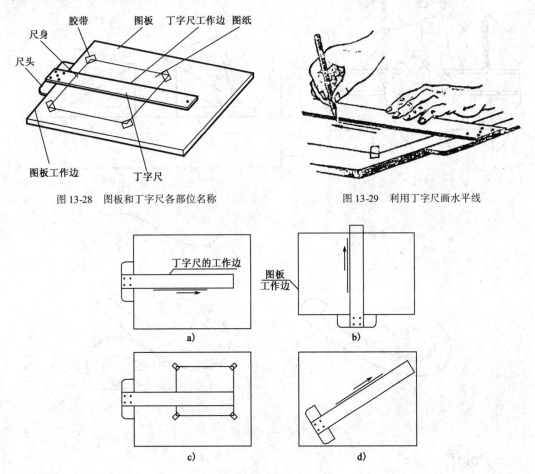

图13-28 图板和丁字尺各部位名称　　图13-29 利用丁字尺画水平线

图13-30 几种错误的使用方法

a)用丁字尺非工作边画水平线是错误的;b)用图板的非工作边画垂直线是错误的;c)图纸距尺头太远不好;d)用丁字尺画斜线是错误的

(三)三角板

制图时要用一副三角板,三角板的斜边长应大于250mm。三角板常与丁字尺配合使用画竖直线(图13-31)。

一副三角板配合丁字尺除了可以画30°、45°、60°斜线外,还可以画15°、75°斜线(图13-32)。

(四)曲线板

曲线板是用来画曲线的工具。用曲线板连曲线通常是要在板上找几段不同的曲线连在一起,为了光滑连接曲线,前后应有一小段搭接,以使曲线圆滑,如图13-33所示。

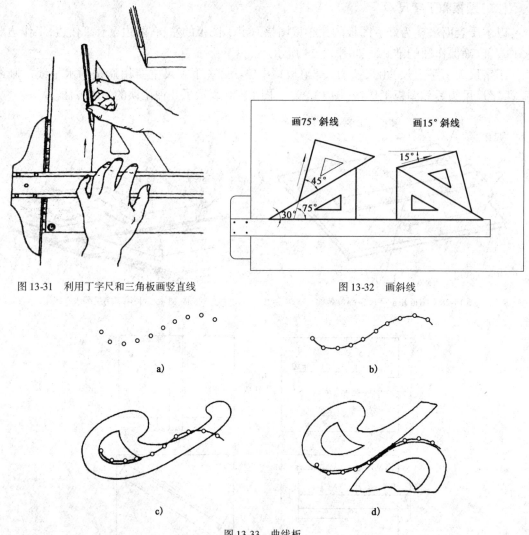

图 13-31 利用丁字尺和三角板画竖直线

图 13-32 画斜线

图 13-33 曲线板

(五) 比例尺

比例是图上线段长度与实际线段长度的比值。放大、缩小比例要借助一定的工具,这种工具就是比例尺[图 13-34a)],它的作用在于不经过计算,直接在尺寸上找到缩放后的长度。例如:在 1∶100 的尺面上,尺上 1cm 就代表实际长度是 100cm(即 1m),所以在尺上 0 到 1cm 长的地方标有"m"单位。如果要在 1∶100 的图上画 3.6m 长,可在尺上直接按数字量取,如图 13-34b)所示。如果比例为 1∶10,因尺面无 1∶10 比例,也可以利用 1∶100 尺面的刻度量取,但这里 1cm 表示 0.1m。尺上其他比例也是类似用法。

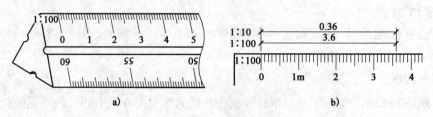

图 13-34 比例尺及其用法

要注意的是,比例尺只能度量尺寸,不能用作画图的工具。三角板只能画图,不能利用三角板上的刻度量尺寸,因为三角板上的刻度没有经国家鉴定。

二、绘图仪器

(一)圆规

圆规是画圆的仪器。使用前应调整带针插脚,使针尖略长于铅芯。铅的斜芯应削磨成65°的斜面(图13-35)。画圆时将带针插脚轻轻插入圆心处,使铅芯与针尖的距离等于所画圆弧的半径,然后转动圆规手柄,顺时针画圆。

画圆的铅芯型号应比画同类线型所用铅芯软一号。画大圆时,则需加上延伸杆(图13-36)。

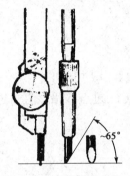
图13-35　圆规针脚与铅芯

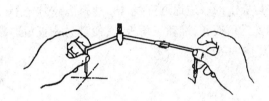
图13-36　圆规接延伸杆

(二)分规

用分规量取尺寸或等分线段。比如,当某一尺寸需要在图上多次使用,或画对称图形时,就可用分规从比例尺上截取所需长度,然后移到图纸上,如图13-37所示。

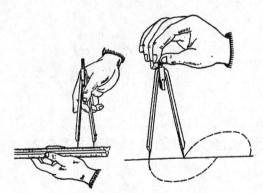
图13-37　分规使用方法

第三节　几何作图

一、作已知直线的平行线、垂直线

(1)过点 C 作直线 AB 的平行线[图13-38a)]。

①用三角板Ⅰ的斜边逼近直线 AB,另一三角板Ⅱ靠贴三角板Ⅰ的另一边[图13-38b)];

②按住三角板Ⅱ,推动三角板Ⅰ,沿Ⅱ的一边靠贴点 C,画一直线即为所求[图 13-38c)]。

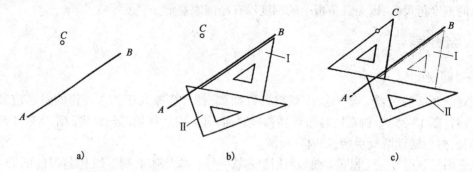

图 13-38　过已知点作直线平行已知直线
a)已知;b)作图;c)结果

(2)过点 C 作直线 AB 的垂线[图 13-39a)]。

①三角板Ⅰ的一边逼近直线 AB,其斜边靠另一个三角边Ⅱ[图 13-39b)];

②按紧三角板Ⅱ,推动三角板Ⅰ,使其另一直角边靠贴点 C,过点 C 沿该直角边画直线,即为所求[图 13-39c)]。

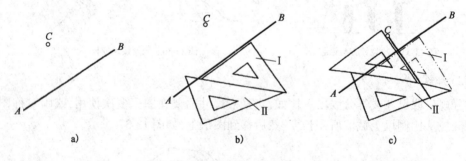

图 13-39　过已知点作垂线
a)已知;b)作图;c)结果

二、任意等分直线段

(1)以六等分线段 AB 为例[图 13-40a)]。

(2)过点 A 作任一直线 AC,在此线上自点 A 起截取任意长度的六等分,得 1、2、3、4、5、6 点[图 13-40b)]。

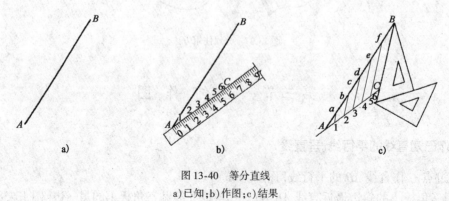

图 13-40　等分直线
a)已知;b)作图;c)结果

(3)连接6B两点,再过其他各点作6B的平行线,与AB线交于六个等分点,即为所求,见图13-40c)。

三、过三点作圆

(1)已知点A、B和点C,如图13-41a)所示。
(2)作AB、BC的垂直平分线,其交点O即为圆的圆心[图13-41b)]。
(3)以O为圆心,OA为半径作圆,则必通过A、B、C三点[图13-41c)]。

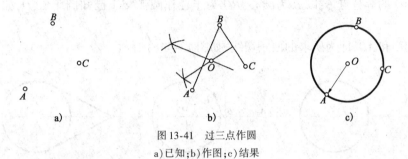

图13-41　过三点作圆
a)已知;b)作图;c)结果

四、作圆的内接正多边形

(1)作圆的内接正五边形,如图13-42所示。
①已知圆心O及圆上点A,如图13-42a)所示;
②作半径OF的等分点G,以G为圆心,GA为半径作弧交直径于点H[图13-42b)];
③以AH为半径将圆周分为五等分,顺序连接各等分点A、B、C、D、E,即为所求[图13-42c)]。

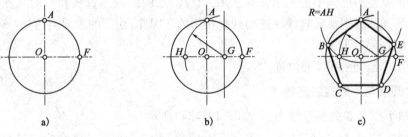

图13-42　作圆的正五边形
a)已知;b)作图;c)结果

(2)作已知圆的内接正六边形,如图13-43所示。
①已知半径R的圆,如图13-43a)所示;

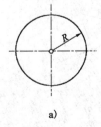
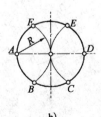
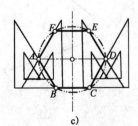

图13-43　作圆的正六边形
a)已知;b)作图;c)结果

②分别以 A、D 为圆心,R 为半径作圆弧,分圆周为六等分,如图 13-43b)所示;
③依次连接各等分点 A、B、C、D、E、F、A 各点即为所求,如图 13-43c)所示。

作已知圆的内接正六边形,还可以利用丁字尺配合 60°三角板作 AF、CD、AB、DE、BC、EF 线,则为所求,如图 13-43c)所示。

五、过已知点作圆的切线

(1)已知点 A 和圆 O,如图 13-44a)所示。

(2)作 AO 的等分点 B,以 B 为圆心,BO 为半径作圆弧交于已知圆于 C、D,如图 13-44b)所示。

(3)连 AC 和 AD,即为所求的两条切线,如图 13-44c)所示。

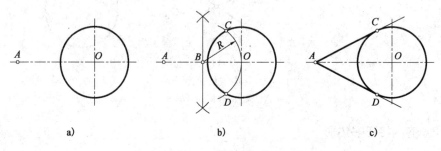

图 13-44 作圆的切线
a)已知;b)作图;c)结果

六、圆弧连接

圆弧连接就是用已知半径的圆弧将已知二直线、二圆弧或一直线和一圆弧光滑地连接起来。即圆弧与圆弧或圆弧与直线在连接处是相切的。因此,作图的主要问题是:

(1)求出连接弧圆心;
(2)定出切点(连接点)的位置。

(一)作圆弧与两斜直线连接

(1)已知半径 R 和两斜直线 M、N,如图 13-45a)所示。

(2)分别作与 M、N 平行并相距为 R 的二直线,交点 O 为所求圆弧圆心。过 O 点分别作 M 和 N 的垂线,得垂足 K_1 和 K_2,如图 13-45b)所示。

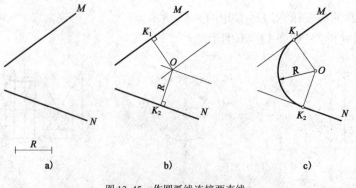

图 13-45 作圆弧线连接两直线
a)已知;b)作图;c)结果

(3)以 O 为圆心，R 为半径作圆弧$\overset{\frown}{K_1K_2}$即为所求，如图 13-45c)所示。

(二)作圆弧与一直线和一圆弧连接

(1)已知直线 L，半径为 R_1 的圆弧和连接弧的半径 R，如图 13-46a)所示。

(2)作直线 M 平行于直线 L 且相距为 R，又以 O_1 为圆心，$R+R_1$ 为半径作圆弧交直线 M 于点 O，如图 13-46b)所示。

(3)连接 OO_1 交于已知圆弧于切点 K_1，又作 OK_2 垂直于 L，得另一切点 K_2，以 O 为圆心，R 为半径作圆弧$\overset{\frown}{K_1K_2}$即为所求，如图 13-46c)所示。

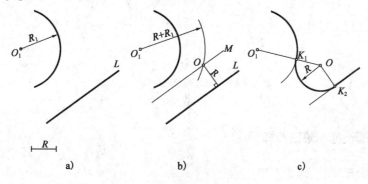

图 13-46 作圆弧线连接直线和圆弧
a)已知；b)作图；c)结果

(三)作圆弧与两已知圆弧连接

1. 作圆弧与两已知圆弧内切连接(图 13-47)

(1)已知内切圆弧的半径 R 和半径为 R_1、R_2 的两已知圆弧，如图 13-47a)所示。

(2)以 O_1 为圆心，$R-R_1$ 为半径作圆弧，又以 O_2 为圆心，$R-R_2$ 为半径作圆弧，两圆弧相交于 O 点，如图 13-47b)所示。

(3)延长 OO_1 交圆弧 O_1 于 K_1，延长 OO_2 交圆弧 O_2 于 K_2，以 O 为圆心，R 为半径作圆弧 K_1K_2 即为所求，如图 13-47c)所示。

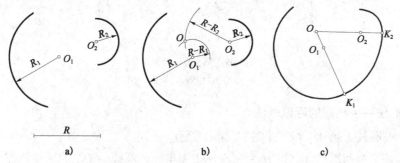

图 13-47 作圆弧内切连接已知圆弧
a)已知；b)作图；c)结果

2. 作圆弧与两已知圆弧外切连接(图 13-48)

(1)已知外切连接圆弧的半径 R 和半径 R_1、R_2 的两已知圆弧，如图 13-48a)所示。

(2)以 O_1 为圆心，$R+R_1$ 为半径作圆弧，又以 O_2 为圆心，$R+R_2$ 为半径作圆弧，两圆弧相

交于 O 点,如图 13-48b)所示。

(3)连接 OO_1 交圆弧 R_1 于切点 K_1,连接 OO_2 交圆弧 R_2 于 K_2,以 O 为圆心,R 为半径,作圆弧 K_1K_2 即为所求,如图 13-48c)所示。

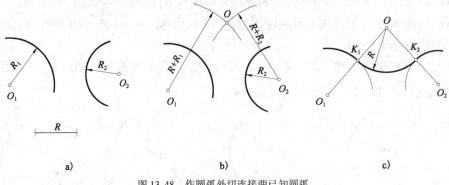

图 13-48 作圆弧外切连接两已知圆弧
a)已知;b)作图;c)结果

七、已知椭圆长轴和短轴作椭圆

(一)同心圆法

(1)已知椭圆长轴 AB、短轴 CD,如图 13-49a)所示。

(2)分别以长、短轴 AB、CD 为直径作两同心圆,并等分圆周为若干等份,例如十二等份,由圆心 O 作一系列放射线,交大圆于 Ⅰ、Ⅱ…,交小圆于 1、2…各点,如图 13-49b)所示。

(3)过大圆 Ⅰ、Ⅱ…各等分点引垂直线,过小圆 1、2…各点引水平线,交于 M_1、M_2…各点,连接 M_1、M_2…及 A、B、C、D 各点,即为所求椭圆,如图 13-49c)所示。

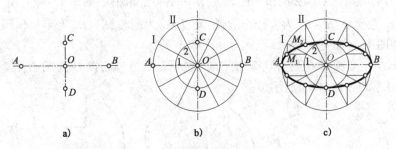

图 13-49 同心圆法画椭圆
a)已知;b)作图;c)结果

(二)四心法——椭圆的近似画法

(1)已知椭圆长短轴 AB、CD,如图 13-50a)所示。

(2)连接长短轴两端点 AC,以 O 为圆心,OA 为半径作圆弧与 OC 的延长线交于点 E,再以 C 为圆心,CE 为半径作圆弧交 AC 于点 F,如图 13-50b)所示。

(3)作 AF 的垂直平分线交长短轴于 1、2 两点,并定出 1、2 两点对圆心 O 的对称点 3、4 点,如图 13-50c)所示。

(4)分别以 1、3 为圆心,$1A$ 为半径画两小圆弧,以 2、4 为圆心,$2C$ 为半径画两大圆弧,所作四段圆弧切于 $K_1K_2J_1J_2$ 的椭圆,如图 13-50d)所示。

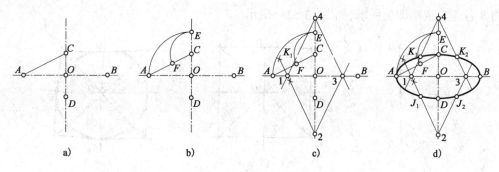

图 13-50　四心法画椭圆
a)已知；b)作图过程；c)作图过程；d)结果

第四节　徒手草图

徒手草图是工程技术人员构思设计方案，或讨论技术问题，或交流想法时徒手作出的图样。徒手作图是工程技术人员必要的基本技能。徒手作图要求对各种图线、图形及其各部分相对比例、投影关系的表达相对正确。要达到这一点必须经常绘图，在使用中积累经验。

一、画直线

(1)画直线应先定两端点的位置，自起点开始，轻轻画出底稿线，然后再修正所画的底稿线；

(2)画水平线时，可将图纸斜放，握笔不要太紧，以手腕动作沿图上水平方向自左向右画出[图 13-51a)]；

(3)画竖直线时，图纸放正，沿铅直方向以手指动作自上向下画出[图 13-51b)]；

(4)画斜线时，应从左上端开始[图 13-51c)]，也可转动图纸，按水平线画出；

(5)画长线时，眼睛盯住终点，用较快的速度画出，然后再慢速修正。

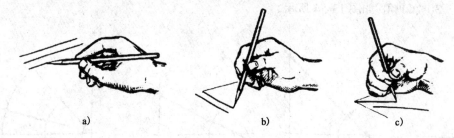

图 13-51　徒手画直线
a)画水平线；b)画竖直线；c)画斜线

二、画圆、椭圆和角度

1. 徒手画圆

(1)画中心线，在其上定出半径、圆心(A、B、C、D、O)，如图 13-52a)所示；

(2)过 A、B、C、D 四点画圆的外切正方形及对角线，如图 13-52b)所示；

(3)将任意对角线之半三等分，在最外等分点稍外处定圆周上一点，再相应地求出其他三点,将8各点连成圆即为所求,如图13-52c)所示。

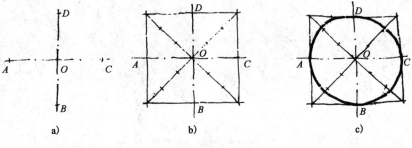

图 13-52 徒手画圆
a)已知;b)作对角线;c)结果

2. 徒手画椭圆

(1)徒手画出椭圆的长短轴,如图13-53a)所示。
(2)画外切矩形及对角线,等分对角线的一侧为三等分,如图13-53b)所示。
(3)以光滑曲线连对角线上的最外等分点和长短轴的端点,如图13-53c)所示。

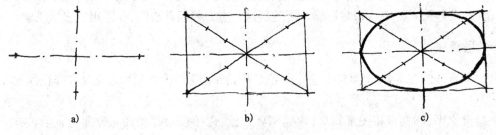

图 13-53 徒手画椭圆
a)已知;b)作对角线;c)结果

3. 徒手画角度

先徒手画直角,再根据两直角边的近似比例关系,定出两个端点,然后画线,从而可得与水平线成 45°、30°、60°角,如图13-54 所示。

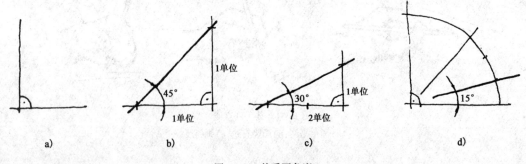

图 13-54 徒手画角度
a)90°角;b)45°角;c)30°角;d)15°角

第十四章 建筑施工图

第一节 概　　述

　　对于土木工程专业人员来说,对房屋建筑图的认知和理解非常重要。房屋建筑图分为建筑施工图、结构施工图、设备施工图三大类。本教材基于一幢框架结构坡屋顶住宅建筑,对这三类施工图进行叙述。本章在介绍房屋建筑图总体概念的基础上,重点介绍建筑施工的图示表达特点和表达方法。结构施工图和设备施工图在后续章节介绍。

一、房屋的组成及其作用

　　为了能看懂房屋建筑图,对房屋各组成部分的名称和作用先作一简单介绍(图14-1)。

　　(1)基础:是建筑物地面以下的承重结构,用以承受建筑物的上部荷载,并把荷载传到地基上。

　　(2)墙与柱:是建筑物垂直方向的承重结构,承担楼层、屋顶荷载及墙身的自重,并向下传递荷载。外墙还起有防寒、保温作用,内墙起有分隔作用。

　　(3)楼面与地面:是建筑物的水平承重构件,用以承受各种家具、设备、人的质量及楼板的自重,并把它传到墙、柱上。

　　(4)屋顶:是建筑物最上部的构造,用以隔绝风、雨、雪等对建筑物的侵袭。

　　(5)楼梯、台阶:建筑物内垂直的交通设施,解决上下层之间的联系。

　　(6)门、窗:用以解决隔离和采光、通风。

　　(7)天沟、雨水管、散水:起排水的作用。

　　(8)勒脚:起保护墙身的作用。

　　其余部分的名称见图14-1。

二、房屋建筑图的分类

　　一套房屋建筑图,根据其内容和工种的不同,一般分为以下几种类型。

　　1.建筑施工图(简称建施)

　　建筑施工图主要反映建筑物的规划位置、内外装修、构造及施工要求等。建筑施工图包括:

　　(1)总平面图。是表示建筑物用地及其周围总体情况的图纸。它是施工现场平面布置及新建房屋定位、放线的依据。

　　(2)建筑平面图。是表示建筑物房间内部布局、内部交通组织、门窗位置及尺寸大小的图纸。

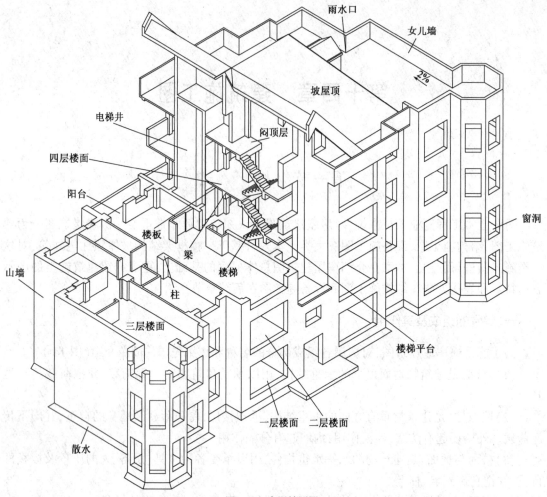

图 14-1　房屋轴测图

(3)建筑立面图。是表示建筑物外观的图,用它来表示建筑物的立面形状、尺寸、标高及用料做法等。

(4)建筑剖面图。是表示房屋内部空间的高度关系及构造做法的图纸。

(5)详图。是表示建筑物各主要部位细部构造情况的放大图。

2.结构施工图(简称结施)

结构施工图主要反映建筑物承重结构的布置、构件类型、材料、尺寸和构造做法等。结构施工图包括:

(1)结构设计总说明。含有设计依据、结构选型、建筑材料及施工要求等。

(2)结构平面布置图。又可分为基础平面图和楼层结构构件平面布置图。

(3)结构构件详图。表示单个构件形状、尺寸、材料、构造及施工工艺的图样。

3.设备施工图(简称设施)

设备施工图主要反映建筑物的给排水、采暖、通风、电气等设备的布置和施工要求等。设备施工图包括各种设备的平面布置图、系统图和详图。

三、房屋建筑图的图示特点

(1)图示方法。房屋建筑图中的各种图样,应依据正投影原理,并遵守《房屋建筑制图统一标准》(GB/T 50001—2017)进行绘制。为了表示建筑物的全面情况,可以选用六个投影面,画出六个视图,即正立面图、背立面图、左侧立面图、右侧立面图、平面图和底面图。见图14-2。

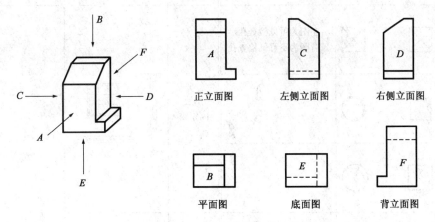

图14-2　六面视图的名称

(2)比例。由于建筑物很大,绘制时常需按比例缩小。房屋建筑图常用的比例为1∶50、1∶100、1∶200。为了反映建筑物的细部构造及具体做法,常配以1∶20、1∶10甚至更大比例的详图,并用文字和符号加以说明。

(3)图例。由于建筑施工图常采用较小比例绘制,图样中的一些构造和配件无法如实画出,常采用国标中的有关规定和图例来表示。建筑专业制图采用《建筑制图标准》(GB 50104—2010)规定的构造及配件图例。表14-1摘录了其中的部分图例。

常用的构件及配件图例　　　　　　　　　　　　　　　表14-1

名称	图例	说明	名称	图例	说明
楼梯		1.上图为底层楼梯平面,中图为中间层楼梯平面。下图为顶层楼梯平面。 2.楼梯的形式及步数应按实际情况绘制	墙内单扇推拉门		同单扇门说明的中1、2、5
			单扇双面弹簧门		同单扇门说明
			双扇双面弹簧门		

189

续上表

名称	图例	说明	名称	图例	说明
检查孔		左图为可见检查孔。右图为不可见检查孔			
孔洞			单层固定窗		
坑槽					
烟道			单层外开上悬窗		1. 窗的名称代号用C表示。 2. 立面图中的斜线表示窗的开关方向，实线为外开，虚线为内开；开启方向线交角的一侧为安装合页的一侧，一般设计图中可不表示。 3. 在剖面图中，左为外，右为内；在平面图中，下为外，上为内。 4. 平、剖面图中的虚线，仅说明开关方式，在设计图中不需要表示。 5. 窗的立面图形式应按实际情况绘制
通风道					
单扇门（包括平开或单面弹簧）	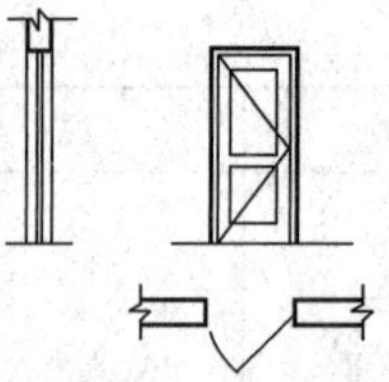	1. 门的名称代号用M表示。 2. 在剖面图中，左为外，右为内；在平面图中，下为外，上为内。 3. 在立面图中，开启方向线交角的一侧，为安装合页的一侧。实线为外开，虚线为内开。 4. 平面图中的开启弧线及立面图中的开启方向线，在一般的设计图上不表示，仅在制作图上表示。 5. 立面开式应按实际情况绘制	单层中悬窗		
双扇门（包括平开或单面弹簧）			单层外开平开窗	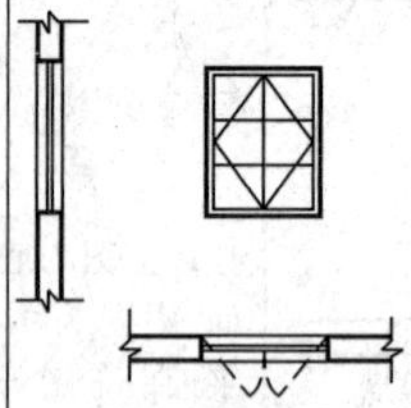	
对开折叠门			双层内外开平开窗	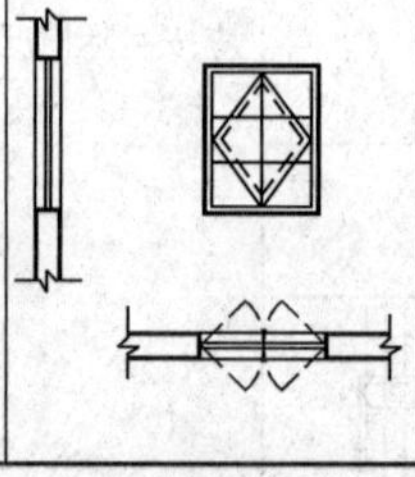	

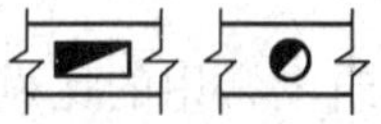

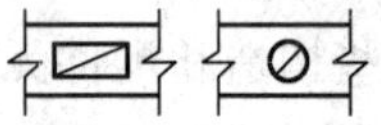

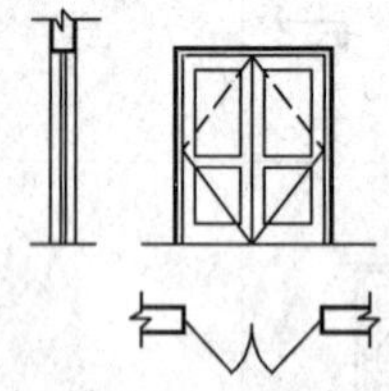

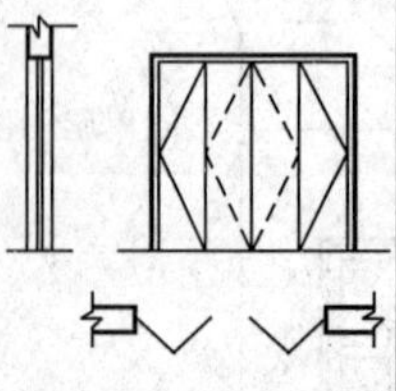

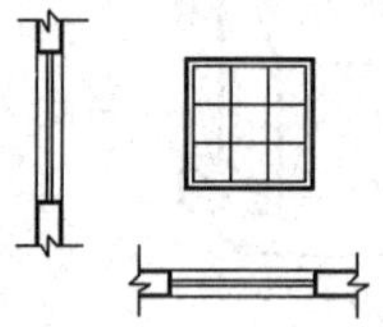

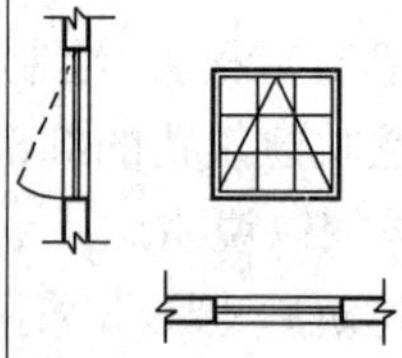

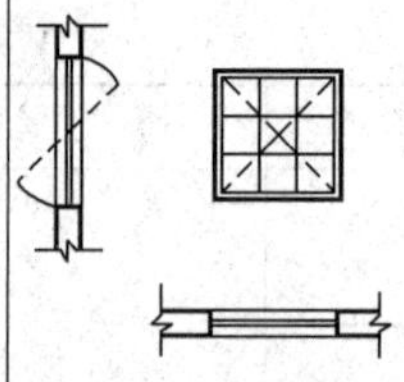

（4）尺寸。房屋建筑图的尺寸除标高以 m 为单位外，其余均以 mm 为单位。一般将外部尺寸与内部尺寸分开标注。标注尺寸的基本原则是完整、清晰、正确、合理。

第二节　建筑总平面图

一套房屋建筑图,简单的有几张图纸,复杂的有十几张、几十张甚至几百张。一般的读图程序是先看图纸的目录和总说明,对该房屋有一概略的了解,然后按顺序阅读建筑施工图、结构施工图、设备施工图。看建筑施工图时,应先看总平面图,了解周围的环境,然后再看平面图、立面图、剖面图和详图等。

一、总平面图概述

在地形图上画出已有的和拟建的房屋外轮廓的水平投影、道路、绿化等,即为总平面图。它反映出房屋的平面形状、位置、朝向及与周围的地形、地物的关系。

总平面图常用的比例是1∶500、1∶1000及1∶2000。

总平面图是新建房屋施工定位、土方施工以及其他专业(如给水、排水、供暖、电气、煤气等工程)管线总平面图和施工总平面设计布置的依据。

二、总平面图常用图例及线型

总平面图中常用的图例画法及线型要求见表14-2。

总平面图中的常用图例　　　　　表14-2

名称	图例	说明	名称	图例	说明
新建的建筑物	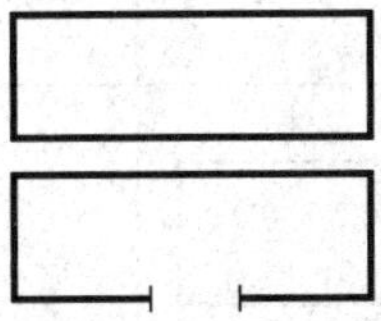	1. 上图为不画出入口图例,下图为画出入口图例; 2. 需要时,可在图形内右上角以点数或数字(高层宜用数字)表示层数; 3. 用粗实线表示	围墙及大门	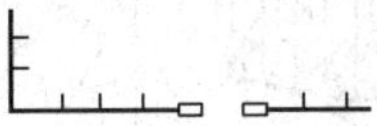 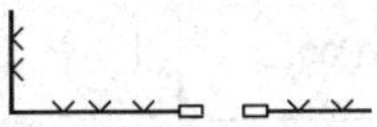	上图为砖石、混凝土或金属材料的围墙; 下图为镀锌铁丝网、篱笆等围墙; 如仅表示围墙时,不画大门
原有的建筑物	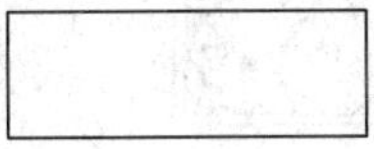	1. 应注明拟利用者; 2. 用细实线表示	坐标	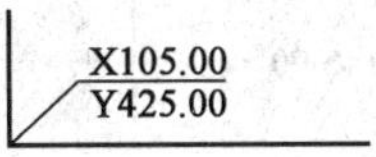 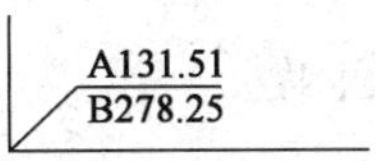 X105.00 Y425.00	上图表示测量坐标,下图表示施工坐标
计划扩建的预留地或建筑物		用中虚线表示		A131.51 B278.25	
拆除的建筑物	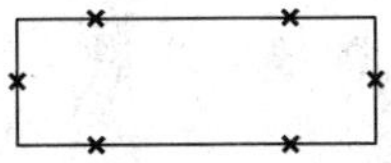	用细实线表示	原有的道路	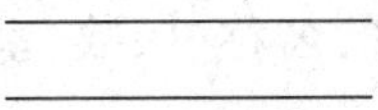	
新建的地下建筑物或构筑物		用粗虚线表示	计划扩建的道路		
敞棚或敞廊	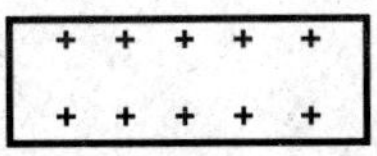		人行道	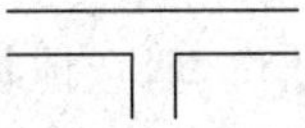	

名 称	图 例	说 明	名 称	图 例	说 明
桥梁（公路桥）		用于旱桥时应注明	新建的道路		1."R9"表示道路转弯半径为9m，"150.00"为路面中心的标高，"6"表示6%，为纵向坡度，"101.00"表示变坡点间距离； 2. 图中斜线为道路断面示意，根据实际需要绘制
雨水井与消火栓井		上图表示雨水井，下图表示消火栓井			
针叶乔木			针叶灌木		
阔叶乔木			阔叶灌木		
填挖边坡		边坡较长时，可在一端或两端局部表示	修剪的树篱	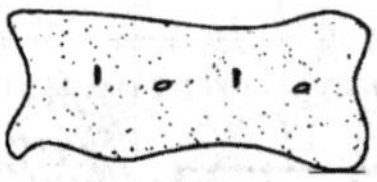	
护坡			草地		
室内标高	151.00		花坛		
室外标高	▼143.00				

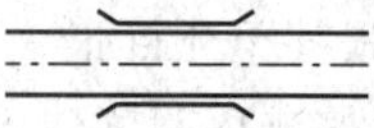

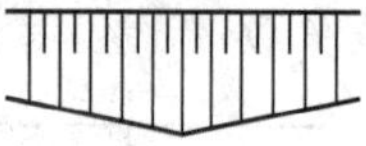

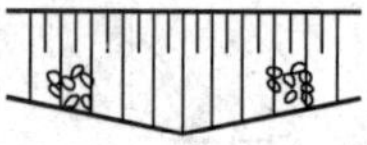

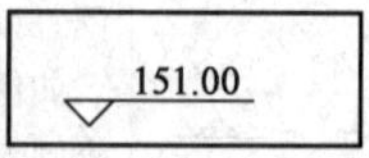

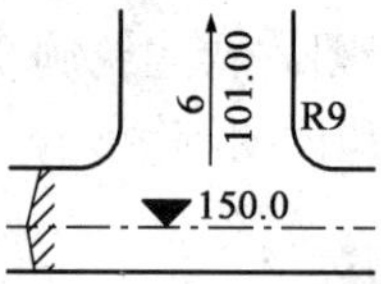

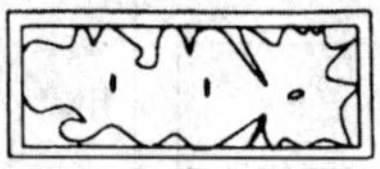

三、总平面图的内容

下面以图14-3为例，说明总平面包括的内容：

（1）新建建筑的名称、层数、室内外地面的标高。建筑物轮廓线内小黑点表示楼房的层数。

（2）新建道路、绿化、场地排水方向和管线的布置。

（3）原有建筑物的名称、层数以及与新建房屋的关系。

（4）原有的道路、绿化和管线情况。

（5）将来拟建的房屋建筑、道路及绿化等。

（6）地形（坡、坎、坑、塘）、地物（树木、线杆、井等）。

（7）指北针、风向玫瑰图等。

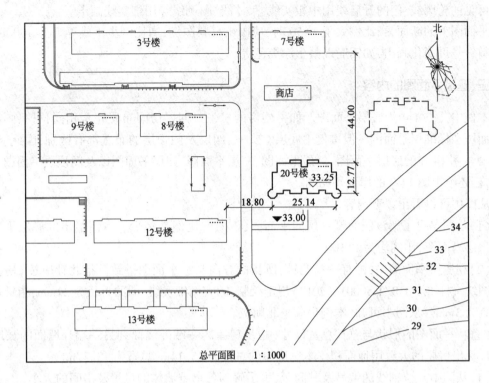

图 14-3 总平面图

由图 14-3 的总平面图可以看出,该地区为一住宅小区,新建工程为 20 号楼,共四层。周围除原有的住宅楼外,在 8 号楼的南面有要拆除的房屋;该地区的东北部有一拟建的建筑物;东南角有一坡地,地势由北向南逐渐降低。由图中还可以看出新建住宅楼的尺寸、室内外绝对标高、与 12 号楼和 7 号楼的相对位置及周围的道路情况。由风玫瑰图可知,该地区的住宅楼均为正南正北向。

第三节 建筑平面图

一、建筑平面图概述

平面图是假想用水平剖切面沿房屋门、窗洞把房屋剖切后,对切平面以下部分所作出的水平剖面图。它表示房屋的平面形状、大小和房屋布置;墙(或柱)的位置、厚度和材料;门窗的类型和位置等情况。它是施工中最基本的图样之一。

一般来说,楼房有几层,就应该画出几个平面图,如底层平面图、二层平面图等。如果上下各层的布置与大小完全相同,则相同的楼层可用一个平面图表示,称为标准层平面图。如果房屋平面左右对称,也可将两层平面图画在一个平面上,各画一半,用点画线分开,在点画线两端画出对称符号,并在图的下方分别注出图名。

二、建筑平面图的线型、比例要求

平面图上的线型粗细要分明。凡被水平剖切面剖到的墙、柱等断面轮廓线用粗实线画出,其余可见的轮廓线、门的开启线用中粗实线,尺寸线、图例线等用细实线画出。

平面图上的断面,当比例大于1∶50时,应画出材料图例,当比例小于或等于1∶100时,断面材料符号可简化画出,如钢筋混凝土涂黑色等。

三、建筑平面图的内容

本例中,图14-4为底层平面图。如果楼房的二、三、四层房间布置完全相同,可只画出底层平面图和标准层平面图。但本例中底层、二、三、四层及闷顶层的布置都有区别,因此,给出图14-4~图14-8的底层平面图、二层平面图、三层平面图、四层平面图以及闷顶层平面图。此外,本例还给出图14-9的屋顶平面图。

从图中可以看出以下内容。

(1)从图名可了解该图为哪一层的平面图,该图的比例是多少。本例给出的底层平面图至闷顶层平面图,比例均为1∶100。

(2)在底层平面图中,画有一指北针,所指的方向与总平面图一致。指北针应按《房屋建筑制图统一标准》(GB/T 50001—2017)规定绘制,圆宜用细实线,圆的直径为24mm,指针尾部宽度宜为3mm。从图中可知,本例房屋坐北朝南。

(3)从平面图的形状与总长总宽尺寸(指从房屋的一端外墙面到另一端外墙面的长度),可以计算出房屋的大致用地面积。本例房屋的总长为25.14m,总宽为12.77m。

(4)从图中定位轴线的编号及其间距,可了解到各承重墙体的位置及房间的大小。

所谓定位轴线,就是把房屋中的墙、柱和屋架等轴线画出,并进行编号,以便于施工时定位放线和查阅图纸。定位轴线用细点画线绘制,轴线编号的圆圈用细实线,直径为8mm,在圆圈内写上编号,水平方向的编号采用阿拉伯数字,从左向右依次编写。竖直方向的编号采用大写的拉丁字母,从下向上依次编写。

对于一些与主要承重构件相联系的次要构件,其定位轴线一般作为附加轴线,编号可用分数表示,分母表示前一轴线的编号,分子表示附加轴线的编号,用阿拉伯数字顺序编号。如⑫表示2号轴线后附加的第一根轴线,⑳C表示C号轴线后附加的第三根轴线。

本例中竖向轴线有5根,为Ⓐ~Ⓔ,在Ⓑ和Ⓒ轴线之间有两根附加轴线⑬和⑳;横向轴线有10根,为Ⅾ~⑩,在⑤和⑥轴线之间有两根附加轴线⑮和㉕。

(5)从图中墙的分隔情况和房间的名称,可看出房间的布置、用途、数量和相互间的联系情况。这幢住宅楼有一个单元,每层有两套房间,每套房间有一间客厅、两间卧室、一个书房、两个卫生间,以及厨房、餐厅、南面房角的多边形阳台和北阳台等。房屋南面⑤~⑥轴线间为单元的出入口,房屋外墙四周有散水(在底层平面图中对散水作了表示)。

(6)室内外地面的高度用相对标高表示,一般以底层主要房间的地面标高为零,标注为±0.000。标高符号应大小一致,以细实线绘制,等腰直角三角形的两直角边与水平线成45°,高约为3mm。室外地面的标高也可用涂黑的三角形表示。

(7)根据图中标注的内部和外部尺寸,可了解各房间的开间、进深、外墙与门、窗及室内设备的大小和位置。

平面图外部尺寸标注分三道:

第一道为房屋外轮廓的总尺寸,即总长和总宽。

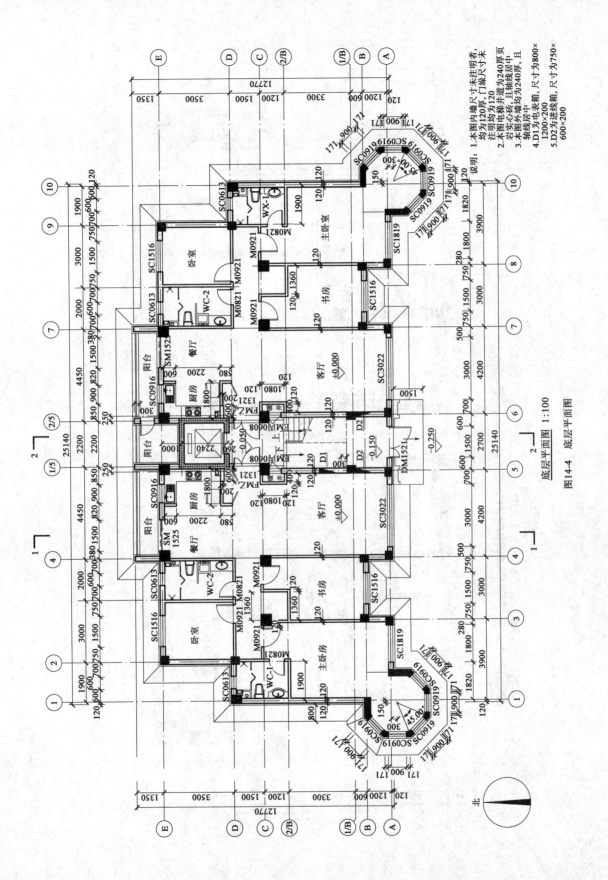

图14-4 底层平面图

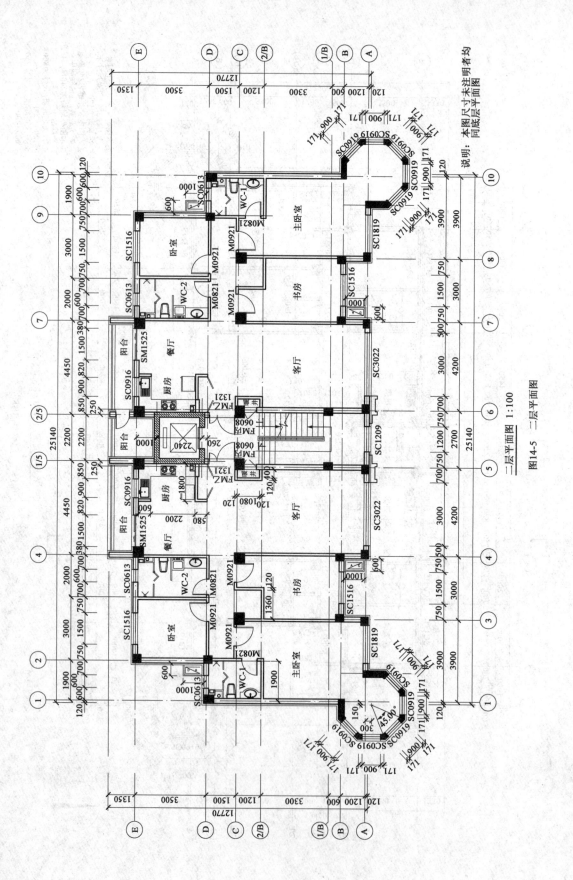

图14-5 二层平面图

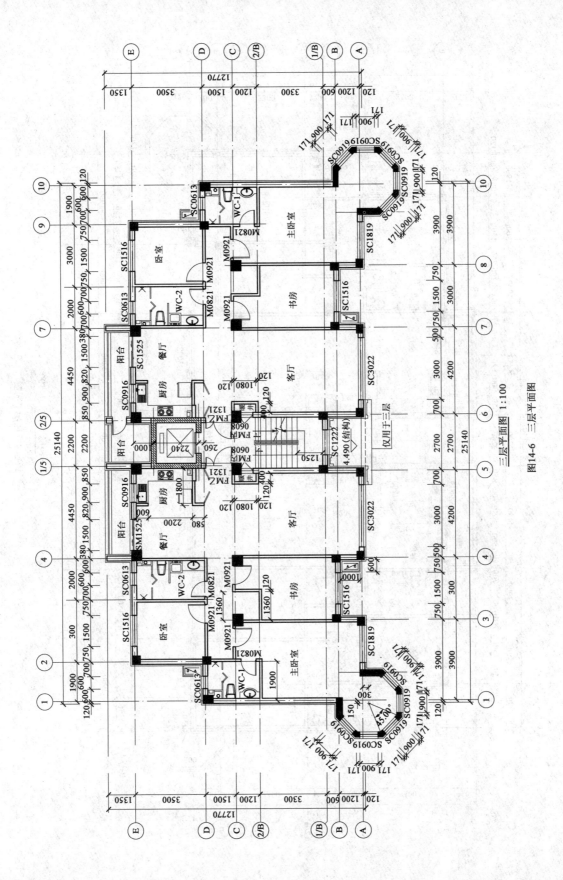

图14-6 三层平面图

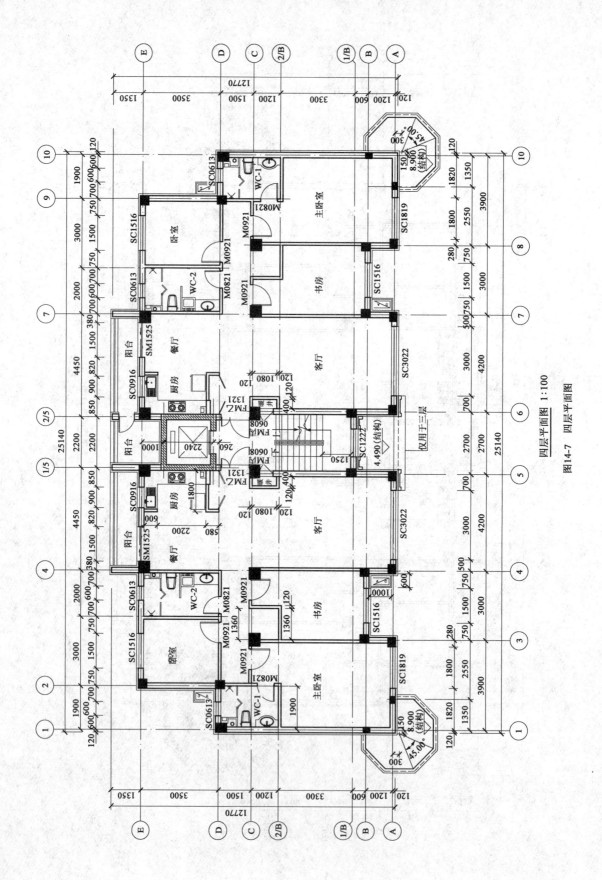

图14-7 四层平面图

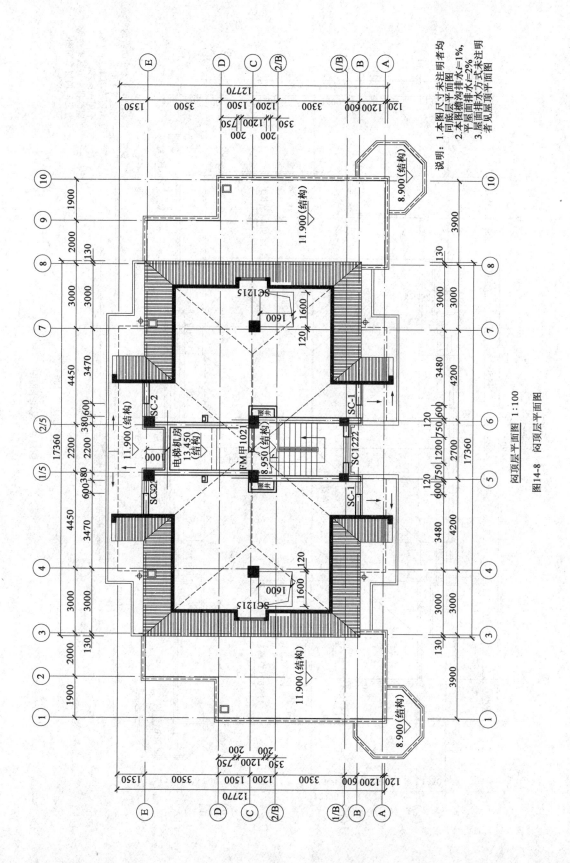

图14-8 闷顶层平面图

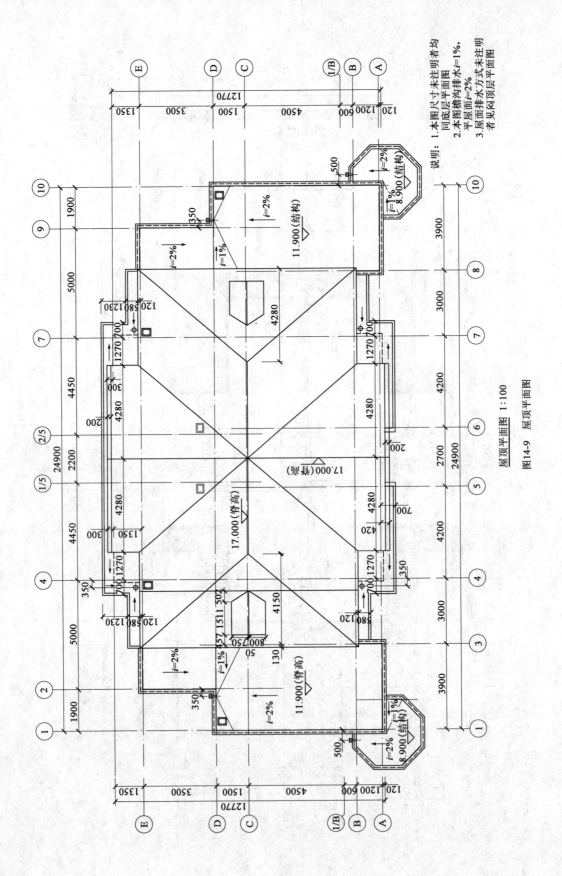

图14-9 屋顶平面图

第二道为表示轴线距离的尺寸,用以说明房间的开间、进深,水平方向的轴线距离为开间,竖直方向的轴线距离为进深。本例中书房的开间为 3.00m,进深为 5.10m;北卧室的开间为 3.00m,进深为 3.50m。

第三道尺寸表明门、窗的宽度和位置,位置是以轴线为基准的,如客厅的窗 SC3022,宽度为 3.00m,窗边距轴线的距离为 0.50m 和 0.70m。

内部尺寸包括纵横方向的尺寸,说明房间的大小、墙厚、内墙上门、窗洞的大小和位置,固定设备的大小和位置等。

(8) 从图中门窗的图例及其编号,可了解到门窗的类型、数量及其位置,"图标"中规定门的代号为 M,窗的代号为 C,代号后面的数字为编号。当采用标准门窗时,要写标准门窗的编号。如平面图客厅中的窗 SC3022,因是塑钢窗,故代号为 SC,后面的数字为窗的宽、高尺寸,宽为 3.0m,高为 2.2m。要注意的是,门窗虽然用图例表示,但门窗洞的大小及有外凸窗套时应按投影关系画出。

(9) 从图中还可了解其他细部(如楼梯、厨房、卫生间设备等)的配置情况。

(10) 在底层平面图上,还要标出剖面图的剖切位置,以便与剖面图对照查阅。图 14-4 中注有 1-1 剖面图和 2-2 剖面图的剖切位置。

第四节 建筑立面图

一、建筑立面图概述

在与房屋立面平行的投影面上所作的房屋正投影图称为建筑立面图,简称立面图。其中反映主要出入口或比较显著地反映出房屋外貌特征那一面的立面图,称为正立面图,其余相应的称为背立面图和侧立面图。但通常也按房屋的朝向来命名,如南立面图、北立面图、东立面图和西立面图等。有时也按轴线编号来命名,如①~⑩立面图、Ⓐ~Ⓔ立面图等。

立面图主要反映房屋的外貌和立面装修的做法。按投影规律,立面图上应将立面上所有看得见的细部都表示出来。但由于立面图的比例较小,如门窗、檐口构造和墙面复杂的装修等细部,往往只用图例表示,它们的构造和做法另有详图或文字说明。

二、建筑立面图的线型、比例要求

在立面图上,往往选用各种不同的线宽,以使外形清晰、层次分明。
(1) 地坪线用特粗实线,线宽为 $1.4b$;
(2) 屋脊和外墙等最外轮廓线用粗实线,线宽为 b;
(3) 在外轮廓线之内的外墙轮廓,可用中粗实线绘制,线宽为 $0.7b$;
(4) 勒脚、窗台、门窗洞、阳台、台阶等轮廓线用中实线,线宽为 $0.5b$;
(5) 门窗扇、栏杆、雨水管及尺寸线等均用细实线,线宽为 $0.25b$。
建筑立面图的比例通常采用与建筑平面图相同的比例。

三、建筑立面图的内容

本例以图 14-10~图 14-13 的南立面图、北立面图、西立面图及东立面图为例,说明建筑立面图的内容。

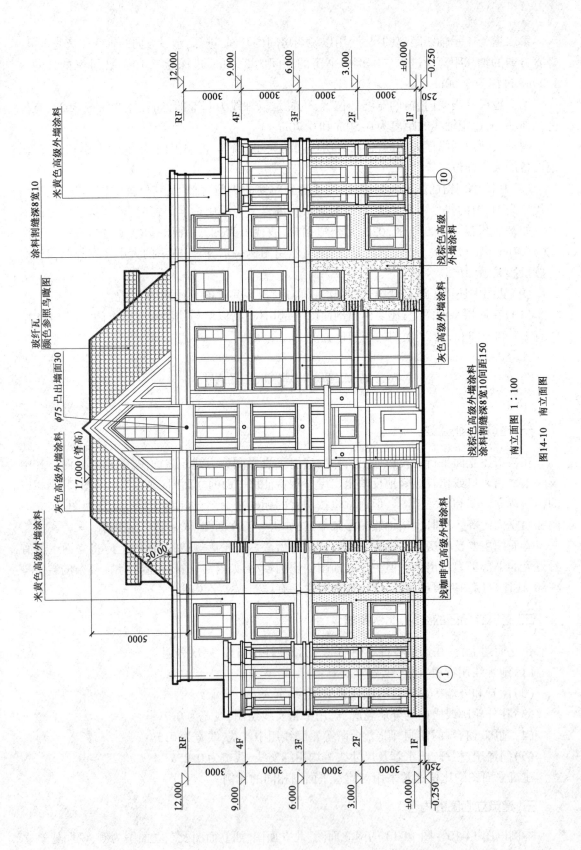

南立面图 1:100

图14-10 南立面图

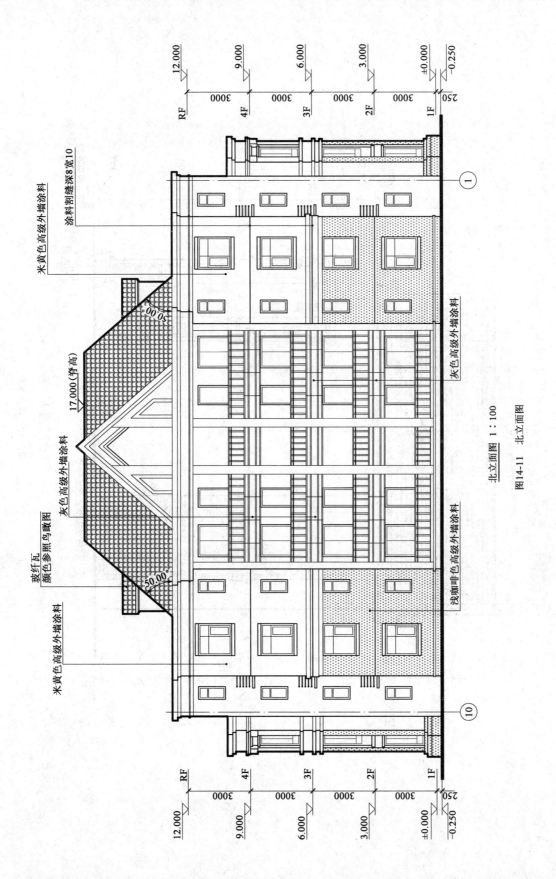

图14-11 北立面图

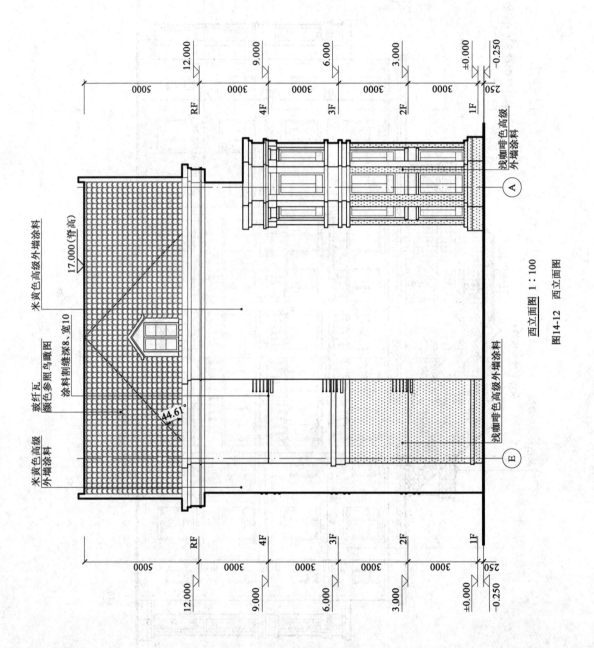

图14-12 西立面图

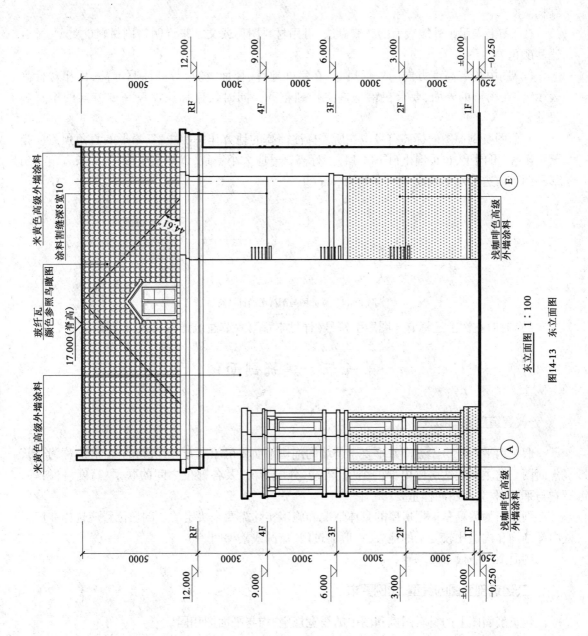

东立面图 1:100　图14-13　东立面图

(1)从图名可知该图为哪一面的立面图,比例是多少。本例立面图的比例均为1:100,以便与平面图对照阅读。

(2)从图上可看到该房屋的整个外貌形状,也可了解该房屋的屋面、门窗、阳台等细部的形式和位置。该房屋为四层加闷顶层楼房,东南和西南角以及北面设有阳台,屋顶为坡屋顶结构。

(3)图上表示了外墙表面的装修做法,可用材料图例或文字来说明粉刷材料的类型、配合比和颜色等。

(4)图中注有高度方向的外形尺寸,在室外地坪、楼面、檐口等处注写标高,用相对标高表示,注在图形的外面,要求在铅垂方向排列整齐。同时还应标注窗口高度方向的位置和尺寸。

立面图及剖面图的标高符号应在所需标注标高的地方作一引线,三角形的直角顶点应指至引出线,可向上,也可向下(图14-14)。标高符号应大小一致,以细实线绘制,等腰直角三角形的两直角边与水平线成45°,高约为3mm。

图14-14 立面图与剖视图的标高符号

(5)有时在图上还标有详图索引符号(详见本章第六节建筑详图),表示详图的位置。

第五节 建筑剖面图

一、建筑剖面图概述

假想用平行于房屋立面并垂直于外墙的剖切平面将房屋剖开后,所画的剖面图,称为建筑剖面图。它主要表达房屋内部的结构、构造、分层情况,及各部位之间的联系、高度、材料等。它与平面图、立面图同样重要。

剖面图的数量是根据房屋的具体情况和施工实际需要来决定的。剖切位置应选择在房屋内部结构和构造比较复杂的地方,一般通过门、窗洞或楼梯间。

剖面图中一般不画基础。

二、建筑剖面图的线型、比例要求

建筑剖面图上的材料图例和图中的线宽规定,均与平面图相同。

三、建筑剖面图的内容

图14-15、图14-16为本例房屋中的1-1剖面图和2-2剖面图,剖切位置参见图14-4的底层平面图。由图14-15、图14-16可看出剖面图的内容:

(1)从图名和轴线编号与平面图上的剖切位置和轴线编号相对照,可知1-1剖面图是一个剖切平面通过客厅和餐厅剖切后向左投射得到的剖面图,2-2剖面图则是通过楼梯间、电梯间以及北阳台剖切的。剖面图的比例与平面图、立面图一致,为1∶100。

(2)剖面图中画出了房屋从地面到屋面的内部构造和结构形式,如各层梁、板、楼梯、屋面的结构形式、位置及其与墙(柱)的相互关系等。结合平面图可看出房屋的垂直方向是钢筋混凝土的柱来承重,水平方向的承重构件(梁和板)也是钢筋混凝土结构,该房屋属于钢筋混凝土框架结构形式。

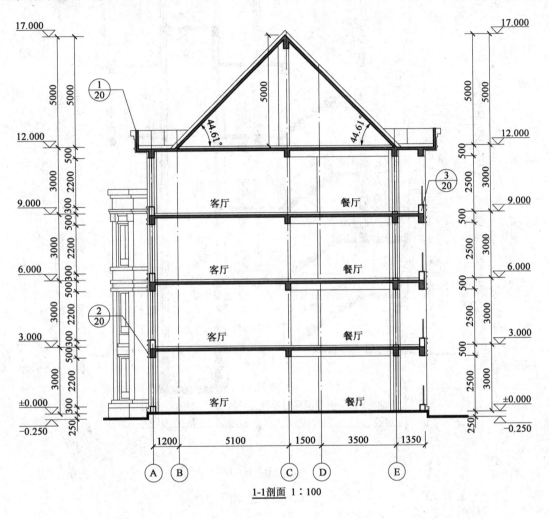

图14-15 1-1剖面图

(3)该房屋为坡屋顶,结合屋顶平面图可看出房屋的东西两侧有少部分平屋顶,根据排水的需要,有2%的坡度,箭头表示流水方向。

(4)图上标注有房屋高度方向的尺寸。外部尺寸有室外地坪、窗台、门窗顶、阳台等处标注的标高尺寸及竖向尺寸。内部尺寸有底层地面、各层楼面及楼梯平台面标注的标高尺寸。

(5)在屋檐和外墙注有详图索引符号,可根据详图编号查看①～④号墙身节点的构造详图。

(6)2-2剖面图通过楼梯进行剖切,并标注了楼梯高度方向详细尺寸,可作为楼梯剖面图使用。

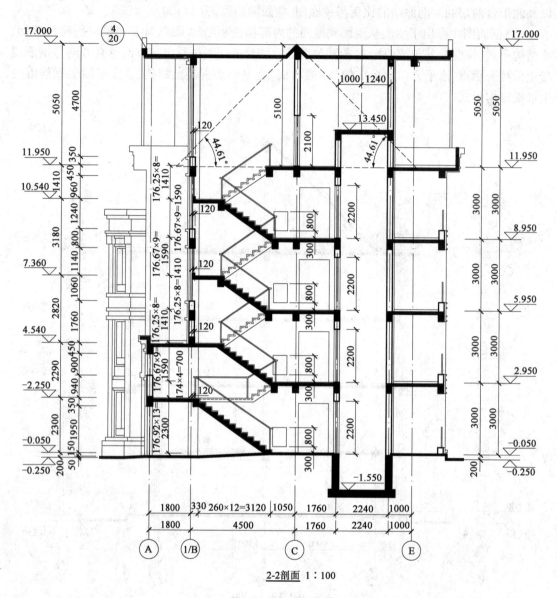

图 14-16 2-2 剖面图

第六节 建筑详图

一、详图与索引标志

建筑平、立、剖面图一般比例较小,许多细部难以表达清楚,因此,在建筑图中常用较大比例绘制出房屋的细部或构、配件图,将其形状、大小、材料和做法按正投影的画法详细地表示出来,这种图样称为建筑详图(大样图)。其常用的比例为 1∶20、1∶10、1∶5、1∶2、1∶1 等。

1. 索引符号

为了便于查阅详图,在平、立、剖面图中某些需要绘制详图的地方应注明详图的编号和详图所在的图纸编号,这种符号称为索引符号。其表达方法是,用一引出线(细实线)指出要画详图的地方,在线的另一端画一直径为10mm的细实线圆,引出线应对准圆心。圆内过圆心画一水平线,线的上方用阿拉伯数字注明该详图的编号,线的下方用阿拉伯数字注明详图所在的图纸编号[图14-17a)]。如果详图与被索引的图样画在同一张图纸上,则把详图所在的图纸编号改成一水平线[图14-17b)]。如果详图采用标准图集,则在索引符号水平直径的延长线上加注该标准图集的编号[图14-17c)]。

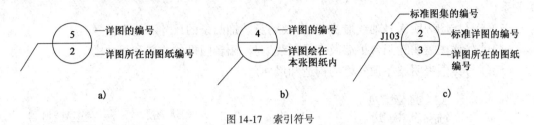

图14-17 索引符号

当索引符号用于索引剖面详图时,应在被剖切的部位绘制剖切位置线,并以引出线引出索引符号,引出线所在一侧为投影方向。索引符号编号同图14-17的规定。图14-18为用于索引剖面详图的索引符号。图14-18a)、b)、c)、d)分别表示向左、向右、向下、向上投影。

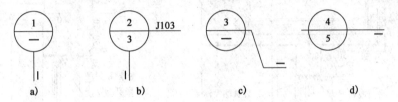

图14-18 用于索引剖面详图的索引符号

2. 详图符号

在所画的详图下,相应地用详图符号表示详图的编号。详图符号用一粗实线圆绘制,直径为14mm。详图与被索引的图样同在一张图纸内时,应在符号内用阿拉伯数字注明详图编号[图14-19a)],如不在同一张图纸内时,可用细实线在符号内画一水平直径,水平直径上方注明详图编号,水平直径下方注明被索引的详图所在图纸的编号[图14-19b)]。通常在详图符号的右侧注明详图的比例。

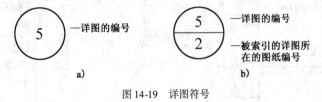

图14-19 详图符号

二、外墙剖面节点详图

节点详图是建筑立面图、剖面图的局部放大图,它表达房屋的屋面、楼面、楼板与墙的连接、阳台构造、门窗立口、室内外装修、檐口构造、散水等处构造的情况,是施工的重要依据。绘图时,有时将几个节点详图组合在一起,如墙身详图,将墙身从防潮层到屋顶各主要节点的构造和做法全部绘出。有时把各个节点的详图分别单独绘制。详图的线宽要求与立面图、剖面图相同。

图14-20为本例中外墙剖面节点详图。详图的内容有：

(1) 从详图符号可看出详图的编号,对照索引符号可知该详图表明的结构部位。参照图14-15和图14-16的1-1剖面图和2-2剖面图,可查看详图①~④的位置(详图编号中的分母代表被索引的图号),详图的比例为1:20。

(2) ①号详图表明了女儿墙、平屋顶、Ⓐ号轴线墙身的尺寸和细部构造,及其与坡屋的搭接关系。

(3) ②号详图表明Ⓐ号轴线墙身、窗台及墙身装饰凸条的尺寸和构造。

(4) ③号详图表明北阳台护墙及Ⓔ号轴线墙身、阳台门框的构造和尺寸。

(5) ④号详图表明坡屋顶外檐的构造和尺寸。

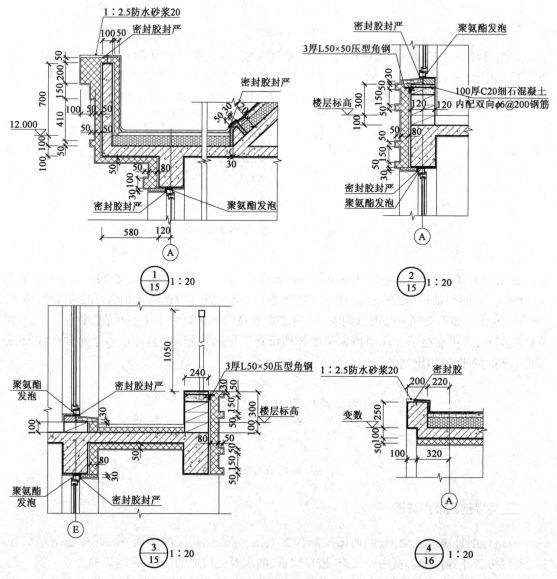

图14-20 外墙剖面节点详图

三、楼梯详图

楼梯是多层房屋垂直交通的重要设施,它由楼梯段、平台和栏杆组成。楼梯段简称梯段,包括梯横梁、梯斜梁和踏步。踏步的水平面称为踏面,垂直面称为踢面。平台包括平台板和平台梁。楼梯的构造一般较复杂,需画出详图才能满足施工要求。楼梯详图一般包括平面图、剖面图及踏步、栏杆的详图,它主要表示楼梯类型、结构形式、尺寸和装修做法,是楼梯施工放样的主要依据。

1. 楼梯平面图

楼梯平面图是用一假想水平剖切平面,沿某层楼向上走的第一梯段的中间剖开楼梯间,向下投射而得的剖面图。被剖切的梯段用 45°折断线表示,在每一梯段处画一个箭头,并注写"上"或"下"和踏步数。一般每层楼梯都要画一个平面图。三层以上的房屋,若中间各层楼梯的梯段数、踏步数和大小尺寸都相同时,可只画出底层、中间层和顶层三个平面图。

图 14-21 为本例中的楼梯平面图。从图中可看出本例为平行双跑楼梯。二层楼梯平面图"下 16"表示二层楼往下走 16 步级可达底层楼面,"上 15"表示二层楼面向上走 15 步级可达三层楼面。各层平面图中标有该楼梯间的轴线,各层平面图的比例均为 1∶50。

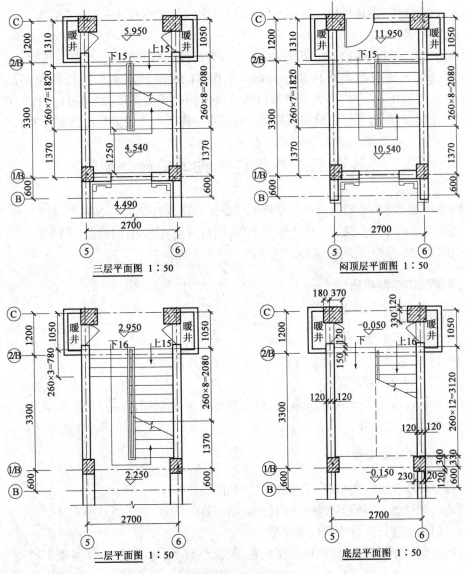

图 14-21 楼梯平面图

楼梯平面图中,除注出楼梯间的开间和进深尺寸、楼地面和平台面的标高尺寸外,还需注出各细部的详细尺寸。通常把楼梯长度尺寸与踏面数、踏面宽的尺寸合并写在一起。如底层平面图中的 260×12=3120,表示该梯段有 12 个踏面,每一踏面宽为 260mm,梯段长为 3120mm。

2. 楼梯剖面图

假想用一个铅垂剖切平面通过各层的一个梯段和门、窗洞将楼梯剖开,向另一个没有剖到的梯段方向投射所得的剖面图,即为楼梯剖面图。本例中图 14-16 的 2-2 剖面图剖在楼梯的位置,且标注了楼梯的详细尺寸,可作为楼梯剖面图使用,其剖切位置见图 14-4 中的底层平面图。

由图 14-16 中的 2-2 剖面图可了解到楼房的层数、梯段数、步级数和楼梯的构造形式。每层只有两个梯段的楼梯称为双跑式楼梯,本例中的楼梯即为双跑式楼梯。由图中还可看出这是一个现浇钢筋混凝土板式楼梯。被剖到的楼梯段用粗实线画出,未被剖到的梯段用细线画出。若未被剖到的梯段被栏板遮挡而不可见,则其踏步可用虚线表示,也可不画,但要注出其步级数和高度尺寸。

剖面图中要注有地面、平台、楼面的标高以及各梯段的高度尺寸。梯段的高度尺寸将步级数、每步级高度和梯段高合并标注在一起。如图 14-16 中底层至二层楼梯段的高度尺寸 176.92×13=2300mm,其中 13 为步级数,176.92mm 为每步级高度,2300mm 为梯段高。由于梯段最高一级的踏面与平台面或楼面共面,因此,每一梯段的步级数总比踏面数多 1。

第七节 房屋建筑施工图的绘制

房屋建筑施工图的绘制除了必须掌握平、立、剖面图及详图的内容和图示特点外,还必须遵照绘制施工图的方法步骤。一般先绘平面图,然后再绘立面图、剖面图、详图等。

现以图 14-22 为例,说明房屋建筑施工图的绘图步骤。

一、平面图的绘制步骤

(1) 画定位轴线;
(2) 画墙身线和门窗位置;
(3) 画门窗、楼梯、台阶、阳台、厨房、散水、卫生间等细部;
(4) 画尺寸线、标高符号等。

完成底图后,认真检查,确定无误后,按图线粗细要求加深,注写尺寸、标高数字、轴线编号、文字说明、剖切符号等。

二、立面图的绘制步骤

(1) 画地坪线、轴线、楼面线、屋面线和外轮廓线;
(2) 定门窗位置,画细部,如檐口、门窗洞、阳台等;
(3) 画门窗扇、窗台、台阶及尺寸线等;
(4) 检查底图无误后,按线的粗细要求加深,标注尺寸、标高数字、详图索引符号、装修说明等。

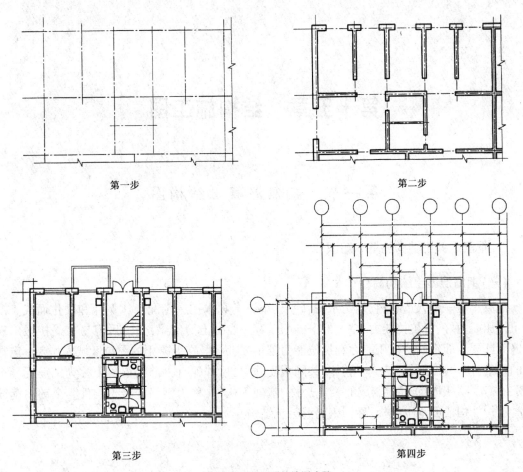

图 14-22 平面图的绘图步骤

三、剖面图的绘制步骤

(1) 画室外地坪线、楼面线、墙身轴线及轮廓线、楼梯位置线等;
(2) 画门窗位置、窗台、门窗过梁、檐口、阳台、楼梯等细部;
(3) 画尺寸线、标高符号等;
(4) 检查底图,加深图线,注写尺寸及有关文字说明等。

第十五章 结构施工图

第一节 钢筋混凝土结构图

一、钢筋混凝土结构的基本知识

(一) 钢筋混凝土结构简介

混凝土是一种人造石料,是由水泥、砂子、小石子和水按一定配合比例拌和硬化而成。混凝土抗压能力好,但抗拉能力差。如图 15-1a)为一混凝土简支梁,受力后容易在受拉区出现裂缝而断裂。而钢筋的抗压能力和抗拉能力都很强,因此,在混凝土的受拉区域内加入一定数量的钢筋,使两种材料粘结成一整体,共同承受外力,这种配有钢筋的混凝土称为钢筋混凝土[图 15-1b)]。用钢筋混凝制成的梁、板、柱、基础等构件,称为钢筋混凝土构件。全部用钢筋混凝土构件构成的承重结构,称为钢筋混凝土结构。

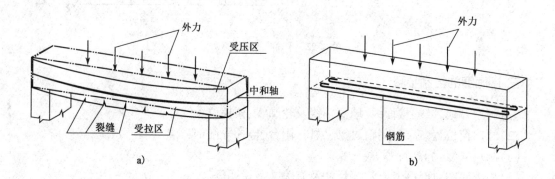

图 15-1 钢筋混凝土简支梁受力情况示意图

钢筋混凝土构件按施工方法的不同,分为现浇和预制两种。现浇构件是指在建筑工地上现场浇制的构件。预制构件是指在预制厂或工地预先制好,然后运到工地吊装的构件。

(二) 钢筋

1. 钢筋的等级和代号

钢筋按其强度和品种不同,分为不同等级,如表 15-1 所示。其中 I 级钢筋的材料牌号为 HPB300,是热轧光圆钢筋,即经热轧成型并自然冷却的成品钢筋,强度最低;Ⅱ、Ⅲ、Ⅳ级钢筋是热轧带肋钢筋(俗称螺纹钢),分为 HRB335、HRB400、HRB500 三个牌号,强度逐渐提高。广泛用于房屋、桥梁、道路等土建工程建设中。在结构施工图中,为了便于识别钢筋,每一种钢筋都用一个符号表示,常用的钢筋及钢丝的符号见表 15-1。

普通钢筋的种类及符号 　　　　　　　　表 15-1

种类(热轧)	代 号	直径 d(mm)	屈服强度标准值 f_{yk}(N/mm²)	备 注
HPB300(热轧光圆钢筋)	ф	6~22	300	Ⅰ级钢筋
HRB335(热轧带肋钢筋)	ф	6~50	335	Ⅱ级钢筋
HRB400(热轧带肋钢筋)	ф	6~50	400	Ⅲ级钢筋
HRB500(热轧带肋钢筋)	ф	6~50	500	Ⅳ级钢筋

2.钢筋的分类与作用

钢筋按其在构件中所起的作用分为下列几种(图 15-2)。

(1)受力筋——承受拉力或压力的钢筋,用于梁、板、柱等各种钢筋混凝土构件。

(2)架立筋——一般只在梁中使用,与受力筋、箍筋一起形成钢筋骨架,用以固定箍筋位置。

(3)箍筋(钢箍)——一般用于梁、柱内,用以固定受力钢筋位置,并承受一部分斜拉应力。

(4)分布筋——一般用于屋面板、楼板内,用以固定受力筋的位置,将承受的重量均匀地传给受力筋。

(5)构造筋——因构件构造要求或施工安装需要而配置的钢筋,如腰筋、预埋锚固筋、吊筋等。

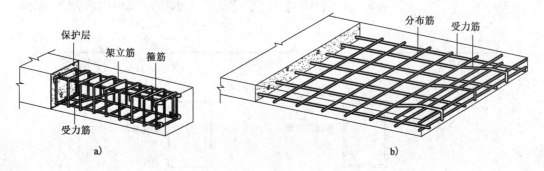

图 15-2　钢筋混凝土梁、板配筋示意图
a)梁;b)板

(三)保护层

为了保护钢筋,防腐蚀、防火以及加强钢筋与混凝土的黏结力,钢筋混凝土中的钢筋不能外露,在钢筋的外边缘与构件表面之间要留有一定厚度的混凝土保护层(图 15-2)。保护层的最小厚度由构件、环境、混凝土强度等级决定。混凝土的强度等级分为 C15、C20、C25、C30、C35、C40、C45、C50、C55、C60、C65、C70、C75、C80 十四个等级,数值越大,混凝土的抗压强度越高。

保护层的厚度可参考表 15-2。

混凝土保护层的最小厚度(mm) 　　　　　表 15-2

环境类别	板、墙、壳	梁、柱、杆
一	15	20

续上表

环境类别	板、墙、壳	梁、柱、杆
二 a	20	25
二 b	25	35
三 a	30	40
三 b	35	50

(四)钢筋的弯钩形式及钢筋的弯起

为了使钢筋和混凝土具有良好的黏结力,避免钢筋在受拉时滑动,应在光圆钢筋两端做成半弯钩或直弯钩;带纹钢筋与混凝土的黏结力强,两端不做弯钩;钢箍两端在交接处也要做出弯钩,弯钩的长度一般分别在两端各伸长50mm左右。弯钩的常见形式和画法如图15-3所示。一般施工图上都按简化画法。

根据构件受力需要,常在构件中设置弯起钢筋,梁中的弯起钢筋的弯起角一般为45°角,当梁高$h>800$mm时,可采用60°角。

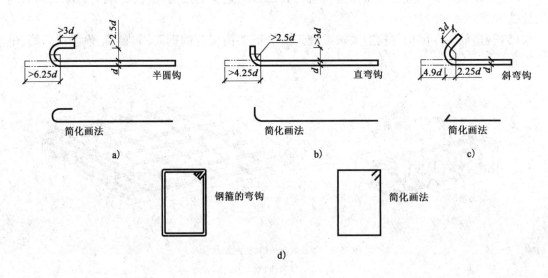

图15-3 钢筋与箍筋的弯钩
a)半圆弯钩;b)直弯钩;c)斜弯钩;d)箍筋的弯钩

二、钢筋混凝土结构施工图的表达方式和一般规定

(一)钢筋混凝土结构施工结构图的表达方式

(1)为了明显表示钢筋混凝土构件中钢筋的配置情况,在构件的立面图和断面图上,假想混凝土为透明体,图内不画材料符号,外轮廓线用细实线,配筋图中的钢筋用粗实线,在断面中被剖切到的钢筋用黑圆点表示,未被剖切到的钢筋仍用粗实线表示。

(2)对钢筋的类别、数量、直径、长度及间距等要加以标注,如图15-4所示。

(3)若构件左右对称,可在其立面图的对称位置上,画出对称符号,一半表示外形,另一半表示配筋的情况。

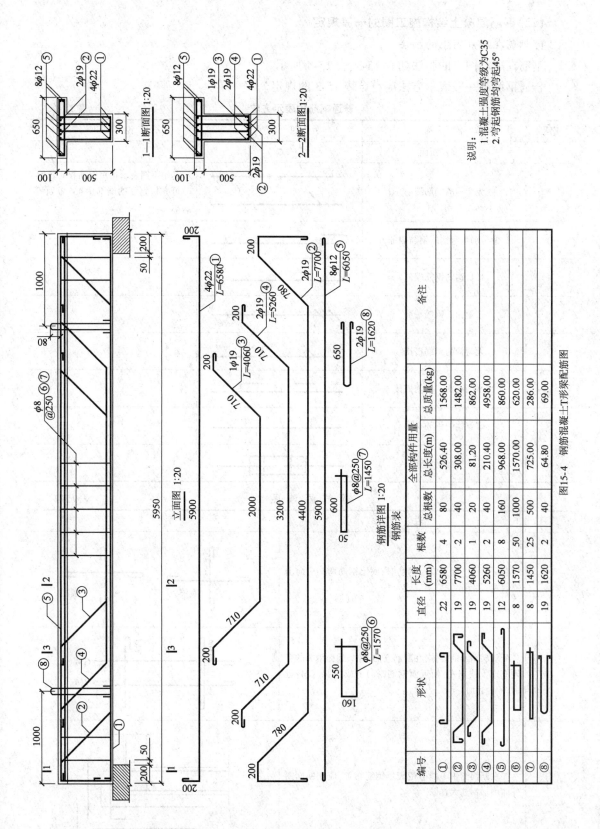

图15-4 钢筋混凝土T形梁配筋图

(二) 钢筋混凝土结构施工图的一般规定

1. 钢筋在配筋图上的画法

钢筋在配筋图上的画法如表 15-3、表 15-4 所示。

普通钢筋的一般表示方法应符合表 15-3 的规定。

普通钢筋的表示方法　　　　　　　　表 15-3

序号	名　　称	图　例	说　明
1	钢筋横断面	●	
2	无弯钩的钢筋端部		其中下图表示长短钢筋投影重叠时可在短钢筋的端部用45°短划线表示
3	带半圆形弯钩的钢筋端部		
4	带直钩的钢筋端部		
5	带丝扣的钢筋端部		
6	无弯钩的钢筋搭接		
7	带半圆弯钩的钢筋搭接		
8	带直钩的钢筋搭接		
9	花篮螺丝钢筋接头	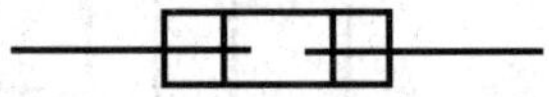	

钢筋画法图例　　　　　　　　表 15-4

序号	说　　明	图　例
1	在平面图中配置双层钢筋时,底层钢筋弯钩应向上或向左,顶层钢筋则向下或向右	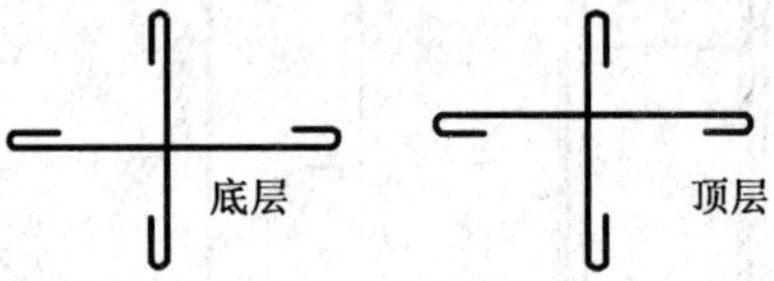 底层　　顶层
2	配双层钢筋的墙体,在配筋立面图中,远面钢筋的弯钩应向上或向左,而近面钢筋则向下或向右(GM:近面;YM:远面)	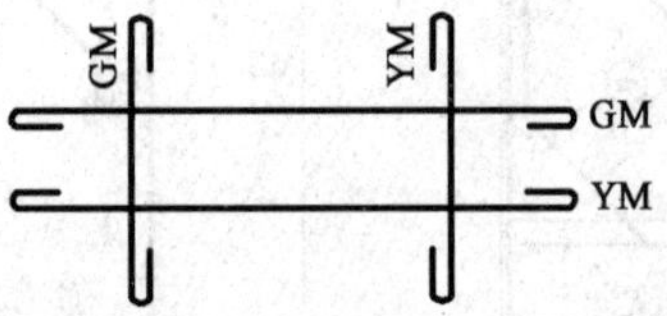
3	如在断面图中不能清楚表示钢筋布置,应在断面图外面增加钢筋大样图	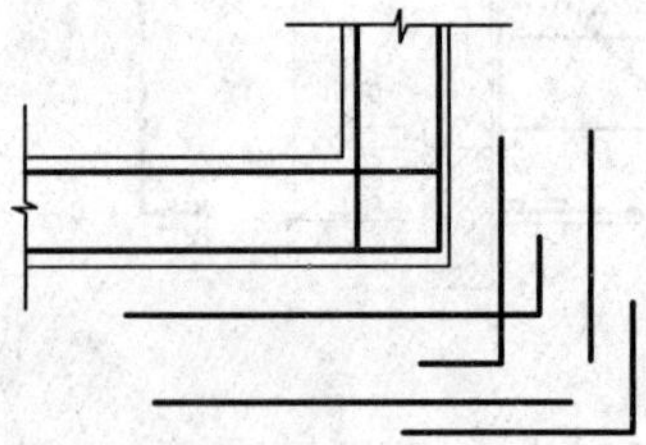

续上表

序号	说 明	图 例
4	图中所表示的箍筋、环筋,如布置复杂,应加画钢筋大样及说明	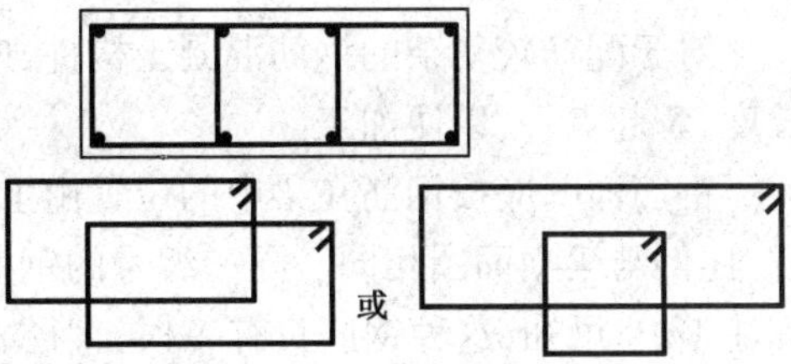
5	每组相同的钢筋、箍筋或环筋,可以用粗实线画出其中一根来表示,同时用一横穿的细线表示其余的钢筋、箍筋或环筋,横线的两端带斜短划表示该号钢筋的起止范围	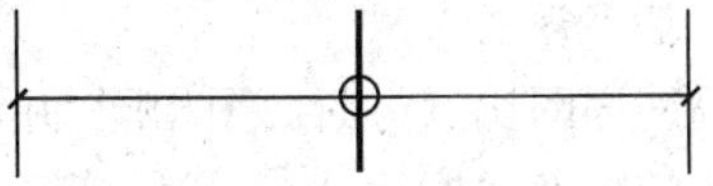

2. 钢筋的标注

为了区分各种类型、不同直径和数量的钢筋。要求对所表示的各种钢筋加以标注,通常采用引出线的方式。有以下两种标注形式:

(1)标注钢筋级别、根数、直径,如"①3Φ20"表示:①号钢筋直径为 20mm 的 HRB335 的钢筋,共有三根。

(2)标注钢筋的级别、直径和相等中心距,如"⑥ø8@250"表示:⑥号钢筋是 HPB300 钢筋,直径为 8mm,间隔 250mm 放置一根。其中"@"为中心距符号。

三、钢筋混凝土构件配筋图阅读

配筋图是标注钢筋在混凝土中准确位置、直径、形状、长度、数量、间距等的图样,是钢筋施工的依据。

配筋图一般包括构件配筋立面图、断面图、钢筋详图、箍筋详图和钢筋表。

以钢筋混凝土梁的配筋图为例,具体说明如下。

图 15-4 为预制钢筋混凝土 T 形梁的配筋图,读图时先看图名,然后按立面图、断面图,详图的顺序阅读。

1. 立面图

立面图表示简支梁的工作状态,梁内钢筋总的配置情况。其中有①、②、③、④、⑤、⑥、⑦、⑧八个编号,①、②、③、④号为受力钢筋,(②、③、④号为弯起钢筋,弯起角度为45°角)。⑤号是架立筋,⑥、⑦号是箍筋,其引出线上写的 ø8@250,表示直径为 8mm 的钢箍间隔 250mm 放一根,⑧号是吊筋。

为使图面清晰和简化作图,全梁配置的等距箍筋通常只画出 3~4 根,并注明其间距。

2. 断面图

梁的断面图表示梁的断面形状、尺寸和钢筋前后的排列情况,例如 1-1 断面是个 T 形,尺寸如图 15-4 中 1-1 断面图所示,图中黑圆点表示钢筋的断面。梁下部有四个黑圆点,其编号为①,共 4 根,直径为 22mm 的Ⅰ级钢筋,上部有 10 个黑圆点,编号为⑤、②,⑤号共 8 根,直径为12mm的Ⅰ级钢筋，②号2根，直径为19mm的Ⅰ级钢筋。剖切位置宜选择在钢筋排列位置有变化的区域，但不要在弯起段内取剖面。

3. 钢筋详图

对于配筋较复杂的钢筋混凝土构件，应把每种钢筋分别另画详图，表示钢筋的形状、大小、长度、弯起点等，以便加工。

钢筋详图应按钢筋在梁中的位置由上而下分别画出，用粗实线画在对应梁的立面图的下方，比例与梁立面图相同。同一编号的钢筋直径、形状、尺寸全同只需画一根。如③号钢筋，从标注1ϕ19可知，这种钢筋只有一根，直径$d=19$，长度$l=4060$mm。

钢筋每分段的长度直接标注在各段上方，不用画尺寸界线。钢筋的弯钩有标准尺寸，图上不注出，在钢筋表中另作计算。

4. 箍筋详图

箍筋详图比例与断面图相同，并注尺寸。本例中采用的是四肢箍筋，在1-1断面中，围住黑圆点的矩形线框就是⑥、⑦号箍筋，直径为8mm的Ⅰ级钢筋，其排列情况如图15-4所示。

5. 钢筋表

钢筋表中列出了梁中所有钢筋的编号、形状、直径、长度及根数等，主要是为了加工成型、统计用料和编制预算。

第二节 钢筋混凝土结构构件的平面整体表示法

钢筋混凝土结构施工图平面整体设计表达方法简称"平法"，是把结构构件的尺寸和配筋等，按照平面整体表示方法制图规则，整体直接表达在各类构件的结构平面布置图上，再与标准构造详图相配合。这种方法改变了传统的那种将构件从平面布置图中索引出来，再逐个绘制配筋详图的烦琐方法，大大简化了结构设计过程，提高了工作效率。

一、柱平法施工图的表示方法

柱平法施工图是在柱平面布置图上采用截面注写方式或列表注写方式表达，如图15-5所示。

(一) 截面注写方式

截面注写方式是在柱平面布置图上，在同一编号的柱中选择一个截面，直接在该截面图上注写尺寸和配筋的具体数值。

1. 注写内容

(1) 注写柱编号，对除芯柱之外的所有柱截面按表15-5的规定进行编号。

柱 编 号　　　　　　　　　　　　　　　　表15-5

柱 类 型	代 号	序 号
框架柱	KZ	××
框支柱	KZZ	××
芯柱	XZ	××
梁上柱	LZ	××
剪力墙上柱	QZ	××

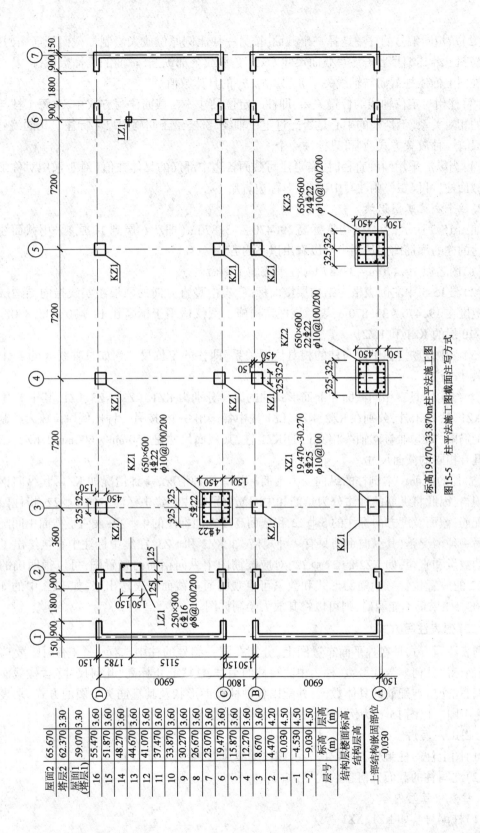

标高19.470~33.870m柱平法施工图
图15-5 柱平法施工图截面注写方式

(2)从相同编号的柱中选择一个截面,按另一种比例原位放大绘制柱截面配筋图,并在各种配筋图上继其编号后再注写截面尺寸 $b \times h$、角筋或全部纵筋、箍筋的具体数值,以及在柱截面配筋图上标注柱截面与轴线关系 b_1、b_2、h_1、h_2 的具体数值。

(3)柱相对定位轴线的位置关系,即柱的定位尺寸。在截面注写方式中,对每个柱与定位轴线的相对关系,不论柱的中心是否经过定位轴线,都要给予明确的尺寸标注。相同编号的柱如果只有一种放置方式,则可只标注一个。

(4)当纵筋采用两种直径时,需再注写截面各边中部筋的具体数值(对于采用对称配筋的矩形截面柱,可仅在一侧注写中部筋,对称边省略不注)。

2. 柱平法施工图识读

如图 15-5 所示,为某结构从标高 19.470~33.870m(即从 6 层到 10 层)采用截面注写方式表达的柱的配筋图。从图中可以看出以下内容:

(1)图名以 19.470m~33.870m 柱平法施工图命名。

(2)图 15-5 中左侧表格为结构层楼面标高,表中竖直方向的两根粗实线指向结构层楼面标高范围在 19.470~33.870m,表示该柱结构施工图仅适用于标高在 19.470~33.870m 范围内 6~10 层的 KZ1 和 KZ2。

(3)图中反映定位轴线与柱的相对位置关系,即柱的定位尺寸。如过轴线③的 KZ1 柱示出的尺寸标注。

(4)结构中具有相同截面和配筋形式柱的编号分别为 KZ1、KZ2、KZ3、LZ1,其中 KZ1 带有芯柱 XZ1,除 KZ1 外,分别在 KZ2、KZ3、LZ1 柱中各选出一个,按另一种比例原位放大绘制的柱截面配筋图,如③轴与ⓒ轴线相交处的 KZ1 柱,其截面尺寸是 650mm×600mm。KZ2、KZ3 与 KZ1 具有相同的截面尺寸。

(5)柱的配筋。本例柱的纵向受力钢筋标注有两种情况,一种情况如 KZ1,其纵向钢筋有两种规格,因此将纵筋的标注分为角筋和中间筋分别标注。集中标注中的 4⏀22,指括四角的角筋配筋;截面宽度方向标注的 5⏀22 和截面高度方向标注的 4⏀22,表明了截面中间配筋情况。另一种情况是,其纵向钢筋只有一种规格,如 KZ2 和 KZ3,在集中标注中直接给出了所有纵筋的数量和直径,如 KZ2 的 22⏀22,对应配筋图中纵向钢筋的布置图,可以很明确的确定 22⏀22 的放置位置。箍筋的形式和数量可直观的通过截面图表达出来,如 KZ2 中的 ⏀10@100/200,如果仍不能明确,则可以将其放大绘制详图。

(二)列表注写方式

列表注写方式是在柱平面布置图上,分别在同一编号的柱中选择一个(有时需要选择几个)截面标注几何参数代号;在柱表中注写柱的编号、柱段起止标高、几何尺寸(含柱截面对轴线的偏心情况)与配筋的具体数值,并配以各种柱截面形状及其箍筋类型图的方式,来表达柱平法施工图。以图 15-6 为例,说明图示内容与表达方法。

1. 图上注写内容

(1)图上注写柱编号,如 KZ1,表示该柱类型为框架柱,序号为 1;

(2)注写柱的截面几何参数代号,如 b_1、b_2 和 h_1、h_2。

2. 柱表中注写内容

(1)柱编号。如 KZ1、XZ1 等。

(2)柱表中各段柱的起止标高。自柱根部往上以变截面位置或截面未变但配筋改变处为界分段注写。框架柱或框支柱的根部标高是指基础顶面标高;芯柱的根部标高是指根据结构

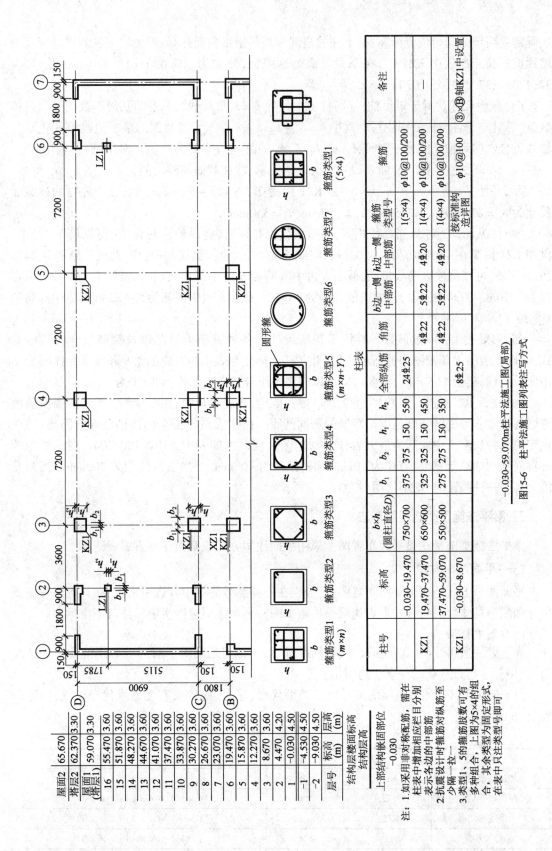

图15-6 -0.030~59.070m柱平法施工图列表注写方式(局部)

实际需要而定的起始位置标高;梁上柱的根部标高是指梁顶面标高;剪力墙上柱的根部标高为墙顶面标高。如表中 KZ1 柱,在三段标高处变截面,分别为 $-0.030 \sim 19.470$m、$19.470 \sim 37.470$m、$37.470 \sim 59.070$m。

(3)截面尺寸。对于矩形柱,注写柱截面尺寸 $b \times h$ 及与轴线关系的几何参数代号和具体数值,需对应于各段柱分别注写。其中 $b = b_1 + b_2$,$h = h_1 + h_2$。当截面的某一边收缩变化至与轴线重合或偏到轴线的另一侧时,b_1、b_2、h_1、h_2 中的某项为零或为负值。对于圆柱,表中 $b \times h$ 一栏改为在圆柱直径数字前加 d 表示。为表达简单,圆柱截面与轴线的关系也用 b_1、b_2 和 h_1、h_2 表示,并使 $d = b_1 + b_2 = h_1 + h_2$。如 KZ1 标高在 $37.470 \sim 59.070$m 段,表中注写的柱截面尺寸为 $b_1 = 275$mm、$b_2 = 275$mm、$h_1 = 150$mm、$h_2 = 350$mm。

(4)柱纵筋。当柱纵筋直径相同,各边根数也相同时,将纵筋注写在"全部纵筋"一栏中。例如 KZ1 标高在 $-0.030 \sim 19.470$m 段,将纵筋注写在"全部纵筋"一栏中,此处柱纵筋为 24 ⌀ 25。此外,可以将柱纵筋分角筋、截面 b 边中部筋和 h 边中部筋三项分别注写。如 KZ1 标高在 19.470m ~ 37.470m 段,柱纵筋的角筋为 4 ⌀ 22,截面 b 边中部筋为 5 ⌀ 22 和 h 边中部筋 4 ⌀ 20。

(5)箍筋类型及箍筋肢数。具体工程所设计的各种箍筋类型图以及箍筋组合的具体方式,需画在表的上部或图中的适当位置,并在其上标注与表中相对应的 b、h 和符号。如图 15-6 中所示,箍筋类型 1(5×4),箍筋肢数可以有多种组合,5×4 的组合图中已示出。

(6)柱箍筋。包括钢筋级别、直径与间距。当为抗震设计时,用斜线"/"区分柱端箍筋加密区与柱身非加密区长度范围内箍筋的不同间距。施工人员需根据标准构造详图的规定,在规定的几种长度值中取其为最大者作为加密区长度。例如表中 φ10@100/200,表示采用螺旋箍筋,HPB300 级钢筋,直径为 10mm,加密区间为 100mm,非加密区间距为 200mm。当箍筋沿全高为一种间距时,则不使用"/"线。

二、梁平法施工图的表示方法

梁平法施工图是在梁平面布置图上采用平面注写方式或截面注写方式表达。

(一)平面注写方式

平面注写方式是在梁平面布置图上,分别在不同编号的梁中各选一根梁,在其上注写截面尺寸和配筋具体数值的方式来表达梁平法施工图。平面注写包括集中标注与原位标注。

1. 梁集中标注

表达梁的通用数值,如截面尺寸、箍筋配置、梁上部贯通筋等。有五项必注值及一项选注值(集中标注可以从梁的任意一跨引出)。

(1)梁编号(必注值)。梁的编号由梁类型代号、序号、跨数及有无悬挑代号组成,应符合表 15-6 的规定。

梁 编 号　　　　　　　　　　　　　　　表 15-6

梁 类 型	代 号	序 号	跨数及是否带有悬挑
楼层框架梁	KL	××	(××)、(××A)或(××B)
屋面框架梁	WKL	××	(××)、(××A)或(××B)
框支梁	KZL	××	(××)、(××A)或(××B)
非框架梁	L	××	(××)、(××A)或(××B)
悬挑梁	XL	××	

续上表

梁类型	代号	序号	跨数及是否带有悬挑
井字梁	JZL	××	(××)、(××A)或(××B)

注:(××A)为一端有悬挑,(××B)为两端有悬挑,悬挑不计入跨数。

[例 15-1] KL7(5A)表示第 7 号框架梁,5 跨,一端有悬挑;L9(7B)表示第 9 号非框架梁,7 跨,两端有悬挑。

(2)梁截面尺寸(必注值)。当为等截面梁时,用 $b \times h$ 表示;当竖向加腋时,用 $b \times h$ GY $c_1 \times c_2$ 表示,其中,c_1 为腋长,c_2 为腋高。如图 15-7 所示为竖向加腋梁注写示意。

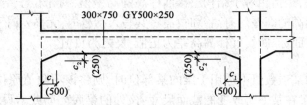

图 15-7 竖向加腋截面注写示意

当为水平加腋时,一侧加腋时用 $b \times h$ PY$c_1 \times c_2$ 表示,其中 c_1 为腋长,c_2 为腋宽,加腋部位应在平面图中绘制(图 15-8)。

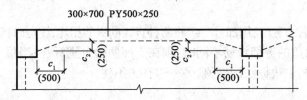

图 15-8 水平加腋截面注写示意

当有悬挑梁且根部和端部的高度不同时,用斜线分隔根部与端部的高度值,即 $b \times h_1/h_2$(图 15-9)。

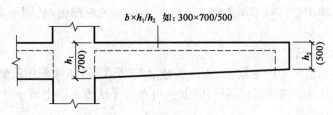

图 15-9 悬挑梁不等高截面注写示意

(3)梁箍筋(必注值)。

包括钢筋级别、直径、加密区与非加密区间距及肢数。箍筋加密区与非加密区的不同间距及肢数需用斜线"/"分隔;当梁箍筋为同一种间距及肢数时,则不需用斜线;当加密区与非加密区的箍筋肢数相同时,则将肢数注写一次;箍筋肢数应写在括号内。加密区范围见相应抗震等级的标准构造详图。

(4)梁上部通长筋或架立筋配置(必注值)。

所注规格与根数应根据结构受力要求及箍筋肢数等构造要求而定。当同排纵筋中既有通长筋又有架立筋时,应用加号"+"将通长筋和架立筋相连。注写时需将角部纵筋写在加号的前面,架立筋写在加号后面的括号内,以示不同直径及与通长筋的区别。当全部采用架立筋时,则将其写入括号内。

当梁的上部纵筋和下部纵筋为全跨相同,且多数跨配筋相同时,此时可加注下部纵筋的配筋值,用分号";"将上部与下部纵筋的配筋值分隔开来。

(5)梁侧面纵向构造钢筋或受扭钢筋配置(必注值)。

当梁腹板高度 $h_w \geq 450$mm 时,需配置纵向构造钢筋,所注规格与根数应符合规范规定。此项注写值以大写字母 G 打头,接续注写设置在梁两个侧面的总配筋值,且对称配置。

当梁侧面需配置受扭纵向钢筋时,此项注写值以大写字母 N 打头,接续注写配置在梁两个侧面的总配筋值,且对称配置。

(6)梁顶面标高高差(选注值)。

梁顶面标高高差,是指相对于结构层楼面标高的高差值,对于位于结构夹层的梁,则指相对于结构夹层楼面标高的高差。有高差时,需将其写入括号内,无高差时不注。当某梁的顶面高于所在结构层的楼面标高时,其标高高差为正值,反之为负值。

2. 梁原位标注

当集中标注中的某项数值不适用于梁的某部位时,则将该项数值原位标注。原位标注表达梁的特殊数值,如梁在某一跨改变的截面尺寸、该处的梁底配筋或增设的钢筋等。施工时,原位标注取值优先。原位标注表达以下内容:

(1)梁支座上部纵筋。

该部位含通长筋在内的所有纵筋。当上部纵筋多于一排时,用斜线"/"将各排纵筋自上而下分开。

当同排纵筋有两种直径时,用加号"+"将两种直径的纵筋相连,注写时将角部纵筋写在前面。

当梁中间支座两边的上部纵筋不同时,须在支座两边分别标注;当梁中间两边的上部纵筋相同时,可仅在支座的一边标注配筋值,另一边省去不注。

(2)梁下部纵筋。

当下部纵筋多于一排时,用斜线"/"将各排纵筋自上而下分开。

当同排纵筋有两种直径时,用加号"+"将两种直径的纵筋相连,注写时角筋写在前面。

当梁下部纵筋不全部伸入支座时,将梁支座下部纵筋减少的数量写在括号内。

当梁的集中标注中已注写了梁上部和下部均为通长的纵筋值时,则不需要在梁下部重复做原位标注。

(3)附加箍筋或吊筋。

将其直接画在平面图中的主梁上,用线引注总配筋值(附加箍筋的肢数注在括号内),如图 15-10 所示。当多数附加箍筋或吊筋相同时,可在梁平法施工图上统一注明,少数与统一注明值不同时,再原位引注。

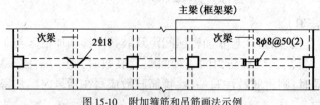

图 15-10 附加箍筋和吊筋画法示例

(4)当在梁上集中标注的内容(即梁截面尺寸、箍筋、上部通常筋或架立筋,梁侧面纵向构造钢筋或受扭纵向钢筋,以及梁顶面标高高差中的某一项数值)不适用于某跨或悬挑部分时,则将其不同数值原位标注在该跨或该悬挑部位,施工时应按原位标注数值取用。

3. 梁平法施工图识读

图 15-11 为采用平面注写方式表达的梁平法施工图。

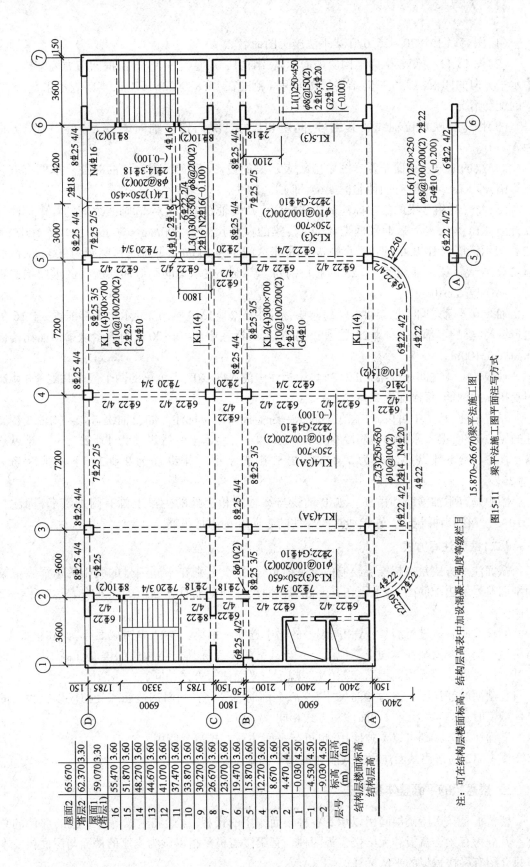

图15-11 15.870~26.670梁平法施工图平面注写方式

注：可在结构层楼面标高、结构层高表中加设混凝土强度等级栏目

(1) 图名以 15.870~26.670 梁平法施工图命名。

(2) 图 15-11 左侧表格为结构层楼面标高、结构层高,这是一个 16 层框架剪力墙结构。表中水平方向的四根粗实线指向结构层楼面标高范围在 15.870~26.670m,本图表示第 5~8 层梁的配筋情况。

(3) 图中反映定位轴线及其编号、间距和尺寸。纵向定位轴向编号为①~⑦,横向方向为Ⓐ~Ⓓ。

(4) 梁的编号及平面布置。图中虚线表示梁的投影,粗实线表示柱的断面。本例有五种框架梁,即 KL1~KL5;有四种非框架梁,即 L1~L4。

(5) 每一种编号梁的集中标注和原位标注。从Ⓓ轴线上与④~⑤轴线之间的集中标注可以看出,KL1(4),表示第 1 号框架梁,4 跨;梁的截面尺寸为 300mm×700mm;φ10@100/200(2),表示箍筋为 HPB300 钢筋,直径 φ10,加密区间距为 100mm,非加密区间距为 200mm,两肢箍;2φ25 表示梁上部配置 2φ25 的通长钢筋。G4φ10 表示梁的两侧面共配置的纵向构造钢筋,每侧配置 2φ10。

轴线⑥~⑦之间非框架梁 L1(1) 集中标注中的 2φ16;4φ20,表示梁上部配置 2φ16 的通长钢筋,梁的下部配置 4φ20 的通长钢筋;集中标注中(-0.100),则表示该梁顶面比楼面标高底 0.100m。

轴线③~④之间非框架梁 L2(3) 集中标注中的 N4φ20,表示梁的两个侧面共配置 4φ20 的受扭纵向钢筋,每侧配置 2φ22。

原位标注:从图中可以看出,在梁的每一跨上标有原位标注。如Ⓓ轴线与③~④轴线相交处的原位标注,梁支座上部纵筋注写为 8φ25 4/4,表示上一排纵筋为 4φ25,下一排纵筋为 4φ25。梁下部纵筋注写为 7φ25 2/5,则表示上一排纵筋为 2φ25,下一排纵筋为 5φ25。

图中画有附加箍筋和吊筋。如Ⓑ轴线与②轴线相交处的主梁上画有附加箍筋,标注为 8φ10(2)。在Ⓓ轴线与⑤、⑥轴线之间标注的 2φ18 为附加吊筋。

(二) 截面注写方式

截面注写方式是在标准层绘制的梁平面布置图上,分别在不同编号的梁中各选择一根梁用剖面符号引出配筋图,并采用在其上注写截面尺寸和配筋具体数值的方式来表达梁平法施工图。

同样对所有梁进行编号,从相同编号的梁中选择一根梁,先将"单边截面号"画在该梁上,再将截面配筋详图画在本图或其他图上。当某梁的顶面标高与结构层的楼面标高不同时,则在其梁编号后注写梁顶面标高高差(注写规定与平面注写方式相同)。

在截面配筋详图上注写截面尺寸 $b \times h$、上部筋、下部筋、侧面构造筋或受扭筋以及箍筋的具体数值时,其表达形式与平面注写方式相同。

截面注写方式既可以单独使用,也可与平面注写方式结合使用。

图 15-12 为采用截面注写方式表达的梁平法施工图。

三、楼盖板的平面整体表示法

楼盖板是在房屋楼层间用以承受各种楼面作用的楼板、次梁和主梁等所组成的部件的总称。其分为有梁楼盖板和无梁楼盖板两种。有梁楼盖板是指以梁为支座的楼面与屋面板。本节只介绍有梁楼盖板的平法标注。

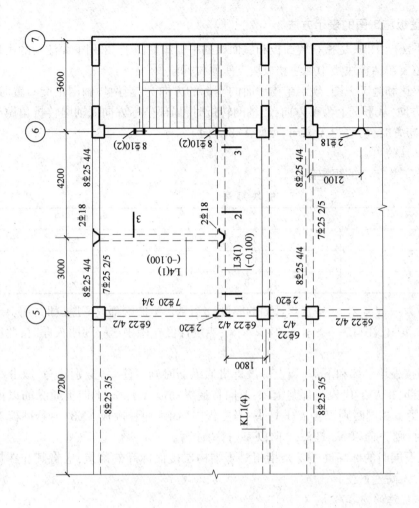

图15-12 梁平法施工图截面注写方式

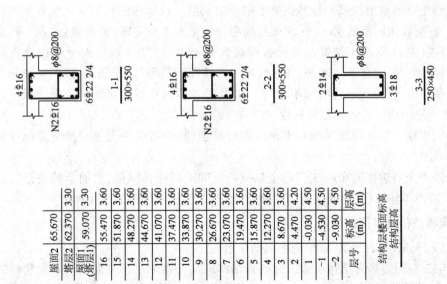

屋面2	65.670	3.30
塔层2	62.370	3.30
屋面1(塔层1)	59.070	3.60
16	55.470	3.60
15	51.870	3.60
14	48.270	3.60
13	44.670	3.60
12	41.070	3.60
11	37.470	3.60
10	33.870	3.60
9	30.270	3.60
8	26.670	3.60
7	23.070	3.60
6	19.470	3.60
5	15.870	3.60
4	12.270	3.60
3	8.670	3.60
2	4.470	4.20
1	-0.030	4.50
-1	-4.530	4.50
-2	-9.030	4.50
层号	标高(m)	层高(m)

结构层楼面标高
结构层高

(一)有梁楼盖板施工图的表示方法

有梁楼盖板平法施工图,是指在楼面板和屋面板的平面布置图上,采用平面注写的表达方式。板平面注写主要包括板块集中标注和板块支座原位标注。

为方便设计表达和施工识图,规定结构平面的坐标的方向为:当两项轴网正交布置时,图面从左至右为 X 方向,从下至上为 Y 方向;当轴网转折时,局部坐标方向顺轴网转折角做相应转折;当轴网向心布置时,切线为 X 方向,径向为 Y 方向。

1. 板块集中标注的内容

(1)板块编号按表15-7的规定编写。

板 块 编 号　　　　　　　　　表 15-7

板 类 型	代 号	序 号
楼面板	LB	××
屋面板	WB	××
悬挑板	XB	××

(2)板厚注写为:$h = × × ×$(垂直与板面的厚度),当悬挑梁的端部改变厚度时,用斜线分隔根部与端部的高度值,注写为 $h = × × × / × × ×$;当设计已在图中统一注明板厚时,此项可省略。

(3)贯通纵筋按板块上部和下部(当上部没有贯通纵筋时则不注写)分别注写,以 B 表示下部,以 T 表示上部,B & T 代表下部与上部;X 向贯通纵筋以 X 打头,Y 向贯通纵筋以 Y 打头,两向贯通纵筋配置相同时则以 X & Y 打头;当在板内(如延伸悬挑板 YXB、纯悬挑板 XB)配置有构造钢筋时,则 X 向以 Xc 打头,Y 向以 Yc 打头注写。

(4)板面标高不同时的标高高差。是指相对于结构层楼面标高的高差,应将其注在括号内,且有高差则注,无高差不注。

2. 板支座原位标注的内容

(1)板支座上部非贯通纵筋和纯悬挑梁上部受力钢筋。且标注的钢筋应在配置相同跨的第一跨表达。在配置相同跨的第一跨(或梁悬挑部分),垂直于板支座(梁或墙)绘制一段适宜长度的中粗实线(当该筋通长设置在悬挑板或短跨板上部时,实线段应画至对边或贯通短跨),以该线段代表支座上部非贯通筋,并在线段上方注写钢筋编号、配筋值、横向连续布置的跨数(注写在括号内,且当为一跨时可不注写),以及是否横向布置到梁的悬挑端。板支座上部非贯通筋自支座中线向跨内的延伸长度,注写在线段的下方位置。

(2)当中间支座上部非贯通纵筋向支座两侧对称延伸时,可仅在支座一侧下方标注延伸长度,另一侧不注。

(3)对线段画至对边贯通全跨或贯通全悬挑长度的上部通长纵筋,贯通全跨或延伸至全悬挑一侧的长度值不注,只注明非贯通另一侧的延伸长度值。如图15-13所示。

(二)有梁楼盖板施工图的阅读

(1)图名以 15.870~26.670 板平法施工图命名。

(2)图15-13左侧表格为结构层楼面标高和结构层高。表中水平方向的四根粗实线表示结构层楼面标高范围在 15.870~26.670m,本图表示第5~8层楼板的配筋情况。

(3)图中反映了定位轴线及其编号、间距和尺寸。

(4)板块集中标注。

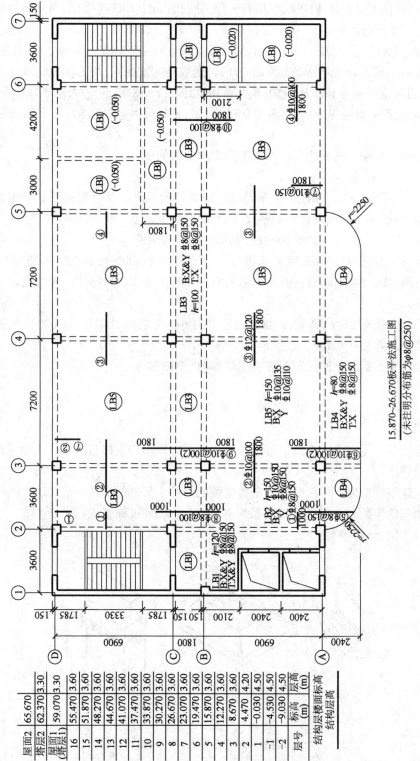

图15-13 板平法施工图平面注写方式

板块编号：在图 15-13 中，楼板的类型有 5 种，分别以 LB1、LB2 等表示，对于每一种类型板只选择其一进行集中标注。

例如，楼面板块注写为 LB1 $h=120$；B：X&Y $\Phi 8@150$；T：X&Y $\Phi 8@150$。表示 1 号楼面板，板厚 120mm，板上部和下部的 X 和 Y 方向贯通纵筋配置相同，均为 $\Phi 8@150$。

又如，楼面板块注写为 LB2 $h=150$；B：X $\Phi 10@150$；Y $\Phi 8@150$。表示 2 号楼面板，板厚 150mm，板下部配置的贯通纵筋 X 方向为 $\Phi 10@150$，Y 方向为 $\Phi 8@150$；板上部未配置贯通纵筋。

图上的其他相同编号的板块仅注写置于圆圈内的板的编号。

(5) 板支座原位标注。

图 15-13 中，对 Ⓑ~Ⓒ 之间的走道，轴线 ②~③ 之间的板上部非贯通纵筋 ⑧号钢筋向支座两侧对称延伸 1000mm，采用 $\Phi 8@100$；轴线 ③~④ 之间的板上部非贯通纵筋 ⑨号钢筋向支座两侧对称延伸 1800mm，采用 $\Phi 10@100(2)$，横向连续布置两跨。

轴线 ④ 与 Ⓐ~Ⓑ 之间中间支座上部配置 ③号非贯通纵筋 $\Phi 12@120$，两边延伸长度为 1800mm；因中间支座上部非贯通钢筋向支座两侧对称延伸，所以，只标注一侧长度 1800mm，另一侧没有标注。

图 15-13 中注有板面标高高差，如轴线 Ⓐ~Ⓑ 与 ⑥~⑦ 之间，LB1(-0.020)，指相对于结构层楼面标高的高差为 0.020m。

楼板其他位置上部非贯通纵筋配置情况详如图 15-13 所示。

第三节　基础施工图

基础图是表达房屋室内地面以下基础部分的平面布置和详细构造的图样。通常包括基础平面图和基础详图。

基础是在建筑物地面以下承受房屋全部荷载的构件。基础的型式一般取决于上部承重结构的型式及地基的情况。常用的型式有条形基础、独立基础和桩基础（图 15-14）。现以本例中的独立基础为例，介绍如下：

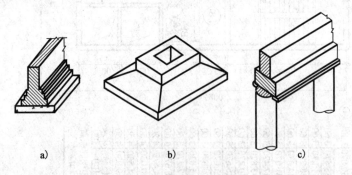

图 15-14　基础的形式
a) 条形基础；b) 独立基础；c) 桩基础

基础平面图是假想用一水平剖面沿房屋的室内地面与基础之间把整幢房屋剖开后，移开上层房屋和泥土后画出的水平剖面图（图 15-15）。

本节给出的基础施工图是与第十四章建筑施工图相对应的基础图样，工程采用了柱下独立基础形式，基底持力层为碎石振冲桩复合地基。

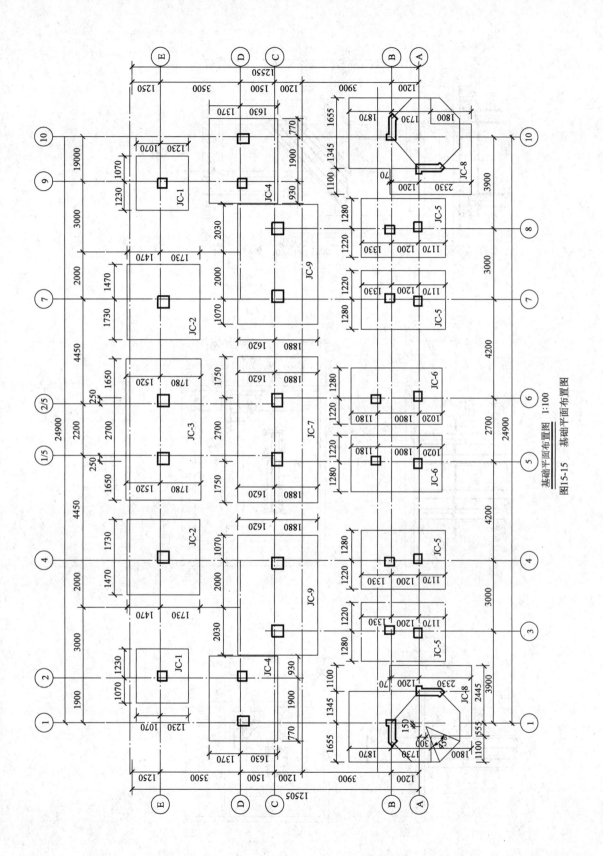

图15-15 基础平面布置图

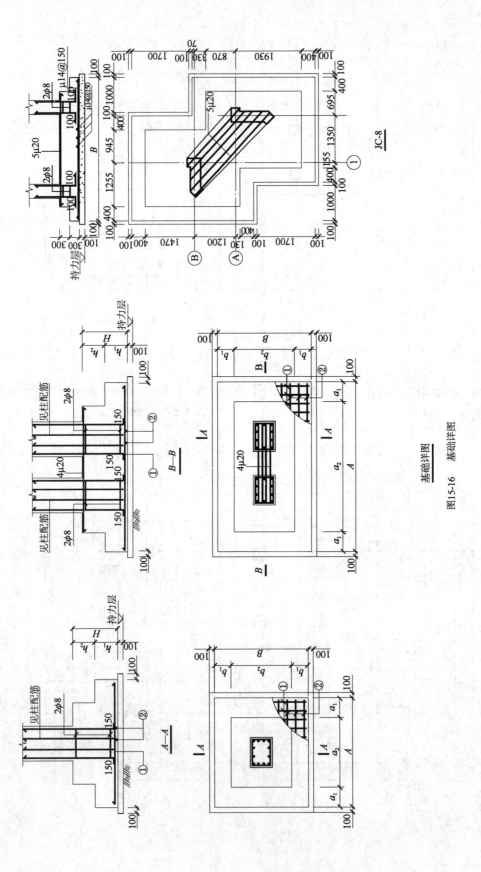

图15-16 基础详图

(一)基础平面布置图

在基础平面布置图中,用粗实线画出柱(或墙)的边线,用细实线画出基础边线(通常是指垫层底面边线)。由图 15-15 可看出如下内容:

(1)该基础平面布置图的比例为 1:100。
(2)该基础为独立基础,基础的编号从 JC-1 至 JC-9。
(3)从图中还可看出,每个基础的底边尺寸及与相应轴线的关系尺寸。

(二)基础详图

图 15-16 为基础详图,其内容如下:

(1)详图表明了 I 型和 II 型基础与混凝土垫层的位置关系、尺寸及配筋情况。
(2)详图表明了 A-A 断面及 B-B 断面的尺寸及配筋情况。
(3)表明 JC-8 独立基础及其角柱的平面尺寸、立面尺寸及配筋情况。

基础所用材料:独立基础混凝土采用 C30,垫层混凝土采用 C10,钢筋采用 HPB235 和 HRB335。图中 HPB235 为 φ,HRB335 为 μ。从 JC-1 至 JC-9 每种基础的具体尺寸及其配筋详见表 15-8。

基础尺寸及配筋表　　　　　　　　　表 15-8

基础编号	类型	基础平面尺寸(mm)						基础高度(mm)			基础配筋	
		A	D_1	D_2	B	b_1	b_2	H	h_1	h_2	①	②
JC-1	I	2300	450	1400	2300	450	1400	600	300	300	μ12@150	μ12@150
JC-2	I	3200	650	1900	3200	650	1900	600	300	300	μ14@150	μ14@150
JC-3	II	6000	635	4730	3300	700	1900	700	400	300	μ16@150	μ14@150
JC-4	II	3600			3600	3000	600	1800			μ16@150	μ14@150
JC-5	II	3700	500	2700	2500	500	1500	600	300	300	μ14@180	μ14@180
JC-6	II	4000	450	3100	2400	450	1500	600	300	300	μ14@180	μ14@180
JC-7	II	6200	700	4800	3500	750	2000	700	400	300	μ16@150	μ14@150
JC-9	II	5100	400	4300	3500	750	2000	600	300	300	μ16@150	μ14@150

第四节　楼层结构平面布置图

楼层结构布置平面图是表示建筑物室内地面以上各层的梁、板、柱、墙等承重构件的平面布置,或现浇楼板的构造与配筋,以及它们之间的结构关系的图样。本节所介绍的是与第十四章建筑施工图相对应的楼层结构布置平面图。

楼层结构布置平面图是假想沿楼板面将房屋水平剖开后所作的水平投影。可见的墙身、柱轮廓线用中实线表示,被楼板挡住而看不见的柱和墙的轮廓线用虚线表示,以粗点划线表示不可见梁的中心位置。定位轴线及其编号必须与相应的建筑平面图一致。楼层上的各种梁、板构件,在图上都用"图标"规定的代号和编号标记。预制楼板的布置可用一条对角线(细实线)表示楼板的布置范围,并沿对角线方向写出预制楼板的块数和型号。还可用细实线将预制板全部或部分分块画出,显示铺设方向。构件布置相同的房间可用代号表示,如甲、乙、丙等。

一、柱布置图及柱配筋图

该建筑采用了柱下独立基础,即柱立在独立基础之上,本节给出柱布置图和柱配筋图。柱所用材料:混凝土采用 C30,钢筋采用 HPB235 和 HRB335。图中 HPB235 为 φ,HRB335 为 μ。

(一) 柱布置图

图 15-17 为与第十四章建筑施工图相对应的柱布置图,柱的轮廓用粗实线画出。由图 15-17 可看出如下内容:

(1) 该柱布置图的比例为 1:100。
(2) 该建筑柱的编号从 KZ1 至 KZ8。柱的编号加角标 a 表示箍筋全高加密@100。
(3) 从图中可看出每个柱的尺寸及与相应轴线的关系尺寸。

(二) 柱配筋图

图 15-18 为柱配筋图,给出了编号从 KZ1 至 KZ8 柱的配筋情况,柱的配筋由平法标注表示,例如 KZ1,表示有 8 根直径为 20 的 HRB335 纵向钢筋,箍筋是直径为 10 的 HPB235 钢筋,间距为@200,加密处间距为@100。括号内数据为标高 5.900m 及其以上结构。

二、楼层梁配筋图

图 15-19 为与第十四章建筑施工图相对应的二楼梁配筋图,梁的混凝土等级为 C25,钢筋采用 HPB235 和 HRB335。图中 HPB235 为 φ,HRB335 为 μ。图中可看出以下内容:

(1) 该图为标高 2.900m 的梁配筋图,比例为 1:100。
(2) 该建筑为框架结构,柱的断面见柱布置图及柱配筋图。
(3) 梁的代号和编号表示方法见本章第二节相关内容,梁的配筋情况以平法标注表示。如Ⓐ轴线上④号和⑤号轴线之间的梁 KL9,表示梁为框架梁,编号为 9,有 3 跨,截面尺寸为 250mm×400mm,梁的箍筋为 HPB235,直径为 8mm,加密区间距为 100mm,非加密区间距为 200mm。梁的上部有 2 根直径为 18mm 的 HPB235 通长筋,梁的下部有 3 根直径为 18mm 的 HPB235 钢筋。
(4) 次梁上部未注明架立筋为 2μ12。

三、楼层板配筋图

由图 15-20 为与第十四章建筑施工图相对应的二楼板配筋图,板的混凝土等级为 C25。图中可看出以下内容:

(1) 该图为标高 2.900m 的板配筋图,比例为 1:100。
(2) 图中注明了现浇楼板的厚度,板厚见图中 h 值,未注明板厚为 100mm。
(3) 板的钢筋种类为①至③号,其编号、规格、直径、间距见表 15-9 的钢筋表。每种规格的钢筋只画一根,按其立面形状画在钢筋安放的相应位置上。

钢 板 钢 筋 表　　　　　　表 15-9

①	φ8@150
②	φ10@150
③	φ8@200

(4) 未注明板底钢筋为双向 φ8@200。

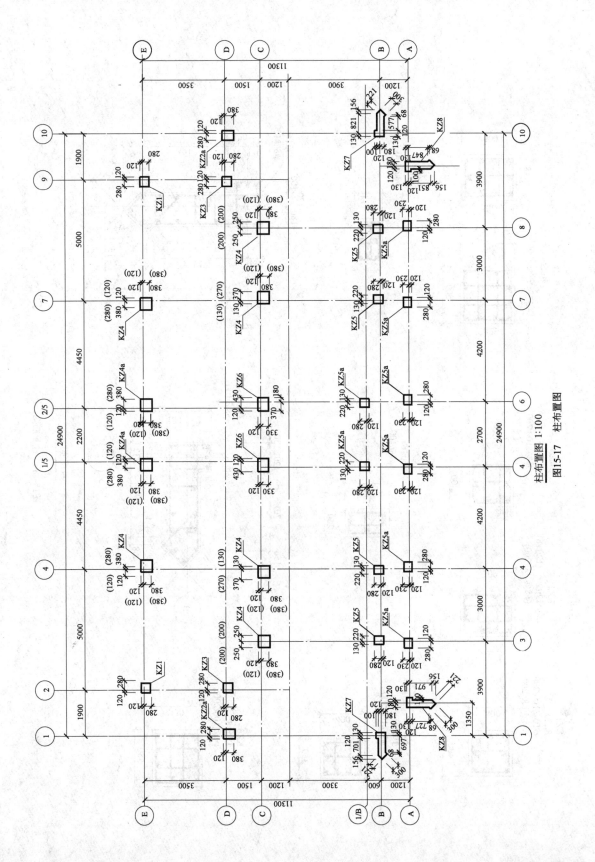

图15-17 柱布置图

柱布置图 1:100

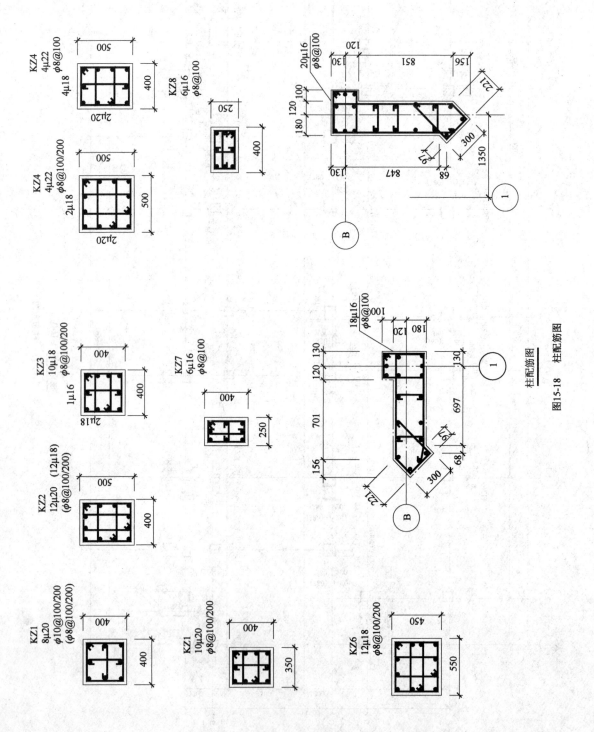

图15-18 柱配筋图

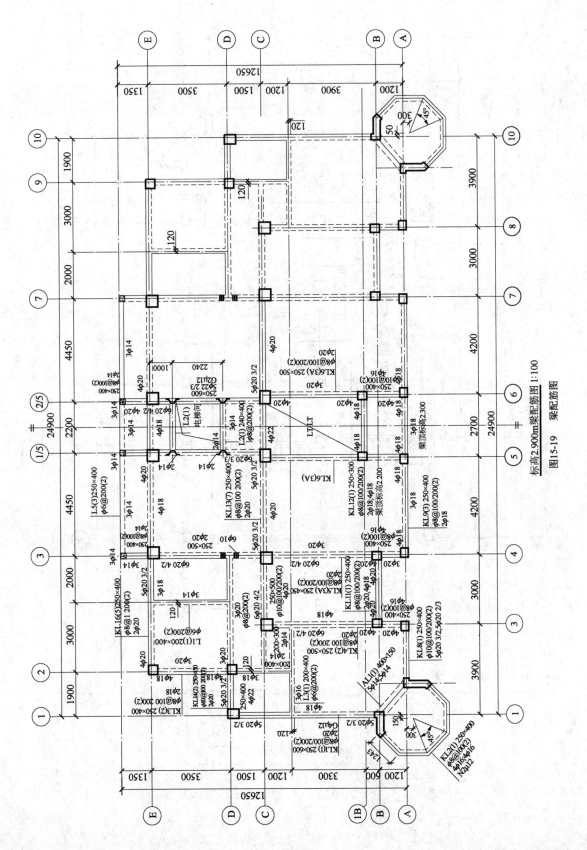

图15-19 梁配筋图

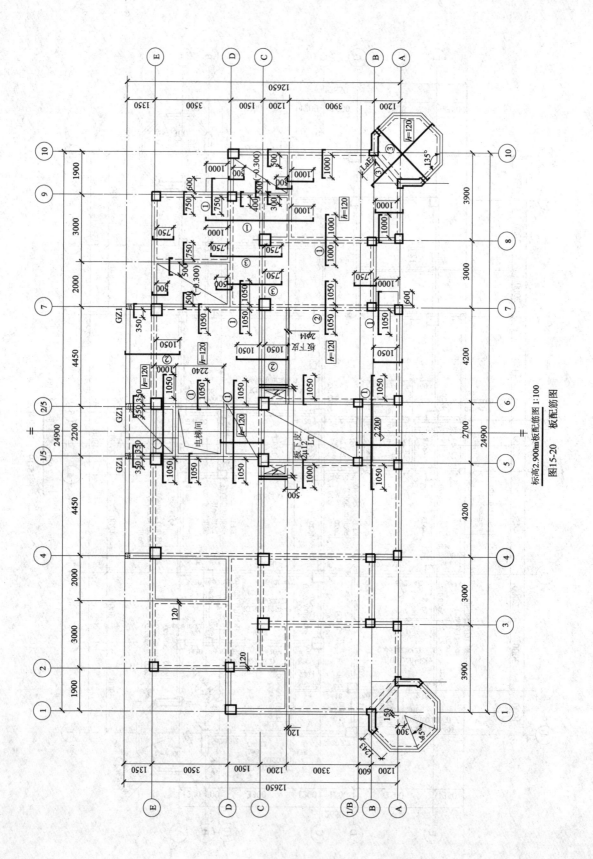

图15-20 板配筋图 标高2.900m板配筋图 1:100

第十六章 钢结构图

第一节 钢结构图的基本知识

钢结构是由(钢板、角钢、槽钢、钢管和圆钢等热轧钢材或冷加工成型的薄壁型钢)钢材制作而成的结构。钢结构具有材料强度高、重量轻、安全可靠、制作简便等优点。在房屋建筑中，主要用于厂房、高层建筑和大跨度建筑。常见的钢结构构件有屋架、梁、柱及其支撑连接系统等。

一、型钢及其连接

(一) 常用型钢的代号及标注方法

钢结构用的钢材,是按国家标准轧制的型钢。表 16-1 列出了常用建筑型钢的种类及标注方法。本章使用《建筑结构制图标准》(GB/T 50105—2010)。

常用型钢的标注方法　　表 16-1

序号	名　称	截　面	标　注	说　明
1	等边角钢	∟	∟ $b \times t$	b 为肢宽;t 为肢厚
2	不等边角钢	∟	∟ $B \times b \times t$	B 为长肢宽;b 为短肢宽;t 为肢厚
3	工字钢	I	I$_N$　Q I$_N$	轻型工字钢加注 Q 字
4	槽钢	[	[$_N$　Q [$_N$	轻型槽钢加注 Q 字
5	方钢		□ b	—
6	扁钢		$-b \times t$	—
7	钢板		$\dfrac{-b \times t}{L}$	宽×厚/板长
8	圆钢	●	ϕd	

续上表

序号	名称	截面	标注	说明
9	钢管	○	$-\phi d \times t$	d 为外径;t 为壁厚
10	薄壁方钢管	□	$B\square b \times t$	薄壁型钢加注 B 字;t 为壁厚
11	薄壁等肢角钢	∟	$B\llcorner b \times t$	
12	薄壁等肢卷边角钢		$B\ b \times a \times t$	
13	薄壁槽钢		$B\ h \times b \times t$	
14	薄壁卷边槽钢		$B\ h \times b \times a \times t$	
15	薄壁卷边 Z 型钢		$B\ h \times b \times a \times t$	
16	T 型钢	T	TW×× TM×× TN××	TW 为宽翼缘 T 型钢; TM 为中翼缘 T 型钢; TN 为窄翼缘 T 型钢
17	H 型钢	H	HW×× HM×× HN××	HW 为宽翼缘 H 型钢; HM 为中翼缘 H 型钢; HN 为窄翼缘 H 型钢
18	起重机钢轨		⊥QU××	详细说明产品规格型号
19	轻轨及钢轨		⊥××kg/m 钢轨	

(二)焊缝代号及标注方法

钢结构的构件通常采用焊接、螺栓和铆钉连接。其中最常用的是焊接(图 16-1),它的优点是不削弱杆件断面,构造简单施工方便。

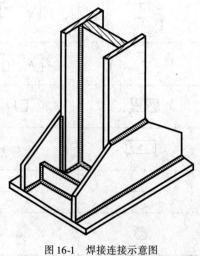

图 16-1 焊接连接示意图

焊接接头形式分为：对接接头、T形接头、角接接头和搭接接头（图16-2）。型钢熔接处称为焊缝。按焊缝结合形式分为对接焊缝、角焊缝和点焊缝三种（图16-2）。在焊接的钢结构图纸上，必须把焊缝的位置、型式和尺寸标注清楚。焊缝要按"国标"的规定，采用"焊缝代号"标注。焊缝代号主要由基本符号、补充符号和指引线等部分组成。其中基本符号表示焊缝断面的基本形式，补充符号表示焊缝某些特征的辅助要求，指引线则表示焊缝的位置。

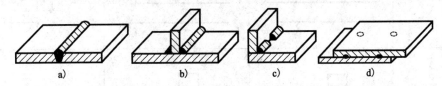

图16-2　焊接接头及焊缝形式
a)对接接头；b)T形接头；c)角接接头；d)搭接接头

常用焊缝符号及标注和焊缝补充符号及标注分别如表16-2所示。

建筑钢结构常用焊缝符号及符号尺寸　　　　　表16-2

焊缝名称	形　式	标　注　法	符号尺寸(mm)
V形焊缝			1~2；4
单边V形焊缝		注：箭头指向剖口	
Y形焊缝			60°；3
带钝边U形焊缝			r3；3
带钝边J形焊缝			r3；3

续上表

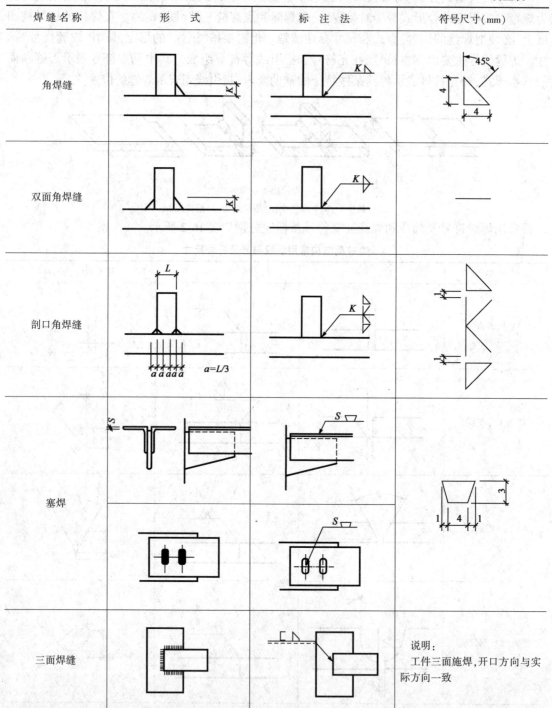

焊接钢结构的焊缝还应符合以下规定:
(1)单面焊缝的标注方法。
①当箭头指向焊缝所在的一面时,应将图形符号和尺寸标注在横线的上方[图16-3a)];当箭头指向焊缝所在的另一面时,应按图16-3b)的规定执行,将图形符号和尺寸标注在横线的下方。

②表示环绕工作件周围的焊缝时,应按图16-3c)的规定执行,其围焊缝符号为圆圈,绘在引出线的转折处,并标注焊角尺寸 K。

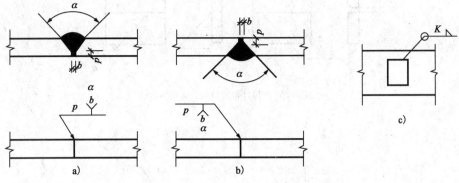

图 16-3 单面焊缝的标注方法

(2)双面焊缝的标注。

应在横线的上、下都标注符号和尺寸。上方表示箭头一面的符号和尺寸,下方表示另一面的符号和尺寸[图 16-4a)];当两面的焊缝尺寸相同时,只需在横线上方标注焊缝的符号和尺寸[图 16-4b)、c)、d)]。

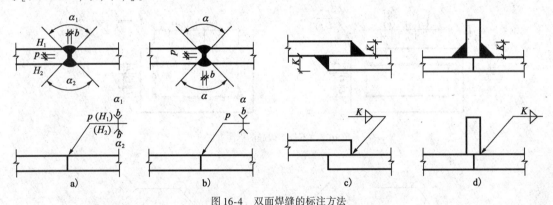

图 16-4 双面焊缝的标注方法

(3)3 个和 3 个以上的焊件相互焊接的焊缝,不得作双面焊缝标注。其焊缝符号和尺寸应分别标注(图 16-5)。

(4)相互焊接的两个焊件中,当只有一个焊件带坡口时,引出线箭头必须指向带坡口的焊件(图 16-6)。

(5)相互焊接的 2 个焊件中,当为单面带双边不对称坡口焊缝时,应按图 16-7 的规定,引出线箭头指向较大坡口的焊件。

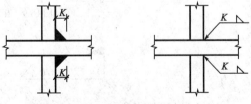

图 16-5 3 个以上的焊件的焊缝标注方法

(6)当焊缝分布不规则时,在标注焊缝符号的同时,可按图 16-8 的规定,宜在焊缝处加中实线(表示可见焊缝),或加细栅线(表示不可见焊缝)。

(7)在同一图形上,当有数种相同的焊缝时,宜按图 16-9b)的规定,可将焊缝分类编号标注。在同一焊缝中可选择一处标注焊缝符号和尺寸。分类编号采用大写的拉丁字母 A、B、C。

(8)需要在施工现场进行焊接的焊件焊缝,应按图 16-10 的规定标注"现场焊缝"符号。现场焊缝符号为涂黑的三角形旗号,绘在引出线的转折处。

245

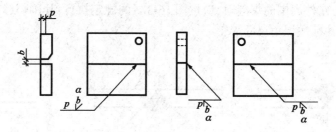

图 16-6 一个焊件带坡口的焊缝标注方法

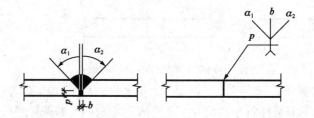

图 16-7 单面带双边不对称坡口焊缝标注方法

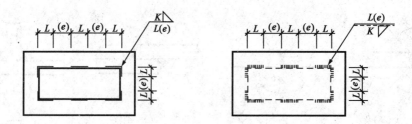

图 16-8 不规则焊缝的标注方法

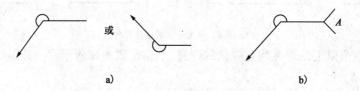

图 16-9 相同焊缝的标注方法

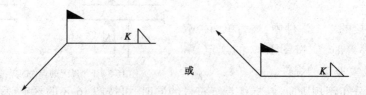

图 16-10 现场焊接的标注方法

二、螺栓、孔、电焊铆钉图例及标注

钢结构构件图中的螺栓、孔、电焊铆钉,应按表 16-3 规定的图例绘制。

螺栓、孔、电焊铆钉图例及标注　　　　表16-3

序号	名　称	图　例	说　明
1	永久螺栓		
2	高强螺栓		
3	安装螺栓		1. 细"+"线表示定位线； 2. M表示螺栓型号； 3. ϕ表示螺栓直径； 4. d表示膨胀螺栓、电焊铆钉直径； 5. 采用引出线标注螺栓时，横线上标注螺栓规格，横线下标注螺栓孔直径
4	膨胀螺栓		
5	圆形螺栓孔		
6	长圆形螺栓孔		
7	电焊铆钉		

第二节　钢结构图的尺寸标注

钢结构杆件的加工和连接安装要求较高。因此，标注尺寸时，除遵守尺寸标注的一般规定外，还应遵守《建筑结构制图标准》（GB/T 50105—2010）的以下规定。

（1）两构件的两条很近的重心线，应在交汇处将其各自向外错开（图16-11）。

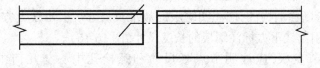

图16-11　两构件重心不重合的表示方法

(2) 弯曲构件的尺寸,应沿其弧度的曲线标注弧的轴线长度(图 16-12)。

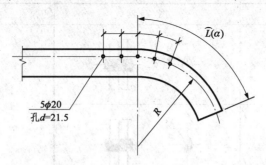

图 16-12 弯曲构件尺寸的标注方法

(3) 切割的板材,应标明各线段的长度和位置(图 16-13)。

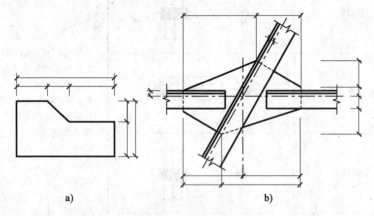

图 16-13 切割的板材尺寸的标注方法

(4) 不等边角钢的构件,必须注出角钢一肢的尺寸(图 16-14)。

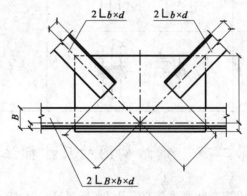

图 16-14 节点尺寸及不等边角钢的标注方法

(5) 节点尺寸,应按图 16-14、图 16-15 的规定,注明各节点板的尺寸和各杆件螺栓孔中心或中心距,以及杆件端部至几何中心线交点的距离(图 16-15)。

(6) 双型钢组合断面的构件,应注明缀板的数量及尺寸。引出线上方标注缀板的数量及缀板的宽度、厚度,引出线下方标注缀板的长度尺寸(图 16-16)。

(7) 非焊接的节点板,应注明节点板尺寸和螺栓孔中心与几何中心线交点的距离(图 16-17)。

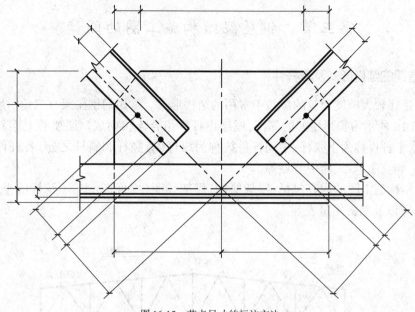

图 16-15　节点尺寸的标注方法

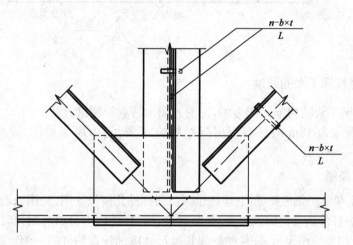

图 16-16　缀板的标注方法

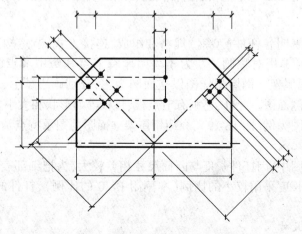

图 16-17　非焊接的节点板尺寸的标注方法

第三节　钢屋架结构施工图的阅读

一、钢屋架的结构形式及其杆件

钢屋架是在较大跨度建筑的屋盖中常用的结构形式。常用的钢屋架有三角形屋架和梯形屋架。图 16-18 所示为梯形屋架的简图,屋架由杆件组合连接而成。屋架的上面斜杆称为上弦杆;下面水平杆件称为下弦杆;中间杆件统称为腹杆(有竖杆和斜杆之分)各杆件交接的部位称为节点,如支座节点、跨中节点等。

钢屋架结构施工图的内容包括:屋架简图、屋架详图(立面图、上、下弦杆的平面图、节点图)、杆件详图以及钢材用量表等。

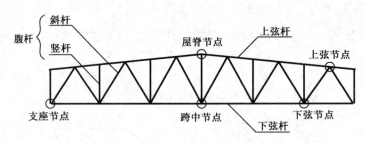

图 16-18　钢屋架的组成

二、钢屋架结构施工图的阅读

现以某厂房钢屋架结构施工图为例,说明其图示特点和阅读方法。

图 16-19 是跨度为 18m 的梯形钢屋架结构施工图,它由屋架简图、屋架详图和材料表组成。

(一)钢屋架简图

图 16-19 左上角绘一钢屋架简图,该图也叫屋架杆件几何尺寸图,是用以表达屋架的结构形式、跨度、高度和各杆件的几何轴线长度,是屋架设计时杆件内力分析和制作时放样的依据。在简图中,屋架杆件用单线图表示,杆件的轴线长度尺寸应标注在构件的一侧。如需要时,可在屋架的左半边注写尺寸(以 mm 为单位),右边注内力(以 kN 为单位),比例常用1∶100 或1∶200。

(二)钢屋架详图

钢屋架详图主要表明各杆件(型钢)规格和组成、连接方式、节点构造以及详细尺寸等。由于该屋架对称,故可采用对称画法。为了表明屋脊节点和跨中节点的连接和拼接情况,图 16-19中画出了半榀屋架。钢屋架详图以立面图为主,分别画出了上、下弦杆的平面图,屋架端部和屋架跨中的侧面图。此外,还画有节点板、垫板等的形状和大小。

现以钢屋架立面图为例(图 16-19),介绍钢屋架立面图的图示特点及阅读方法。

1. 屋架立面图的比例

在同一屋架立面图中,因杆件长度与断面尺寸相差较大,为把细部表示清楚,故经常采用两种比例。屋架轴线长度采用较小的比例(本例用 1∶20 的比例),杆件的断面用较大的比例(本例用1∶10 的比例)。

2. 各杆件断面及尺寸

屋架由上弦杆、下弦杆和腹杆三部分组成,其中腹杆包括斜杆和竖杆。各杆件均为双角钢

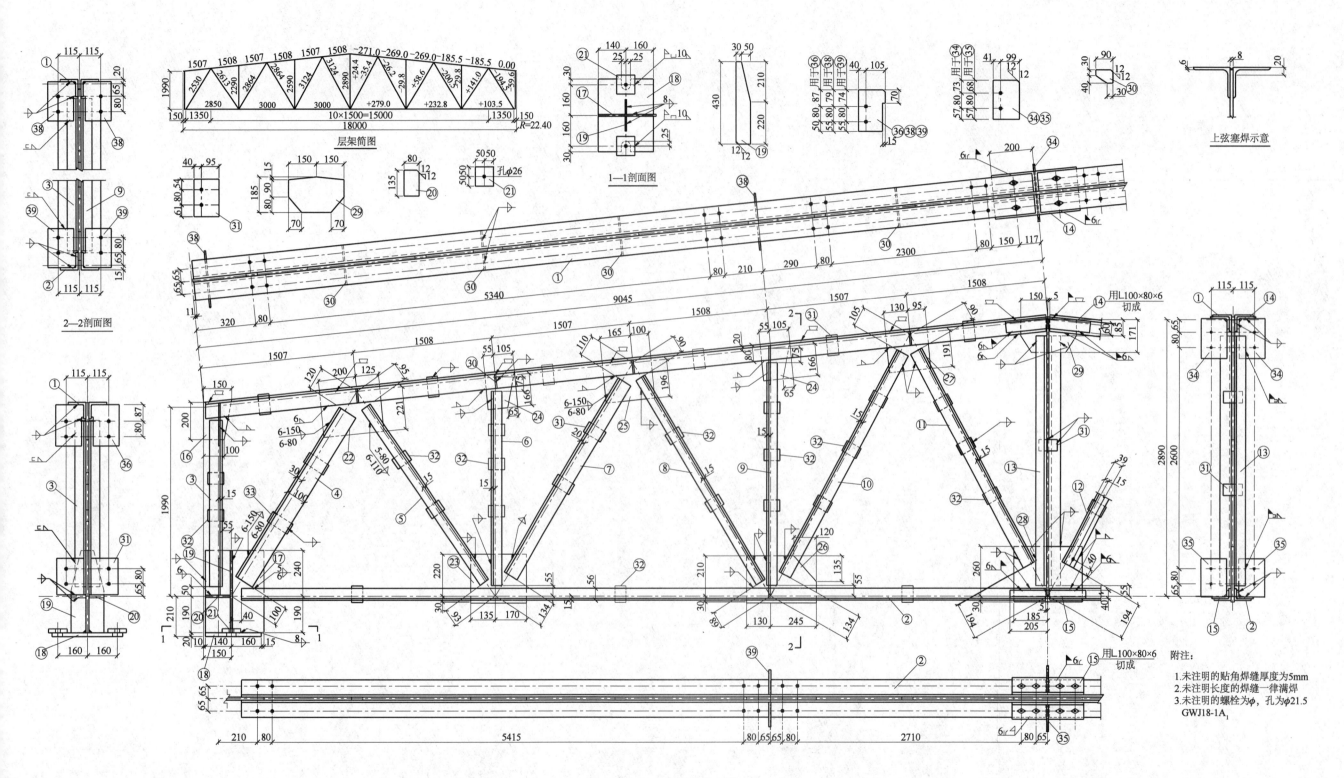

图16-19 钢屋架结构施工图

制成。上(下)弦杆断面采用两根不等边角钢,以短边拼合的 T 形断面或倒 T 形断面[(图 16-20a)、b)]。腹杆断面采用两根等边角钢,拼合成 T 形断面。屋架跨中的竖杆,拼合成十字形断面[图 16-20c)]。

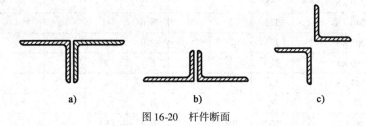

图 16-20　杆件断面

图中对每种不同形状、不同尺寸的杆件和零件进行了编号,编号位置在直径为 6mm 细实线的圆圈内,并用引出线指向杆件。

杆①为上弦杆,是由两根不等边角钢(L100×80×6),以短边拼合组成的 T 形断面,由材料表 16-4 查得长度为 9030mm。

材　料　表　　　　　　　　　　　　　　　表 16-4

零件号	断面	长度(mm)	数量 正	数量 反	重量(kg) 每个	重量(kg) 共计	合计	备注
1	L100×80×6	9030	2	2	75.4	302		
2	L90×56×6	8810	2	2	59.2	237		
3	L63×5	1865	4		9.0	36		
4	L100×63×6	2300	4		17.4	70		
5	L50×5	2425	4		9.2	37		
6	L50×5	2160	4		8.1	32		
7	L75×5	2620	4		15.2	61		
8	L50×5	2685	4		10.1	40		
9	L50×5	2460	4		9.3	37		
10	L63×5	2885	4		13.9	56		
11	L63×5	2840	2		13.9	27		
12	L63×5	2840	2		13.7	27		
13	L63×5	2750	2		13.3	27		
14	L100×80×6	400	2		3.3	27		
15	L90×56×6	410	2		2.7	5		
16	−200×8	150	2		1.9	4		
17	−315×10	430	2		10.5	21		
18	−300×20	380	2		17.9	36	1209	
19	−80×8	430	4		2.1	8		
20	−80×8	135	4		0.7	3		
21	−100×20	100	4		1.6	6		
22	−235×8	325	2		4.8	10		
23	−250×8	305	2		4.8	10		
24	−160×8	180	4		1.8	7		

续上表

零件号	断面	长度(mm)	数量正	数量反	重量(kg)每个	重量(kg)共计	合计	备注
25	—210×8	265	2		3.5	7		
26	—240×8	375	2		5.6	11		
27	—205×8	225	2		2.9	6		
28	—290×8	370	1		6.7	7		
29	—185×8	300	1		3.5	4		
30	—70×8	90	16		0.4	4		
31	—60×8	100	19		0.4	8		
32	—60×8	80	42		0.3	13		
33	—60×8	120	4		0.5			
34	—140×8	210	2		1.9	4		
35	—140×8	205	2		1.8	4		
36	—145×8	225	4		2.1	8		
37	—135×8	195	4		1.7	7		
38	—145×8	215	4		2.0	8		
39	—145×8	210	4		1.9	8		

  杆②为下弦杆,由两根不等边角钢(L 90×56×6),以短边拼合组成的倒T形断面,长度为8810mm。

  由于屋架较长,考虑到运输方便,一般在工厂加工时将屋架做成左、右两个半榀屋架,运到现场后,再就地拼接安装。所以在表16-4中,上、下弦杆角钢的数量各有4根。

  竖杆③,斜杆⑩、⑪、⑫,由两根等边角钢(L 63×5),拼合组成的T形断面,长度查材料表(表16-4)。

  杆④为斜杆,由两根不等边角钢(L 100×63×6),以长边拼合组成T形断面,长度查材料表(表16-4)

  斜杆⑤、⑧,竖杆⑥、⑨,是由两根等边角钢(L 50×5)拼合组成T形断面,长度查材料表(表16-4)。

  杆⑦为斜杆,由两根等边角钢(L 75×5)拼合组成T形断面,长度查材料表(表16-4)。

  杆⑬为竖杆,是由两根等边角钢(L 63×5)组成十字形断面,长度查材料表(表16-4)。

  ㉛、㉜和㉝为杆件中的缀板,尺寸查材料表(表16-4)。

  ㉚为加劲板,尺寸见材料表(表16-4)。

  ⑯、⑰、㉒、㉓、㉔、㉕、㉖、㉗、㉘、㉙为节点板,尺寸见材料表(表16-4),材料表中所列腹杆的角钢数量,是加工一跨屋架所需的数量。

  3. 杆件中的缀板

  由于各杆件均由双角钢组成的组合断面,为了保证两根角钢能共同工作,必须每隔一定距离在两根角钢间加设缀板,缀板的宽度由构造要求决定,一般为50~80mm。长度由角钢尺寸及组合断面的型式决定,T形断面的垫板应伸出角钢肢背、肢尖各10~15mm,如图16-21所示。十字形断面的缀板,则从肢尖缩进10~15mm,以便焊接,且应一横一竖交替设置,如图16-22所示。缀板的厚度应与节点板的厚度一致。缀板的间距L_d,与杆件的受拉或受压有关,通过计算决定。

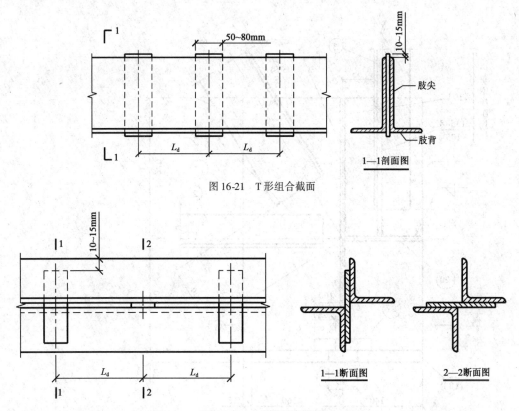

图 16-21　T形组合截面

图 16-22　十字形组合截面

4. 屋架的节点

在钢屋架中,各汇交的杆件焊在节点板上,组成屋架的节点,各杆件的内力通过节点板上的焊缝互相传递。

(1) 节点板的形状和厚度

节点板的形状为矩形、梯形或平行四边形。它的轮廓尺寸决定于腹杆和弦杆的宽度,斜杆的斜度以及腹杆的焊缝长度。

(2) 支座节点

支座节点是下弦杆②、竖杆③和斜杆④的连接点,见图 16-23,用节点板⑰连接这些杆件,在它的下端连接一块底板⑱,底板⑱上有两个缺口,便于柱顶内的预埋螺栓穿过,然后把垫板21套在螺栓上拧以螺母。垫板是在安装后再与底板⑱焊接的,用现场安装焊缝表示,见图 16-23 中的 1—1 剖面图。为了加强连接的刚度,在节点板⑰与底板⑱之间焊了两块劲板⑲、⑳和两块 $-135 \times 8/195$ 劲板。各种板的尺寸可查材料表(表 16-4)。

卸去斜杆④后的支座节点示意图见图 16-24。

(3) 下弦杆的跨中节点

跨中节点连接了下弦杆②竖杆⑬和斜杆⑪、⑫,见图 16-25,用节点板㉘连接这些杆件,在跨中节点处,下弦杆②是断开的。为了保证弦杆断开处的强度和刚度,在下弦杆②的外侧焊接拼接角钢⑮,它应与杆②的型号相同。拼接角钢的棱角须切去,以便与弦杆角钢紧密贴合,见图 16-25 的 2—2 断面图。为了加强下弦杆与竖杆的刚度,焊接了两块钢板 $-140 \times 8/200$,见图 16-25 的 1—1 断面图。

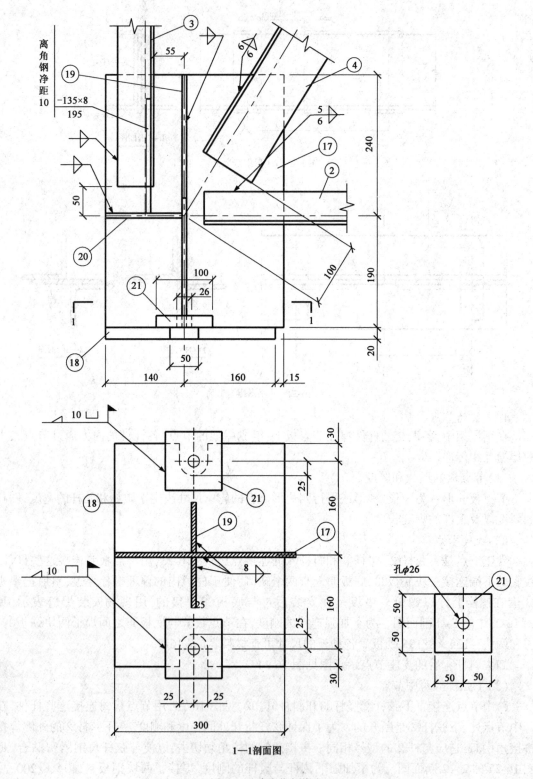

图 16-23 支座节点详图

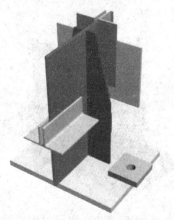

图 16-24 卸去斜杆④后支座节点示意图

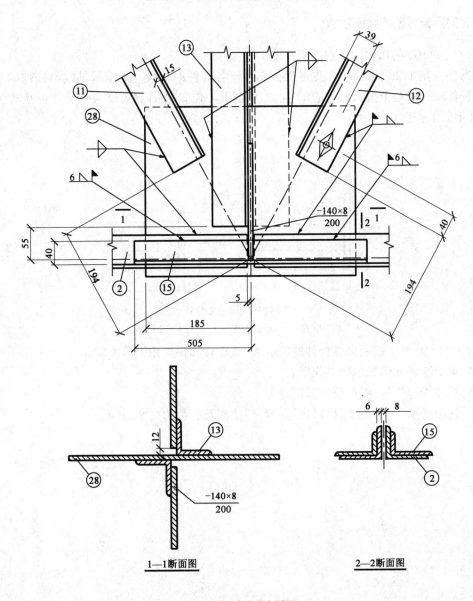

1—1 断面图 2—2 断面图

图 16-25 跨中节点详图

255

跨中节点的局部示意图见图 16-26。

图 16-26　跨中节点局部示意图

三、钢屋架详图的绘图步骤

(1) 按 1:100 的比例画出钢屋架简图。

(2) 按规定 1:20 的比例,根据屋架简图画出各杆件的轴线。屋架的轴线与杆件的重心线重合(杆件轴线就是角钢断面重心的连线,角钢重心位置见图 16-27,这些尺寸可从有关钢结构设计手册中查得)。

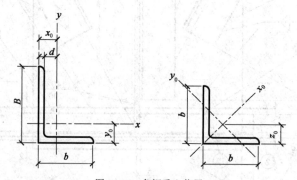

图 16-27　角钢重心位置
B-长肢宽;b-短肢宽;d-肢厚;x_0、y_0、z_0-重心距离

(3) 按 1:10 的比例画出各杆件的轮廓线、节点板和拼接角钢等。
(4) 按 1:5 的比例画出节点详图。
(5) 标注焊缝代号、图形符号和尺寸。
(6) 加粗线型,注写尺寸、材料代号、编号、比例及有关的文字说明。

第十七章 室内给排水施工图

房屋工程图包括建筑施工图、结构施工图和设备施工图,给排水施工图属于设备施工图的一部分。

第一节 给排水施工图概述

给排水工程包括给水工程和排水工程两个方面。给水是为居民生活和工业生产提供合格的用水,给水工程包括水源取水、水质净化、净水输送、配水使用等工程;排水是将生产、生活污水尽快排出室外,排水工程包括污水排除、污水处理、污水排放等工程。

给排水工程都是由各种管道及其配件和水处理设备、构件等组成。因为给水为压力流、排水为重力流,所以通常给水用压力管、排水用重力管。给排水工程分为室内给排水工程和室外给排水工程两部分。本章仅介绍室内给排水施工图。

给排水施工图按其作用和内容分为:管道平面布置图、管道系统轴测图、设备及构件详图。室内给排水管网平面布置图就是要表达出建筑物内需要用水的房间(厨房、厕所、浴室、实验室、锅炉房等)管道的布置状况,要以图例符号的形式在房屋平面图的基础上画出卫生设备、盥洗用具和给水、排水、热水等管道及其构件的平面布置。

为了说明管道空间联系情况和相对位置,通常还把室内管网画成轴测图,即室内给水排水系统轴测图,它与平面布置图一起表达管网及构件。管道系统上的构件及配件的施工,需要更详细的施工图,例如阀门井、水表井、管道穿墙、排水管道相交处的检查井等需要给出安装构造详图。

给排水施工图应遵守《建筑给水排水制图标准》(GB/T 50106—2010)和《房屋建筑制图统一标准》(GB/T 50001—2017)中的规定。

第二节 绘制给排水施工图的一般规定

一、图线

给排水施工图常用图线应符合表 17-1 中的规定。图线的宽度 b 应根据图纸的比例和复杂程度,按现行国家标准《房屋建筑制图统一标准》(GB/T 50001—2017)中的规定选用。

给排水施工图中常用线型　　　　　　　　　表 17-1

名称	线型	线宽	用途
粗实线	——————	b	新设计的各种排水和其他重力流管线
中粗实线	——————	$0.7b$	新设计的各种给水和其他压力流管线;原有的各种排水和其他重力流管线

续上表

名称	线型	线宽	用途
中实线	———————	0.5b	给水排水设备、零(附)件的可见轮廓线；总图中新建的建筑物的可见轮廓线；原有的各种给水和其他压力流管线
细实线	———————	0.25b	建筑的可见轮廓线；总图中原有的建筑物和构筑物的可见轮廓线；制图中的各种标注线
粗虚线	— — — — —	b	新设计的各种排水和其他重力流管线的不可见轮廓线
中粗虚线	— — — — —	0.7b	新设计的各种给水和其他压力流管线及其原有的各种排水和其他重力流管线的不可见轮廓线
中虚线	— — — — —	0.5b	给水排水设备、零(附)件的不可见轮廓线；总图中新建的建筑物的不可见轮廓线；原有的各种给水和其他压力流管线的不可见轮廓线
细虚线	— — — — —	0.25b	建筑的不可见轮廓线；总图中原有的建筑物和构筑物的不可见轮廓线
单点长画线	—·—·—·—	0.25b	中心线、对称线、定位轴线
折断线	——/\——	0.25b	断开界限
波浪线	～～～～	0.25b	平面图中水面线；局部构造层次范围线；保温范围示意线

二、标高与管径

对于给水管道应标注管中心标高，对于排水管道应标注管底标高。

管径应以毫米为单位进行标注。对于水煤气输送钢管（镀锌或非镀锌）、铸铁管，在工程图上宜用公称直径"DN"表示，如 DN100；对于无缝钢管、焊接钢管（直缝或螺旋缝）等管材宜用外径 D×壁厚表示，如 D75×5；钢管、薄壁不锈钢管等管材，管径宜以公称外径 D_w 表示；建筑给水排水塑料管材，其管径宜以公称外径 dn 表示；钢筋混凝土管（或混凝土管），管径宜以内径 d 表示；复合管、结构壁塑料管等管材，管径应按产品标准的方法表示。

单根管道时，管径应按图 17-1a) 的方式标注；多根管道时，管径应按图 17-1b) 的方式标注。

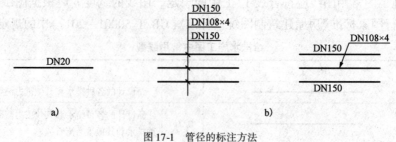

图 17-1 管径的标注方法

三、图例

在给排水施工图中,管道类别应以汉语拼音字母表示,如用 J 作为给水管的代号,用 W 作为污水管的代号。为了方便阅读图纸,给排水施工图的管道、附件、卫生器具等均采用《房屋建筑制图统一标准》(GB/T 50001—2017)中规定的图例符号来表示。表 17-2 列出了给排水施工图中常用的图例。

给排水施工图中常用的图例　　　　　　　　　表 17-2

名称	图例	名称	图例
生活给水管	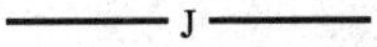 ——J——	淋浴喷头	
热水给水管	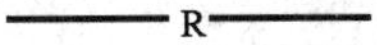 ——R——	水表井	
中水管	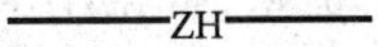 ——ZH——	蝶阀	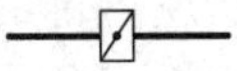
污水排水管	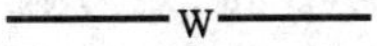 ——W——	闸阀	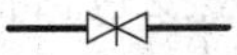
废水排水管	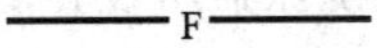 ——F——	止回阀	
雨水排水管	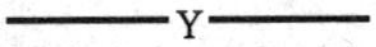 ——Y——	角阀	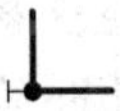
空调凝结水管	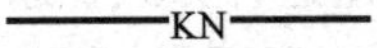 ——KN——	浮球阀	平面　　系统
通气管	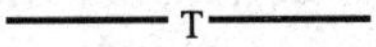 ——T——	水嘴	平面　　系统
立管	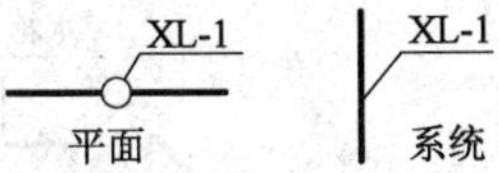 XL-1 平面　　XL-1 系统	S型存水弯	
排水暗沟	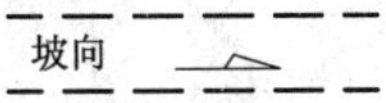 坡向	P型存水弯	
排水明沟	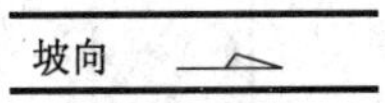 坡向	立管检查口	
室内消火栓(单口)	 平面　　系统	雨水口(单箅)	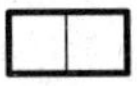
消防闭式自动喷头	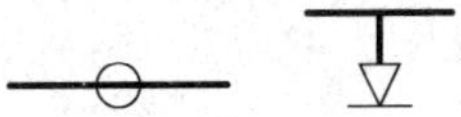	圆形地漏	 平面　　系统
截止阀	平面　　系统	雨水斗	平面　　系统
减压阀	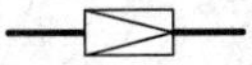 左侧为高压端	通气帽	

第三节 室内给排水施工图

室内给水排水系统是两个独立的管道系统,在施工图中也常常分别表达,但当给水系统和排水系统不是很复杂时,也可将给水管道和排水管道绘制在同一张图纸中。

一、室内给水施工图

(一)室内给水系统

1. 室内给水系统的内容

室内给水系统主要是管道的布置和管道上配件的布置。它包括:阀门井、引入管、水表节点、室内配水管网、配水附件与控制附件、升压设备等。

室外管网接近该建筑物的终端是阀门井,它可以控制该建筑的给水系统;引入管是自室外管网引入房屋内部的一段水平管道;水表用来记录用水流量,根据用水情况可在每个单元、每栋楼或在一个居住小区设置一个水表。室内配水管网主要包括水平干管、立管、支管;配水器具及附件主要包括各种配水龙头、闸阀等。升压及储水设备,是为解决用水量大或水压不足时,所需要设置的水泵和水箱等设备。室内给水系统的终端是根据功能需要而确定,如为浴盆所设置的淋浴器(喷头)、冷水和热水水龙头;为洗脸盆洗涤盆所设置的水龙头;为室内灭火所设置的消防栓及阀门,等等。

2. 室内给水系统的供水方式

根据给水干管敷设位置的不同,给水管网系统可分为枝状式、环状式、下行上给式、上行下给式、中分式等方式。下行上给式也称直接给水式,采用这种方式供水的条件是当地市政水压足够,如图 17-2 所示。上行下给式,是为解决当地市政水压不足,设置水泵水箱联合给水的供水方式,如图 17-3 所示。分区供水式(中分式)是指较高层用户使用水箱供水,其余能直接供水的用户则采用直接给水方式,如图 17-4 所示。

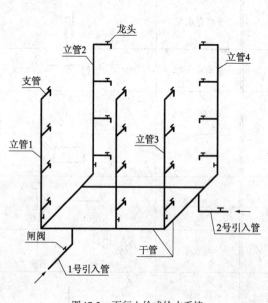

图 17-2 下行上给式给水系统

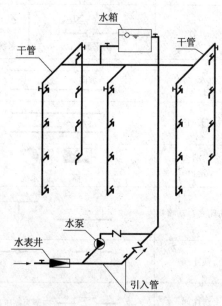

图 17-3 上行下给式给水系统

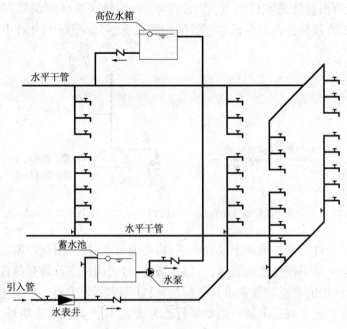

图 17-4 分区供水式给水系统

(二)室内给水平面图的图示方法

1. 比例

室内给水平面图通常采用与建筑平面图相同的比例绘制,如 1:100、1:50。当所选比例表达不清楚时,可以采用 1:25 的比例绘制。有时可将有些公共建筑(如集体宿舍、教学楼)中的集中用水房间单独抽出,用大于建筑平面图的比例绘制。

2. 平面图数量

室内给水平面图应分层绘制,并在图下方注写图名。如若各楼层建筑平面、卫生器具和管道布置、数量、规格均相同,只可绘标准层和底层给水平面图。

3. 表达方法

①用细实线($0.25b$)抄绘墙身、柱、门窗洞、楼梯、台阶等建筑平面图的主要配件,不必画建筑细部,不必标注门窗代号、编号等,但要画出相应轴线。底层平面图一般要画出指北针。

②用细实线($0.25b$)绘出卫生设备或用水设备的平面位置,并且常配有详图或标准详图。需现场砌制的卫生设施依其尺寸按比例画出其图例,若无标准图例,一般只绘制其主要轮廓。

③用单条中粗实线($0.75b$)表示水平管,按其中心位置绘制,并标出管道类别符号(用汉语拼音字母);垂直管用中粗线圆表示;水龙头、球阀等按标准图例符号表示。底层平面布置图应画出引入管。

④标注管网的编号。管道编号包括立管编号、进出口编号、立管和水平管的管径,水平管的标高。

立管的编号:由立管的轮廓引出指引线($0.25b$ 的细实线),在水平线上面标注立管编号,例如 JL-1、JL-2,表示 1 号、2 号给水立管。也可将立管的管径标注在水平线下面,如图 17-5 所示。

进出口编号:对于给水系统应标注进口编号。标注方法是由进口端引出指引线,在另一端绘制直径 12mm 的细实线圆,在圆内绘制水平线。水平线上面标注管道类型,例如 JL 表示给水立管,在水平线下面标注进水口编号,如图 17-6 所示;排水出口的编号方法与给水进口相同。水平管的管径直接标注在表示该水平管的轮廓线上,可参照图 17-1a)中的水平干管旁标注 DN20。

图 17-5　平面图上立管编号表示法　　　图 17-6　给水排水进出口编号表示法

给水管道及其附件无论在地面上或地面下,均视为可见,按其图例绘制。位于同一平面位置的两根或两根以上的不同高度的管道,为图示清楚,习惯画成平行排列的管道。管道无论明装还是暗装,平面图中的管道线仅表示其安装位置,并不表示其具体平面定位尺寸,其与墙面的距离尺寸一般按照施工规范去做。但如果管道为暗装,图上除应有说明外,管道线应画在墙身截面内。

当给水管与排水管交叉时,应连续画出给水管,断开排水管。

(三)室内给水系统轴测图的图示方法

为了清楚地表示给水管网的上下层以及前后左右之间的空间关系,室内给水管网需要配以立体图,通常画成正面斜轴测图(正面斜等测),称为给水系统轴测图(见图 17-2～图 17-4)。

1. 比例

通常采用与之对应的给水平面图相同的比例,如 1∶100、1∶50。当局部管道按比例不易表示清楚时,例如,在管道和管道附件被遮挡,或者转弯管道变成直线等情况,这些局部管道可不按比例绘制。

2. 布图方向

给水系统轴测图的布图方向应该与相应的给水平面图一致。

3. 表达方法

①线型:轴测图中管道用中粗实线绘制,阀门、水龙头及用水设施参照图例符号按轴测方向绘制。水龙头、阀门等附件用粗实线绘制,一些用水设备可用细线或中粗线绘制。

②画图步骤:首先由引入管开始绘制管道,其次绘制水平干管,再绘制各立管,再分别绘制各立管上的水平支管,最后绘制支管上的水龙头、阀门和用水设备。在绘制管道、管件和用水设备时应注意其轴测方向。

③墙与楼板的表示:管道穿墙部位应按照墙体方位绘制一段墙体剖面,管道穿楼板的部位用表示地面的符号表示,并标注楼层标高。

④管径与标高的表示及立管的编号:管径的标注应随管径的变化分段标注在相应的管道轮廓线旁。水平管和管件应标注标高,可以直接指向管道或管件轮廓线标注,也可以用水平线(细线)引出标注。立管应使用指引线引出标注立管编号和管径(同平面布置图)。

⑤图中交叉管线的画法:在系统轴测图中交叉重叠的管线应区分可见性,不可见的管线被

遮挡的部分应断开,以强调其不相交。

二、室内排水施工图

(一)室内排水系统

室内排水系统是由排水用具、水平排水支管、排水立管和排出管等组成。

①排水用具:与排水管网相关的用具有大便器、小便器(或小便池)、洗手盆(或盥洗槽)、污水池、地漏等。

②水平排水支管:每一层水平排水支管也可以有几个分支连接卫生器具或地漏。水平排水支管应有一定的坡度。污物、杂质最多的卫生设施(如大便池、污水池)应靠近立管。

③排水立管:排水立管用以连接汇合各层的排水横支管。一般排水立管独立连接排出管。排水立管可以通过三通连接各楼层的水平支管。立管应通到楼顶,接到楼顶的一段称为通气管。立管在底层和顶层应接有检查口。

④排出管:排出管是自室内排水立管排出到室外排水管网的一段水平管。排出管应以最短的途径与室外管道连接,连接处应设检查井。

(二)室内排水管网平面布置图

室内排水管网平面布置图表达的内容及画法,与给水管网平面布置图相同。用细实线绘制室内用水房间的墙体门窗轮廓,用细实线绘制用水设备的平面轮廓或采用图例符号表示。用粗实线(宽度 b)表示水平排水管。排水立管仍然采用空心小圆来表示。室内排水平面图也应分层绘制,并在图下方注写图名。

室内排水管网平面布置图可以和室内给水管网平面布置图画在同一张图上。与给水管网平面布置图一样,它所表示的水平管和立管位置,只是相对墙面的大致位置,具体尺寸可按规范施工。图中不需要标出安装尺寸。但需要标注出轴线编号和轴线间的距离。

(三)室内排水管网系统轴测图

室内排水管网系统轴测图的表达方法与给水管网系统轴测图相同,常采用正面斜等轴测图。室内排水管网系统轴测图如图17-7所示,排水管网用粗实线表示,其他构配件采用图例符号表示。在支管上与卫生器具或大便器相接处,应画上存水弯,又称水封。水封的作用是使U形管内保持一定高度(50～100mm)的水层,以阻止室外下水道中产生的臭气和有害气体污染室内空气。

室内排水管网系统图中应注明立管和排出管的编号,如图中的 WL-1、WL-2 是排水立管的编号。还应注意,在排水横管上标注的标高是指管底的内底标高。

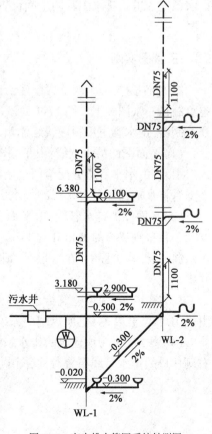

图17-7 室内排水管网系统轴测图

第四节　室内给排水施工图阅读

一、读图顺序

（1）阅读平面图。先看底层给排水平面图，再看其他楼层平面图。每张平面图中，先找到给水的引入管、排水的排出管的位置，再看其他部分。

（2）对照平面图，阅读给排水系统轴测图。先找平面图、系统图对应的编号，然后读图。顺水流方向，按系统分组，反复阅读平面图和系统图。

（3）阅读给水系统图时，应从引入管开始，按引入管、水平干管、立管、支管、配水器具的顺序进行阅读。

（4）阅读排水系统图时，应依次按卫生器具和地漏及其他污水器具、连接管、水平支管、立管、排水管、检查井的顺序进行阅读。

二、读图要点

（1）对平面图，要明确给水引入管和排水排出管的数量、位置，明确用水和排水房间的名称、位置、数量、地（楼）面标高等情况。

（2）对系统图，要明确各条给水引入管和排水排出管的位置、规格、标高，明确给水系统和排水系统各组给排水工程的空间位置及其走向，从而想象出建筑物整体给水排水工程的空间状况。

三、读图实例

图 17-8 为与第十四章房屋建筑图对应的底层给排水平面图，该图将给水和排水管道及设施绘制在一张图纸上。图 17-9 为该建筑二层至四层给排水平面图。图中，给水管道用中粗实线绘制出，排水管道用粗虚线绘制出。

（1）平面图的给水管线：由平面图可看到，建筑的给水系统是由建筑中部的住宅增压给水入口引入，由水平管道分配给两个立管 JL-1 和 JL-2，两个立管将水供给各楼层的水平支管，水平支管将水输送到各自楼层的用水房间。

（2）平面图的排水管线：由平面图可看到，建筑的排水系统有左侧住户的 WL-a1、WL-a2、WL-a3 和右侧住户的 WL-b1、WL-b2、WL-b3 共 6 根排水立管，排水水平支管将各污水器具的污水排至排水立管中，在一层平面图中可看到，有水平干管将排水立管的污水排放到污水井中。

（3）图 17-10 为该建筑给水系统图，右侧为支管大样图，图中给水管线由中粗实线画出。由于 JL-1 与 JL-2 对称，所以图中只绘制了 JL-2 立管的系统图。

（4）图 17-11 为该建筑的排水系统图，图中的排水管道由粗虚线绘制出。由于左侧住户与右侧住户的排水管线布置对称，图中只绘制了 WL-a1、WL-a2、WL-a3 的布置状况。

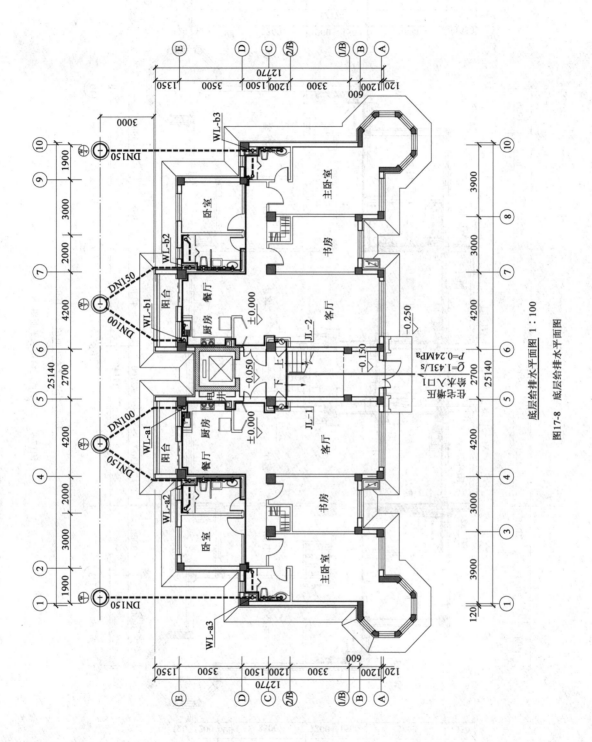

图17-8 底层给排水平面图

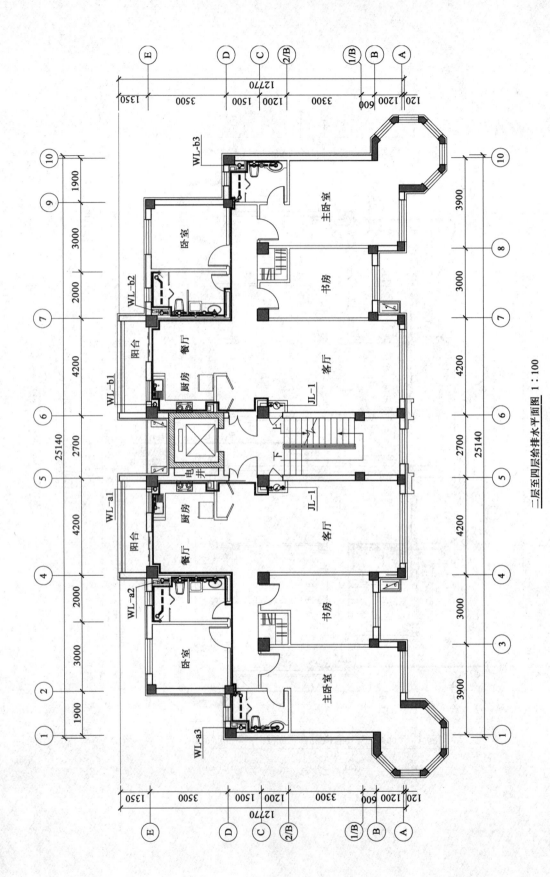

图17-9 二层至四层给排水平面图

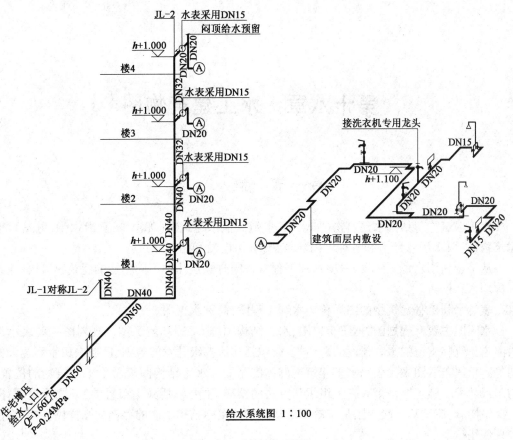

图 17-10 建筑给水系统图

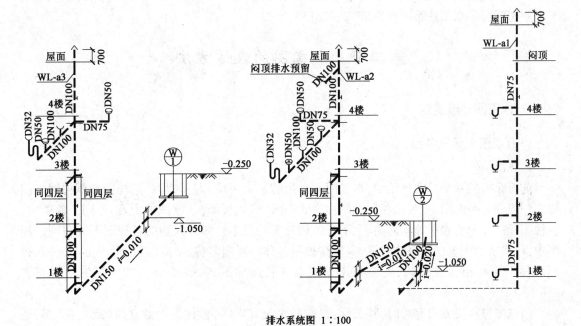

图 17-11 建筑排水系统图

第十八章 水工建筑物图

第一节 概 述

水工建筑物包括挡水建筑物(如大坝、水闸)、泄水建筑物(如溢洪道、泄水闸、电站)、输水建筑物(如引水洞、渠道)和各种专门建筑物(如水电站和船闸建筑)。

从综合利用水资源出发,一项水利工程常常同时修建几种不同功能的建筑物,这种建筑物群称为水利枢纽。

表达水利工程建筑物的图样称为水利工程图,简称水工图。

水工图主要有规划图、枢纽布置图、水工结构图、施工图和竣工图。规划图主要表示流域内河道干流和支流的水利建设的总体规划,包括河流梯级开发的规划、区域农田水利建设的规划等。枢纽布置图主要表示水工建筑物群体的布局。水工结构图表示水工建筑物的位置、结构与尺寸等。施工图是指导施工组织和方法的图样,主要包括施工布置图、基坑开挖图、混凝土浇筑图、导流图等。竣工图是按竣工后建筑物的实际结构绘制的存档的图样供存档、维修和管理使用。

图样的表达方法,遵循《水利水电工程制图标准基础制图》(SL73.1—2013)和《水利水电工程制图标准 水工建筑图》(SL73.2—2013)。

第二节 水工图的表达方法

一、水工图一般规定

(一)视图配置及名称

1.视图

前面介绍的六个基本视图中,水工图上常用的是三视图,即正视图、俯视图和侧视图。俯视图一般称为平面图,正视图和侧视图称为立面图(或立视图)。视图的配置,在同一幅图中,各视图保持视图的水平方向同高、上下视图相对应的关系。如建筑物的各视图不能在同一幅图中,可将视图配置在适当的位置,要标注视图名称。视图名称宜标注在图形的上方,并在视图名称下绘一粗实线,其长度应超出视图名称长度前后各3~5mm。如土坝的视图布置(图18-1)。

当视图与水流方向有关时,其名称:视向顺水流方向时,可称为上游立面(或立视)图;逆水流方向时,可称为下游立面(或立视)图,如图18-1所示。

对于河流,规定视向顺水流方向,左边称为左岸,右边称为右岸。图样中一般使水流方向为自上而下,或自左而右。如图18-2所示。

2. 剖视图与断面图

各种剖视图、断面图的概念及表达方法详见本书第十章相关内容。水利水电工程制图标准里的剖视图，即是前述建筑制图标准里的剖面图。

在水利水电工程图中，当剖切平面平行于建筑物轴线或顺河流流向时，称为纵断面图；当剖切面垂直于建筑物轴线或河流流向时，称为横断面图，如图 18-3、图 18-4 所示。

(二) 常用符号

1. 水流方向

图样中的水流方向可根据需要按图 18-5 所示箭头样式绘制。河流水流方向自上而下，或自左向右。

2. 平面图中的指北针

指北针根据需要可按图 18-6 所示样式选取绘制，其位置一般在图的左上角或右上角。

(三) 图线

绘制水利水电工程图样时，应根据不同的用途按规范采用相应的图线。

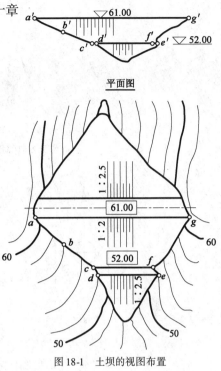

图 18-1 土坝的视图布置

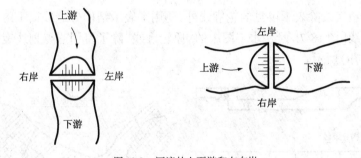

图 18-2 河流的上下游和左右岸

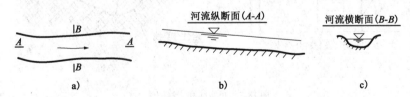

图 18-3 河流的纵断面和横断面图

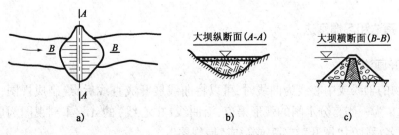

图 18-4 建筑物的纵断面和横断面图

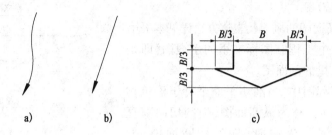

图 18-5 水流方向符号
a)水流方向(简式);b)水流方向(简式);c)水流方向

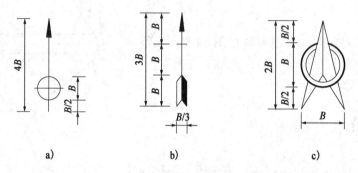

图 18-6 指北针符号
a)指北针(简式);b)指北针(简式);c)指北针

水工图中的粗实线除表示可见的轮廓线外,还用来表示结构分缝线[图 18-7a)]和地质断层线及岩性分界线[图 18-7b)]。水工图中的"原轮廓线"除了可用双点划线表示外,还可用虚线表示,如图 18-7b)所示。

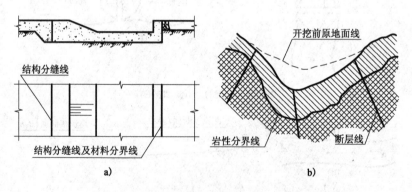

图 18-7 粗实线和虚线用法
a)粗线用法;b)粗线与虚线用法

二、规定画法和习惯画法

(一)展开画法

当建筑物的轴线或中心线为曲线时,可以将曲线展开成直线后,绘制成视图、剖视图或剖面图。图 18-8 为一侧有分水闸的弧形渠道,沿曲线(中心线)的 $A-A$ 剖视图为展开剖视图,这时,应在图名后注写"展开"二字,或写成"展视图"。

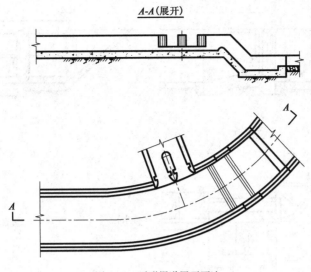

图 18-8 弧形渠道展开画法

(二) 省略画法

当图形对称时,可以只画对称的一半,但须在对称线上加注对称符号,如图 18-9 涵洞的平面图所示。

当不影响图样表达时,根据不同设计阶段和实际需要,视图和剖视图中某些次要结构和设备可以省略。

图 18-9 省略画法

(三) 拆卸画法

当视图、剖视图中所要表达的结构被另外的结构或填土遮挡时,可假想将其拆掉或掀掉,然后再进行投影,如图 18-10 所示平面图中,对称线上半部一部分桥面板及胸墙被假想拆卸,填土被假想掀掉。

(四) 简化画法

对于图样中的一些细小结构,成规律的分布时,可以简化绘制,如图 18-10 中的排水孔的定位。

(五) 合成视图

对称的图形,可将视图与剖视图以对称轴线分界,各画其对称的一半,合成一个图形,如图 18-10 中 $B-B$ 和 $C-C$ 为合成剖视图。

(六) 分层画法

当结构为多层时,可按其构造的分层表达,相邻层用波浪线分界,并用文字注写各层结构和材料,如图 18-11 所示。

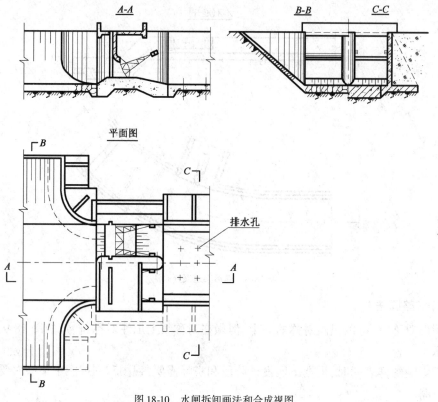

图 18-10 水闸拆卸画法和合成视图

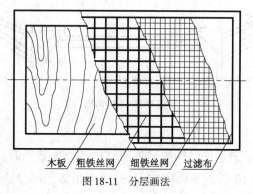

图 18-11 分层画法

（七）断开图形简化画法

长度方向的形状相同或按同一定的规律变化的较长杆件，可断开绘制，只画物体的两端，在断开处以折断线表示，见图 18-12。

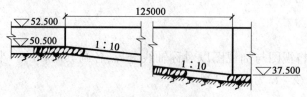

图 18-12 渠道断开画法

三、水工图中常见的平面图例

水工建筑物平面图例主要用于规划图、施工总平面布置图。枢纽总布置图中非主要建筑物也可用图例表示。水工图中常用的平面图例见表18-1。

水工图中常用的平面图例　　　　　　　　　　　表 18-1

序号	名称	图例	序号	名称	图例	序号	名称	图例
1	水库		9	船闸		17	渠道	
2	混凝土坝		10	升船机		18	丁坝	
3	土石坝		11	水池		19	险工段	
4	水闸		12	溢洪道		20	护岸	
5	水电站		13	渡槽		21	堤	
6	变电站		14	隧洞		22	淤区	
7	泵站		15	涵洞	(大)/(小)	23	灌区	
8	水文站		16	虹吸	(大)/(小)	24	分洪区	

四、水工图中的尺寸标注

（一）标高的注法

（1）立视图和铅垂方向的剖视图、剖面图中，被标注高度的水平轮廓线或其引出线均可作为标高界线。标高符号的尖端必须与被注高程的轮廓线或引出线接触。标高数字一律注写在标高符号的右边。如图18-13、图18-14所示。

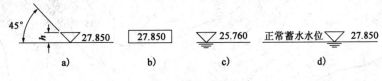

图 18-13　标高符号

（2）平面图中标高应注在被注平面的范围内，当图形较小时，可将符号引出。平面图中标高符号采用矩形方框内注写高程数字的形式，方框用细实线画出，见图18-13b)、图18-14。

（3）高程数字以米为单位，注写到小数点后第三位，在总布置图中，可注写到小数点后第二位。

（4）零点高程注写成 ±0.000，或 ±0.00。负数高程的数字前必须加注"-"号。

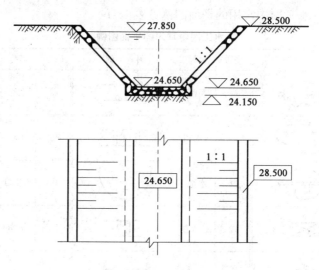

图 18-14　立面图、剖视图、剖面图、平面图标高注法

(二)桩号的注法

(1)建筑物、道路等的宽度方向或其轴线、中心线长度方向的定位尺寸,可采用"桩号"的方法进行标注,标注形式为 $k±m$,k 为公里数,m 为米数。起点桩号为 $0±000.000$,起点之前的桩号取负号,起点之后的桩号取正号。

(2)在长系建筑物的立面图、纵剖面图中,其桩号尺寸一律按其水平投影长度标注。

(3)桩号数字宜垂直于定位尺寸的方向或轴线方向注写,并统一标注在同一侧;当轴线为折线时,转折点处的桩号应重复标注。如图 18-15 所示。

(4)当同一图中几种建筑物采用不同桩号系统的,可在桩号数字前加注文字或代号以示区别,见图 18-15。

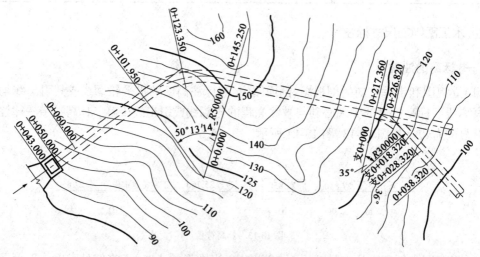

图 18-15　桩号的标注方法

(三)连接圆弧的尺寸标注

连接圆弧要注出圆弧所对的圆心角,夹角两边的尺寸界线分别连接到圆弧的两个端点,如图 18-16 所示。根据施工放样的需要,圆弧的圆心、半径、切点和圆弧两端的高程以及他们的长度方向的尺寸均应标注。

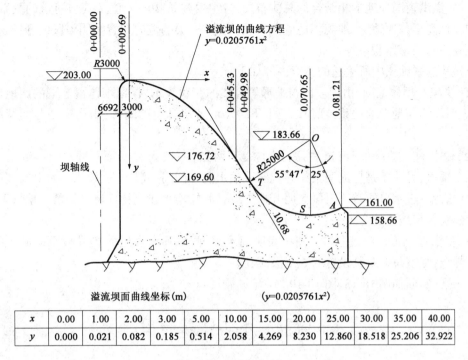

图 18-16 非圆曲线的标注

| x | 0.00 | 1.00 | 2.00 | 3.00 | 5.00 | 10.00 | 15.00 | 20.00 | 25.00 | 30.00 | 35.00 | 40.00 |
| y | 0.000 | 0.021 | 0.082 | 0.185 | 0.514 | 2.058 | 4.269 | 8.230 | 12.860 | 18.518 | 25.206 | 32.922 |

(四)非圆曲线的标注

非圆曲线的尺寸标注通常画出坐标系,将非圆曲线上点的坐标值列表表示,如图 18-16 表格"溢流坝面曲线坐标"。

第三节 水利枢纽布置图

一、水利枢纽布置图表达的内容

水利枢纽布置图是把整个水利工程的主要建筑物的水平投影画在地形图上,形成的平面图称为水利枢纽布置图。

枢纽布置图作为各建筑物定位、施工放线、土石方填挖等的依据。

根据《水利水电工程制图标准 水工建筑图》(SL 73.2—2013)(以下简称《标准》),水利枢纽布置图应包括下列内容与要求:

(1)水利枢纽所在地区的地形(用等高线表示),河流名称和流向(用箭头表示),地理方位(用指北针表示),枢纽中各建筑物及其名称,建筑物轴线及其方位角,测量坐标。

(2)各建筑物的平面形状及其位置的相互关系。

(3)各建筑物与地面相交情况。

(4)各建筑物的高程和其他主要尺寸。

二、水利枢纽布置图的阅读

图 18-17 是某(实际工程)枢纽布置图(见插页)。图中表明了主要建筑物——土坝、输水

洞及电站、溢洪道与原地形相结合的总体布局;各主要建筑物的方位及其与河道的关系;各建筑物的设计高程与原地形、地貌相适应的关系;输水洞、渠的流向布置和明渠段的开挖状况;主要建筑物之间的道路联系等。

建筑物总平面图中所表达的主要内容如下:

(1)土坝。坝体范围,由坝坡面与地形等高线的交线表示,保留坝体覆盖下的原地形等高线,是表明坝体与地形的关系;坝顶以及上下游坝面各层马道的高程;由马道划分的坝面各层的坡度。

(2)输水洞、渠。位于河道右岸,图中表明两条,一条入水明渠—进水口—输水洞—电站—尾水渠道;另一条是导流明渠—导流洞—输水洞—闸门—泄水渠;输水洞及其支洞处于地下以虚线表示;进水口两端明渠段表明开挖界线;同样,输水建筑物部位仍保留原地形等高线,以显示建筑物与地形的合理关系。

(3)溢洪道。位于河道左岸。图中表明引水渠、闸室和溢洪道的布置与原地形的关系及其开挖界线;闸室位置及其设置的6个溢流孔。

土坝平、断面如图18-18、图18-19所示(见插页)。

第四节 水工建筑物图

水利水电工程图涉及图纸类别有"水工建筑图""水利工程水文地质图""水利机械图""水利工程电气图"等。本节水工建筑图,仅限于结合《水利水电工程制图标准 水工建筑图》(SL 73.2—2013)介绍主要水工建筑物规范性表达和阅读。

一、土坝

土坝是以土、砂、砂砾等材料填筑的挡水建筑物。它通常和泄洪建筑物(溢洪道、泄水隧洞等)及取水建筑物(如进水闸、涵洞等)组成水利枢纽。

(一)土坝平面图与立面图

图18-18所示为土坝平面图和立面图,是建筑物主要视图。表达的主要内容:

(1)土坝平面图。规定横向布置,河道上游位于图幅上方,河道下游位于图幅下方,坝体坡脚线由地形等高线与坝面等高线图解法获得,以表明坝体范围;坝顶高程73.50m,上游坝面与马道高程分别为60.00m和45.00m,坝面坡度各为1:3、1:3.25和1:4,并以块石护坡;下游坝面马道高程分别为60.00m、47.00m、37.50m;坝面各层坡度为1:2.75、1:3、1:3.5;纵向与横向排水沟、横向阶梯的分布;坝顶两端的道路及其开挖界线。

(2)下游立面图。它是由下游向上游方向看的视图。图形表达比较简单,主要表明坝体总长度和横向排水沟布置距离(以桩号表示);与平面图相对应的坝顶和下游各层马道的高程。

(二)剖面图与详图

图18-19所示为土坝横剖面及详图,主要表明坝体的结构及其材料,是指导施工的主要技术依据。

(1)土坝横剖面。剖切面必须与坝纵向轴线垂直,并于最大剖面(坝宽最大)部位剖切,所得的图形表达最完整。图中表明:坝体上游宽度为150m;下游宽度为137m;坝体防渗(黏土心墙与截水墙)的构造做法与材料;河床的地质情况及高程;坝体及其护坡的尺寸、坡度和材料;

上游坝体护坡和下游排水棱体的形状、尺寸和材料；上、下游坝面马道的分布。图中圆圈为详图索引符号。

规范规定详图的标注：在被放大的部位用细实线圆圈画出，用引出线指明详图编号，所另绘的详图用相同编号标注其图名，并注写放大后的比例。如图 18-20 所示。

图 18-20　详图索引

(2) 详图。本例由剖面图上引出 6 个详图以表明土坝各局部的细部构造、尺寸和材料，见图 18-19 的详图。

二、开敞式溢洪道图

溢洪道是土坝枢纽不可缺少的泄洪建筑物。通常布置在拦河坝一侧的河岸边。作用是汛期泄放超过水库调蓄能力的洪水，以确保大坝安全。

图 18-21 所示为本枢纽的开敞式溢洪道平面图和剖面图。为了便于读图，平面图与纵向剖视图同比例，投影相对应布置。溢洪道沿纵向分为上游连接段、溢流段、陡槽段等部分组成。

1. 上游连接段

是上游开挖的引水渠与溢流段连接的过渡部分，表面为扭曲面，用浆砌块石构筑。

2. 溢流段（又称为闸室）

由溢流坝及闸门、闸墩及工作桥、交通桥等主要部分组成。

闸室有 12m 宽的闸孔 6 个，各配置弧形钢闸门及工作桥上起臂机械（另有专门图样表达）。闸室水平尺寸在平面图上标注；剖视图上主要标注各部分的高程。图 18-21 中剖视图 2-2 为重力式混凝土副坝部位的横剖面，表明坝基地质状况及其帷幕灌浆的处理方法；副坝、溢流坝的廊道的定位与定形尺寸。

3. 陡槽段

从开敞式溢洪道平面图和剖视图可知：陡槽段由底板、挑流坎和挡土墙组成。底板的坡度为 5.5%，底板下面有纵向和横向排水沟。陡槽底板两侧是浆砌块石挡土墙，陡槽末端设有挑流坎，作用是挑流消能。

三、重力坝

重力坝在水压力及其他荷载作用下，主要依靠坝体自重维持稳定。重力坝水利枢纽通常是由同一河流断面上由溢流坝段、非溢流坝段和两者之间的连接边墩、导墙以及坝后式水电站建筑物等组成。

(一) 平面图

图 18-22 所示为重力坝水利枢纽的总体布置图（又称为总平面图）和下游立面图，并列表以桩号相应地标注各坝段的水平尺寸。这样的图面布置方式和表达形式，适应水电水利工程范围大、地形地貌复杂的特点，便于指导施工。

水坝平面图主要表明：坝体与地形的关系及其开挖的界线；电站与进水口、溢流坝与放水底孔所在的坝段位置；下游坝面坡度 1∶0.75；Ⅰ-Ⅰ、Ⅱ-Ⅱ、Ⅲ-Ⅲ 剖面所在的坝段部位。

下游立面图与平面图和桩号表相对应布置，清晰明了地表达了各坝段的水平尺寸和相互关系；坝体各主要部位的高程；电站厂房、输水孔、横向廊道进口等的具体位置；图中虚线为原地面线，实线为坝基开挖线。

(二) 重力坝剖面图

图 18-23 所示为 Ⅰ-Ⅰ 剖面图。图示左岸 25 桩号坝段剖面形状和各主要部位的高程；坝体内各廊道的相对位置、形状、尺寸和高程；坝基的开挖形状、岩面的高程(20.00m)和帷幕灌浆的部位。

图中 Ⅱ-Ⅱ 剖面图为放水底孔坝段的剖视图，主要表明溢流孔的形状、尺寸和高程；闸门及闸门槽的位置、大小、尺寸和高程。为了表明放水底孔的平面形状和尺寸，补充了 $A-A$ 剖视图。

图 18-24 所示，为溢流坝段下游立面图、平面图和 Ⅲ-Ⅲ 剖视图。

Ⅲ-Ⅲ 剖视图主要表达溢流坝面断面的不规则曲线，以坐标系统列表来表达和指导施工。溢流段坝面从立面图可知是水平位置的柱面，表面素线都是等高线。图中还表明由鼻坎至高程 42.80m 段为圆柱面。(圆心坐标为高程 54.20m，水平距离 42m，半径 20m)。与其他坝段不同的还有溢流的闸门及工作桥(另见详图)。

图 18-24 中溢流坝段下游立面图及其对应的平面图，是图 18-22 重力坝水利枢纽布置溢流坝的大比例详图，更明确表达细部形状特征，如下游立面的溢流面和闸墩，用素线表示的圆柱面。另外，施工中导流的底孔 4 个，也明确标注出高程与尺寸。立面图中虚曲线为原地表面。

水利枢纽平面布置图 1:2000

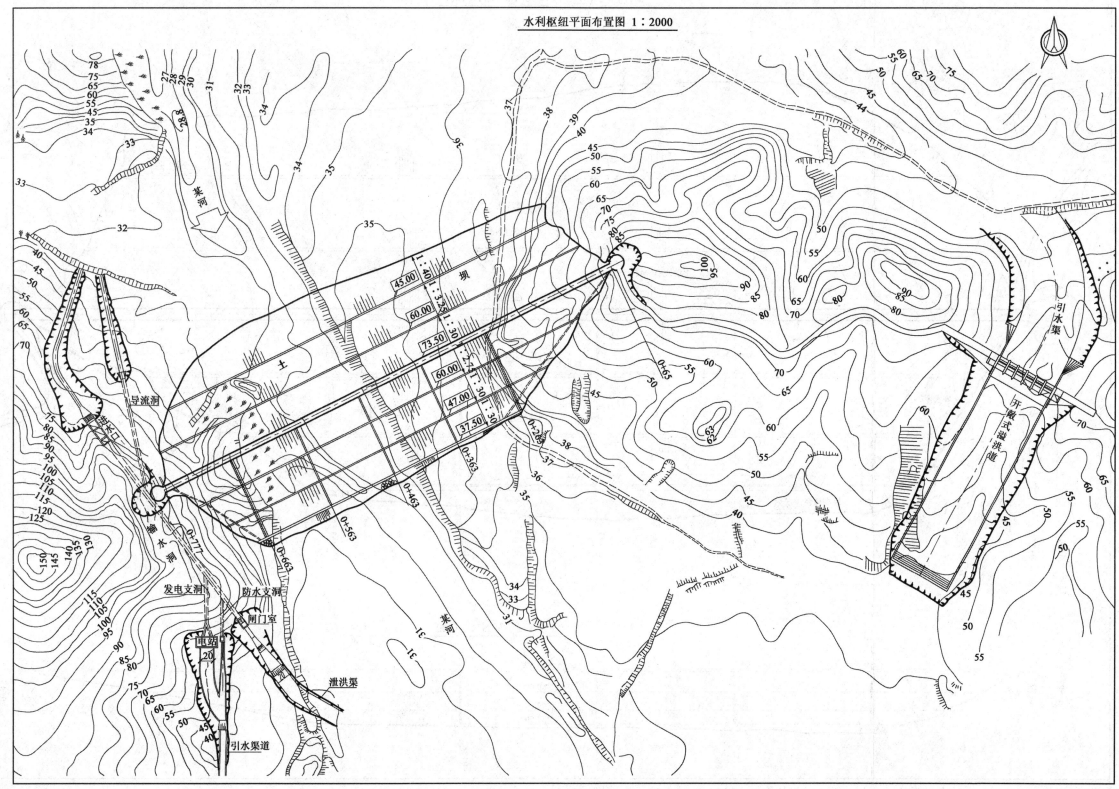

图18-17 水利枢纽平面布置图

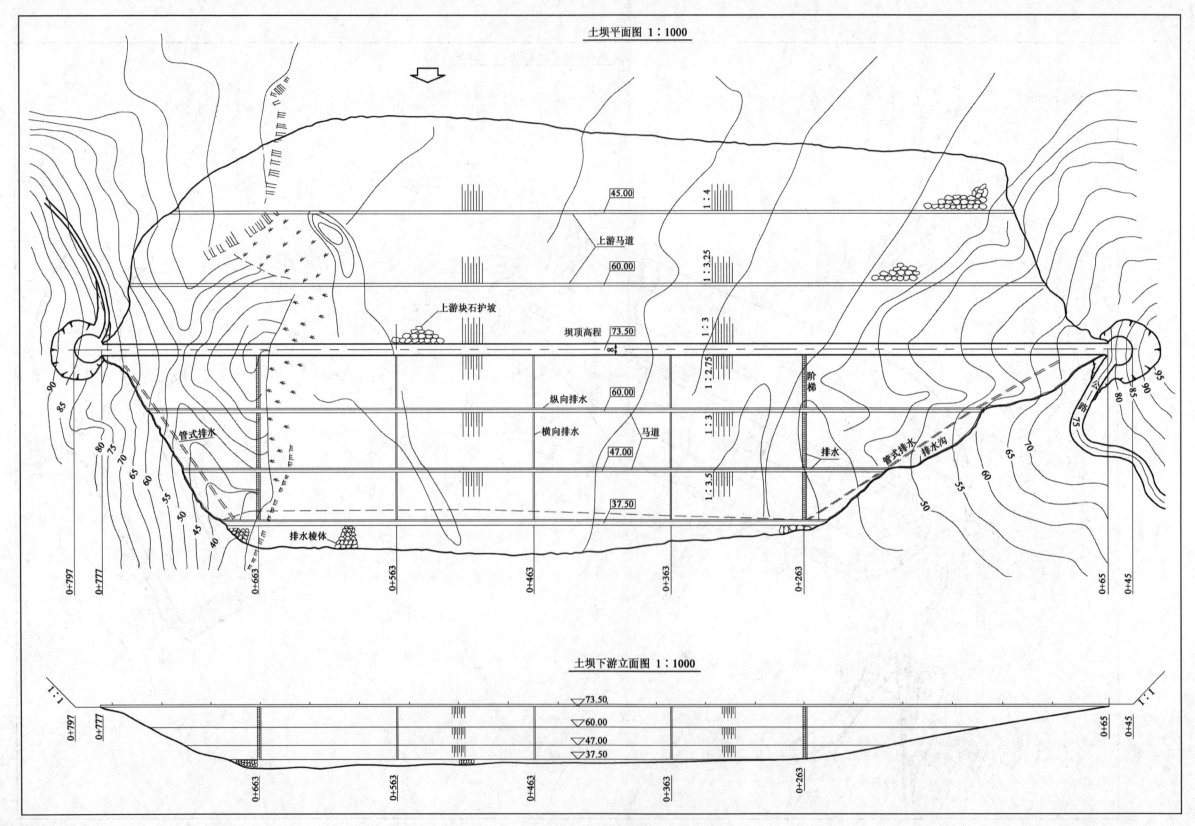

图18-18 土坝平面布置图

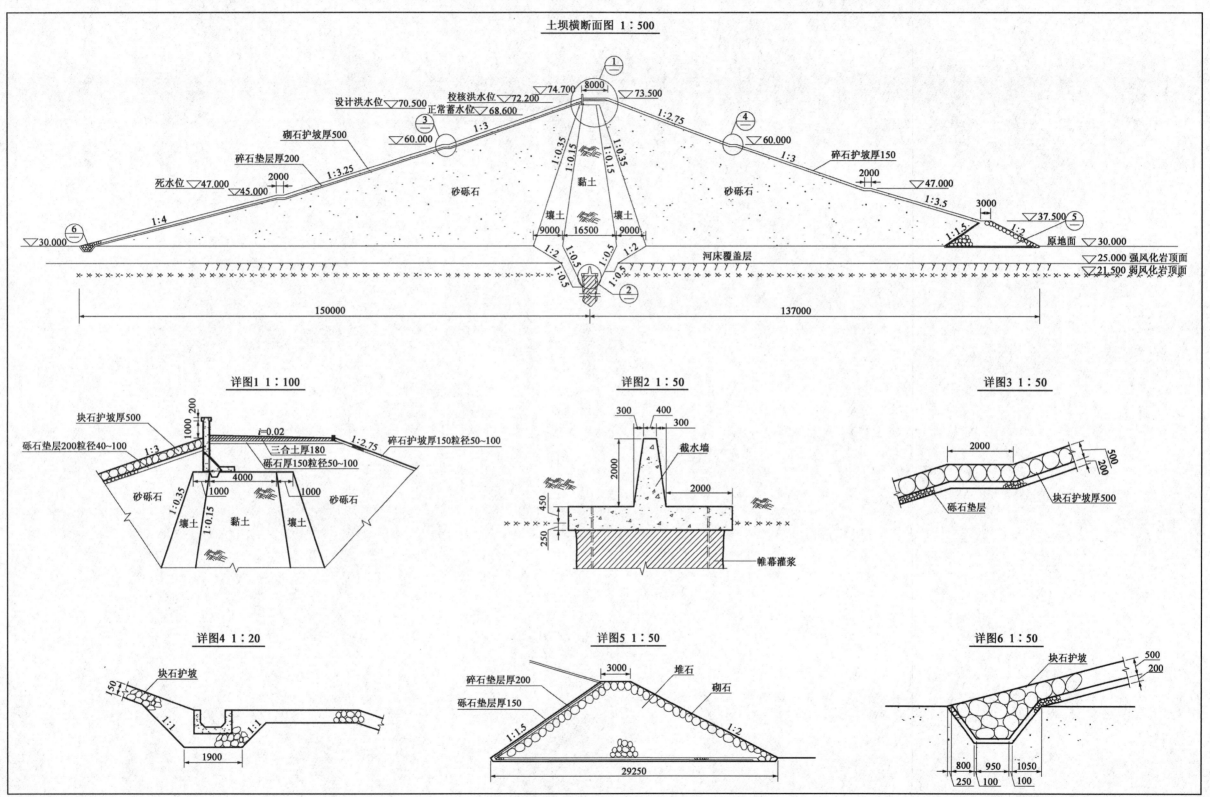

图18-19 土坝断面图及细部构造

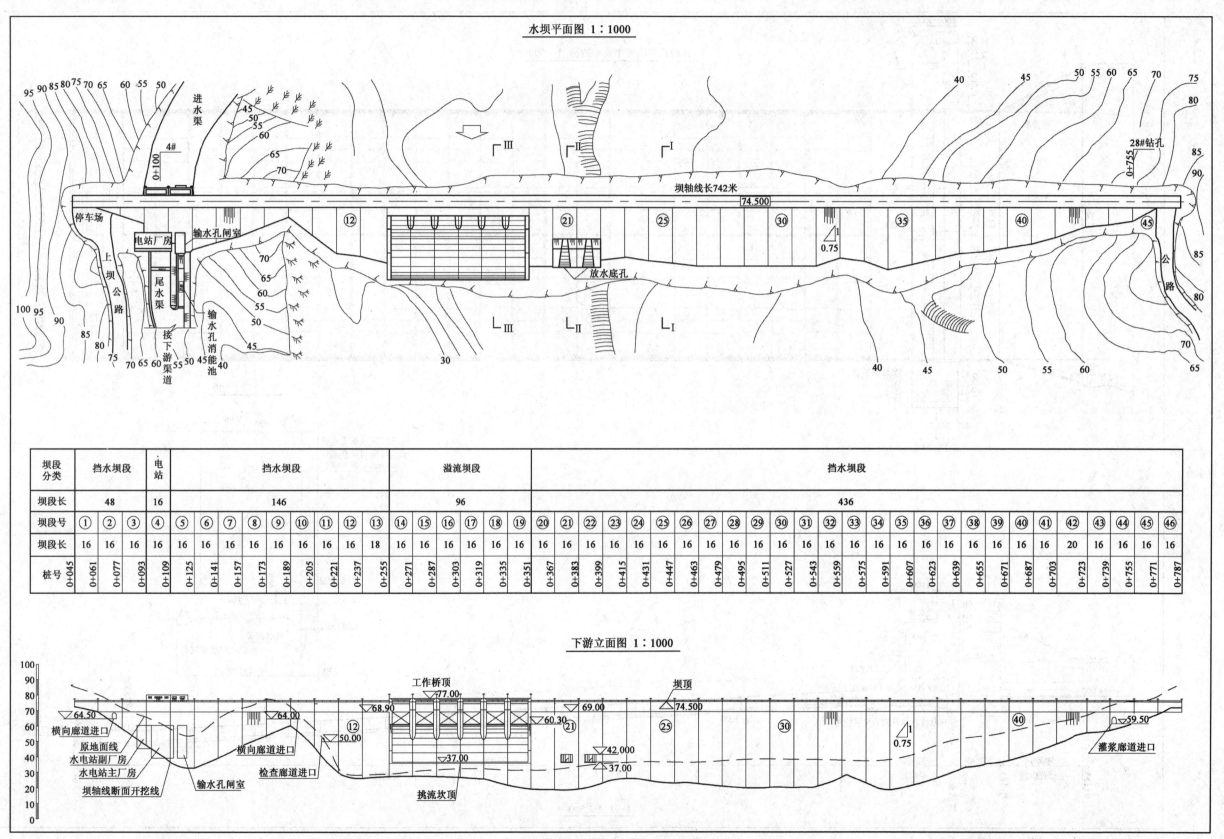

图18-22 重力坝水利枢纽总体布置图

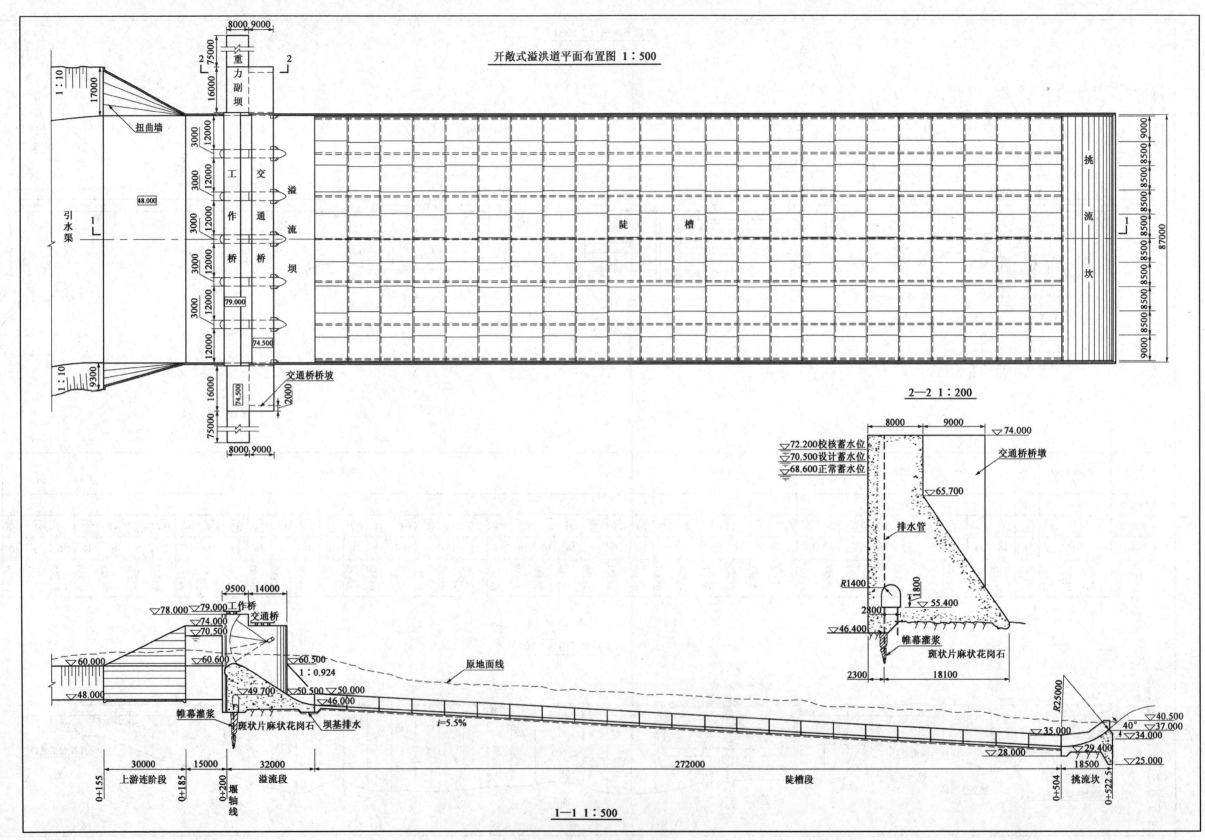

图18-21 开敞式溢洪道平面布置图及纵剖面图

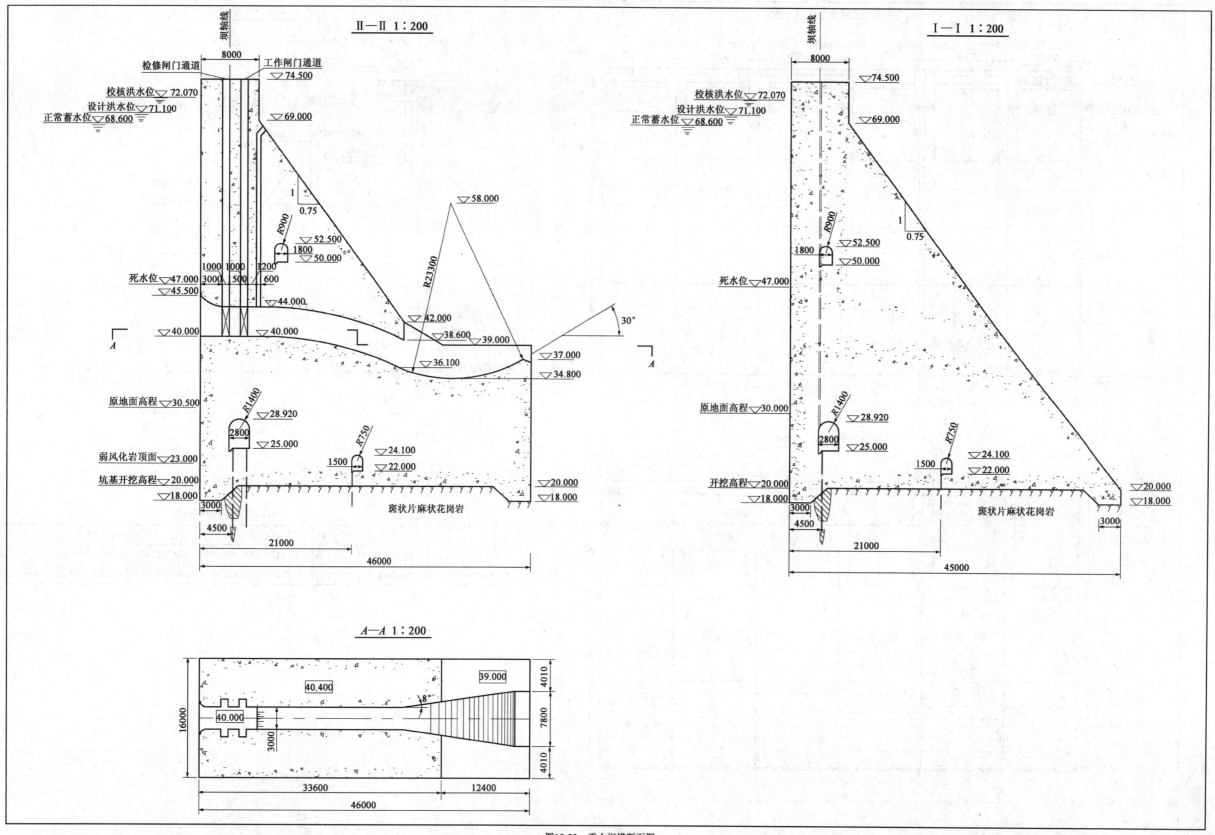

图18-23 重力坝横断面图

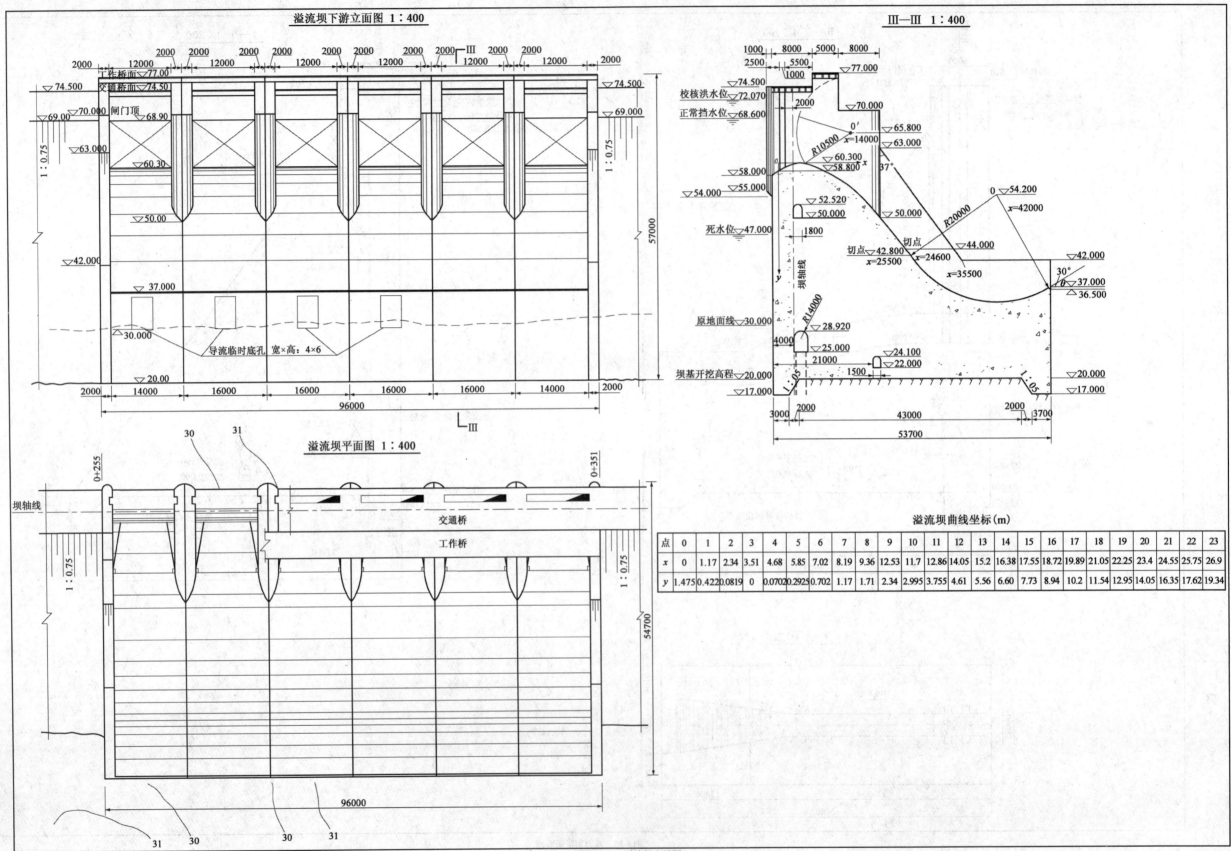

图18-24 溢流坝布置图

第十九章 计算机绘图

第一节 AutoCAD 简介

AutoCAD 是一种通用计算机辅助设计和绘图软件包,广泛用于机械、电子、建筑、航天、造船、纺织等各行业。CAD 是 Computer Aided Design(计算机辅助设计)的缩写,也称 Computer Aided Drawing(计算机辅助绘图)。

AutoDesk 公司于 1982 年推出 AutoCAD 第一版本 R1.0,三十多年来进行了 25 次升级,到目前已推出 AutoCAD2018,在此期间,AutoCAD 经过不断的修改,功能日臻完善。近期的高级版本,不但可以绘制二维图形,而且能实现三维造型、渲染着色、关联数据库管理、Internet 等多种功能,还为用户提供了良好的二次开发平台,从而备受广大用户青睐。AutoCAD 已成为设计绘图领域,特别是在建筑设计中应用最广的平台。

本书以现今的最新版本 AutoCAD 2018 为例,介绍 AutoCAD 的使用。

一、AutoCAD 2018 的启动

如果计算机中已经安装了 AutoCAD 2018,就可以通过下面所述步骤来启动它:

在桌面上双击 AutoCAD 2018 图标,打开 AutoCAD 2018,出现 AutoCAD 2018 的用户界面,这个界面是 AutoCAD 2009 以后出现的新界面风格。本书中对菜单的级联操作,或命令的连续操作,使用"→"表示。

二、AutoCAD 2018 界面

AutoCAD 2018 用户界面包括以下几部分(图 19-1):

1. 标题栏

标题栏位于工作界面的顶部,用于显示 AutoCAD 2018 的程序图标以及当前所操作图形文件的名称。

2. 快捷访问工具栏

该工具栏包括"新建""打开""保存""另存为""打印""放弃""重做"和"工作空间"等几个最常用的工具。用户也可以单击本工具栏后面的下拉按钮设置需要的常用工具。

3. 菜单栏

在 AutoCAD 2018 的默认界面中不显示菜单栏,可以单击快速访问工具栏最后面的下拉三角按钮,弹出"自定义快速访问工具栏",单击"显示菜单栏"选项,调出菜单栏。

菜单栏位于标题栏下方，其中每一个菜单中包含相关的一系列命令，用户通过下拉菜单可以实现 AutoCAD 的大部分命令操作。

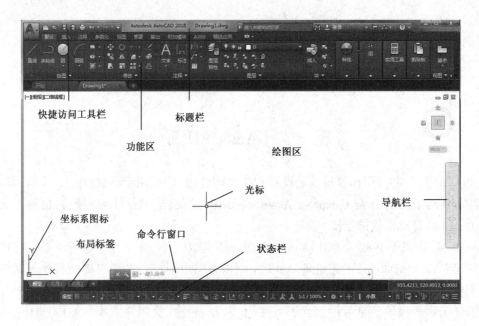

图 19-1　AutoCAD 2018 用户界面

4．功能区

功能区包括"默认""插入""注释""参数化""视图""管理""输出"插件和"A360"等几个功能区，每个功能区集成了相关的操作工具，方便了用户的使用。比如"默认"功能区，集成了"绘图""修改""注释""图层""块""特性"等面板中一些最常用的操作命令，用户可以直接单击进行绘图和修改等操作。有些操作命令没有直接在面板中显示，用户可以单击功能区选项后面的按钮控制功能的展开与收缩。

5．工具栏

工具栏是执行各种操作最方便的途径，选择菜单中的"工具"→"工具栏"→"AutoCAD"，即可调出所需要的工具栏。

AutoCAD 窗口中有许多由基本命令的快捷方式图标组成的工具栏。对于初学者来说，通过快捷方式图标可非常方便地实现对命令的快速使用。如果不知道其含义，可将鼠标在其上稍停留一下，图标右下方和状态栏位置上就会显示该命令的名称。

工具栏的增减：在任何一个工具栏上单击鼠标右键，都会出现"工具栏"对话框。如果不想显示窗口中的某个工具栏，则可以将该工具栏名称前的勾（√）去掉（用鼠标左键单击）；同样，如果要显示某个工具栏，则可单击该工具栏，使其前面出现勾（√）。

6．绘图区

窗口中间的区域为绘图区，它是一个无限大的电子画面，用户所绘制图形在这里完成。

7．命令行窗口

绘图窗口底部的小空白区称为命令行窗口，是显示命令及其相关提示的地方。按命令行的提示进行操作。

8.状态栏

屏幕的底部为状态栏,通过它可知道当前光标位于绘图区的坐标值,还可以改变绘图工具使用状态,如改变当前的捕捉方式或正交状态等。

三、人机交互的工作模式

1.命令的输入

AutoCAD 可通过下列几种方式实现命令的操作:

①利用下拉菜单;

②用鼠标点击功能区里面的操作命令;

③用鼠标点击工具栏的命令图标;

④直接通过键盘在命令行窗口中输入命令名。

无论用何种方式输入命令,在命令行窗口中都会出现相应的命令名,并且在提示窗口出现相应的操作提示,要求用户做出相应操作以完成该命令。注意必须在"命令:"状态下才能进行输入命令的操作。

2.人机交互的工作模式

AutoCAD 充分考虑绘图过程的各种可能操作,将它们变成一条条命令,绘图过程就是命令执行过程。在命令执行过程中,系统通过命令窗口和对话框提示用户输入各种参数,计算机做出相应的反应,再反馈给用户,从而完成一个命令任务。这种通过系统与使用者不断交流信息(人机对话)来完成相应操作的绘图模式称为交互式绘图,这是 AutoCAD 绘图的一大特点。

四、文件的建立、存盘、打开及打印

通过点击下列图标可以完成新文件的建立、存盘,以及已有文件的打开、打印。

■建立一个新文件。

■打开一个已存在的文件。

■快速存盘,第一次点击该图标时要求确定保存文件的名称。

■打印。点击后出现打印图形对话框,在此对话框中设定打印范围、纸的大小、线宽、打印比例等内容后,点击 OK 按钮即可打印输出。

第二节 基本图形元素的绘制

一、数据的输入

执行 AutoCAD 命令时往往需要输入必要的数据。

1.坐标法输入数据

在 AutoCAD 中可使用两种方式坐标输入数据,即绝对坐标和相对坐标。绝对坐标是以当前坐标系的原点为基准进行度量的;相对坐标则是相对于前一个点的坐标增量。在绝对坐标和相对坐标中,我们又可以用直角坐标和极坐标两种方法输入数据,表示如下:

*绝对直角坐标:x,y　　　　(实际执行时,x,y 用相应数字代替,如:3,4)

*相对直角坐标:@x,y　　　　　　（在直角坐标值之前加"@",表示相对于最后输入点的坐标增量）

*绝对极坐标:距离<角度　　　　（"距离"为该点到原点距离,"角度"为该点与原点的连线与x轴正方向的夹角,逆时针为正,如:5<30）

*相对极坐标:@距离<角度　　　（在距离值前加"@",表示该点相对于最后输入点的距离）

2. 快捷法输入数据

点击状态栏中的"正交"按钮■,使其由原来的白色变成蓝色,在正交状态下,只能绘制水平线或垂直线。将光标拉到水平或垂直的方向,直接输入数据,就可以画出一条水平或垂直线,使两点之间的距离等于所输入的数据。

二、绘图命令

在菜单栏中有"绘图(D)"下拉菜单,凡是与绘制实体有关的命令都在该下拉菜单中。可以通过"绘图"下拉菜单输入绘图命令,也可以点击"绘图"工具栏中的图标来输入命令。下面介绍常用的绘图命令,在每个绘图命令后面给出了"绘图"工具栏中的相应图标。

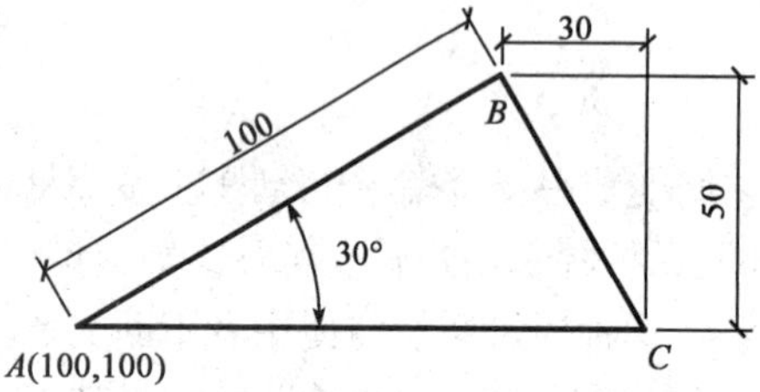

1. Line(绘直线) ✎

功能:该命令通过给定直线的起点和终点画出直线,并可以将上一直线的终点作为下一直线的起点,实现连续画直线,直到结束命令。

图19-2　绘制三角形

[例19-1]　绘制如图19-2所示的三角形。

命令:	Line ↵	（输入画线命令）
指定第一点:	100,100 ↵	（用绝对直角坐标输入起点A）
指定下一点或[放弃(U)]:	@100<30 ↵	（用相对极坐标输入端点B）
指定下一点或[放弃(U)]:	@30,-50 ↵	（用相对直角坐标输入第二段直线端点C）
指定下一点或[放弃(U)]:	c ↵	（连接终点C与起点A并结束命令,形成闭合图形）
命令:		（等待输入下一命令）

上例给出命令提示内容;其后面的字为键盘输入内容;↵为回车键;( )内为注释内容,下同。

如果在绘图过程中用户发现某一点不理想,可在不结束命令的情况下从键盘键入U(Undo的缩写)来取消绘制的当前点。若命令结束后对命令的结果不满意,则可点击标准工具栏上的◀图标(即Undo操作),从而取消上一次命令的所有内容。

在绘图过程中如果要结束命令可以通过三种途径来完成:①按回车键;②按空格键;③点击鼠标右键,在弹出的菜单中选择"确认"。

2. Circle(画圆) ●

功能:通过给定圆心、半径或圆周上的点来绘制圆。

[例19-2]　绘制如图19-3所示的圆。

命令:　　　　Circle ↵　　（输入命令）

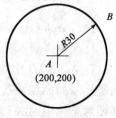

图19-3　绘制圆

指定圆的圆心或［三点(3P)/两点(2P)/相切、相切、半径(T)］：200,200 ↵（输入圆心 A）
指定圆的半径或［直径(D)］：30 ↵（输入半径,或点击 B 点,由 AB 之间距离确定半径）
命令：　　　　（等待输入下一命令）

［ ］中为其他选项,如想执行其他选项,只需键入该项括弧中的数字和字母即可。

上例为省缺画圆方式(圆心和半径),AutoCAD 中有 5 种画圆的方式,分别是:①圆心和半径(省缺);②圆心和直径(D 选项);③两点画圆(2P 选项);④三点画圆(3P 选项);⑤与两条直线或圆弧相切画圆(T 选项)。

本书因篇幅有限,只介绍了各命令的省缺选项操作及常用操作,其他方式用户可自行练习。

3. Arc(画圆弧)

功能:绘制圆弧

例:

命令:　　　　　　　　　　Arc ↵　　（输入命令）
指定圆弧的起点或［圆心(C)］:　　　（拾取圆弧起点）
指定圆弧的第二个点或［圆心(C)/端点(E)］:（拾取圆弧上第二点）
指定圆弧的端点:　　　　　　　　　　（拾取圆弧的终点）
命令:　　　　　　　　　　　　　　　（等待输入下一命令）

上例为省缺画弧方式(三点画弧),还可通过画圆弧的下拉菜单选择其他方式画圆弧,比如,可由起点、圆心和端点确定一个圆弧,如图 19-4 所示。

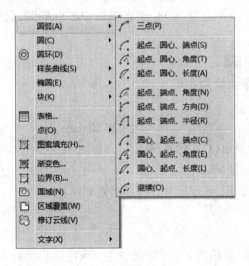

图 19-4　画圆弧的下拉菜单

绘制圆弧时需注意圆弧的方向,通常情况下都是按逆时针方向由起始点向终止点画弧。

4. DOnut(画环)

功能:以给定的内径以及外径绘制圆环或实心圆,AutoCAD 2018 画圆环的命令在"绘图"菜单里可以找到。

［例 19-3］

命令:　　　　　　　　　　Donut ↵　　（输入命令）

指定圆环的内径 <0.5000>：	20 ↵		（输入圆环内径值，比如20，如内直径值为0，将画出实心圆）
指定圆环的外径 <1.0000>：	40 ↵		（输入圆环外径值，比如40）
指定圆环的中心点或 <退出>：			（拾取圆环中心。如果连续拾取圆环中心，可画出多个圆环）
指定圆环的中心点或 <退出>：	↵		（结束命令）
命令：			（等待输入下一命令）

命令提示行中 < > 内的数值为省缺输入数值，若直接按回车键可获得省缺输入数值，下同。

5. ELlipse（画椭圆）

功能：以给定的椭圆长、短轴绘制椭圆。

[例 19-4]

命令：	Ellipse ↵	（输入命令）
指定椭圆的轴端点或 [圆弧(A)/中心点(C)]：		（拾取第一个轴的一个端点）
指定轴的另一个端点：		（拾取第一个轴的另一个端点）
指定另一条半轴长度或 [旋转(R)]：		（拾取第二个轴的一个端点，从而确定其半轴长）
命令：		（等待输入下一命令）

其他选项意义：

圆弧(A)—绘制椭圆弧；中心点(C)—给定椭圆中心画椭圆；旋转(R)—绕指定的第一个轴旋转形成椭圆。

6. RECtangle（画矩形）

功能：给定矩形两对角点绘制矩形。

[例 19-5]

命令：	RECtangle ↵	（输入命令）
指定第一个角点或 [倒角(C)/标高(E)/圆角(F)/厚度(T)/宽度(W)]：		（拾取第一个角点）
指定另一个角点或 [面积(A)/尺寸(D)/旋转(R)]：		（拾取另一个角点）
命令：		（等待输入下一命令）

其他选项意义：

倒角(C)—绘制带有倒斜角的矩形；标高(E)—确定矩形的标高；圆角(F)—绘制带有倒圆角的矩形；厚度(T)—确定矩形的厚度；宽度(W)—确定画矩形的线宽，AutoCAD 可绘制带有宽度的线；面积(A)—以矩形的面积和矩形的长度来确定另一角点的位置；尺寸(D)—以矩形的长度和宽度来确定另一角点的位置；旋转(R)—指定矩形一个边的旋转角度。

7. POLygon（画正多边形）

功能：该命令用于画出指定边数(3～1024)的正多边形，构成正多边形的方法有三种：圆内接正多边形、圆外切正多边形、指定正多边形边长。

[例 19-6] 绘制一个内切圆半径为 50 的五边形。

命令：	POLygon ↵	（输入命令）

输入边的数目 <4>：	5 ↵	（确定多边形边数）
指定正多边形的中心点或 [边(E)]：		（拾取多边形中心）
输入选项 [内接于圆(I)/外切于圆(C)] <I>：	c ↵	（确定多边形方式）
指定圆的半径：	50 ↵	（给出内切圆半径）
命令：		（等待输入下一命令）

其他选项意义：

边(E)—给定边长画多边形；内接于圆(I)—画圆内接多边形；
外切于圆(C)—画圆外切多边形。

8. PolyLine(画多段线)

功能：该命令用于绘制由不同宽度的线条组成的连接线段，该线条可以包含直线和弧线，而且所绘制对象为单一实体。

[例 19-7]
命令：	PolyLine ↵	（输入命令）
指定起点：		（拾取多段线起点）
当前线宽为 0.0000		（提示多段线当前宽度）
指定下一个点或 [圆弧(A)/半宽(H)/		
长度(L)/放弃(U)/宽度(W)]：		（拾取直线终点）
指定下一点或 [圆弧(A)/闭合(C)/		
半宽(H)/长度(L)/放弃(U)/宽度(W)]：	↵	（结束命令）

其他选项意义：

圆弧(A)—切换至圆弧状态；半宽(H)—确定多义线半宽；长度(L)—按指定的长度以与前段相同的角度绘制直线；放弃(U)—取消上一步绘制不理想的操作；宽度(W)—确定多段线宽度；闭合(C)—画封闭多段线，即将最后一段的终点与第一段起点连接。

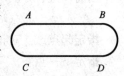

图 19-5 用多段线绘制图形

[例 19-8] 用多段线绘制如图 19-5 所示的图形。
命令：	PolyLine ↵	（输入命令）
指定起点：		（拾取多段线起点 A）
当前线宽为 0.0000		（提示多段线当前宽度）
指定下一个点或 [圆弧(A)/半宽(H)/		
长度(L)/放弃(U)/宽度(W)]：	w ↵	（改变多段线宽度）
指定起点宽度 <0.0000>：	20 ↵	（确定起点线宽为 20）
指定端点宽度 <20.0000>：	↵	（确定终点线宽为 20）
指定下一个点或 [圆弧(A)/半宽(H)/		
长度(L)/放弃(U)/宽度(W)]：		（拾取多段线终点 B）
指定下一点或 [圆弧(A)/闭合(C)/		
半宽(H)/长度(L)/放弃(U)/宽度(W)]： a ↵		（接圆弧）
指定圆弧的端点或		
[角度(A)/圆心(CE)/闭合(CL)/方向(D)/半宽(H)/直线(L)/		
半径(R)/第二个点(S)/放弃(U)/宽度(W)]：		（拾取圆弧终点 D）
指定圆弧的端点或		

[角度(A)/圆心(CE)/闭合(CL)/方向(D)/半宽(H)/直线(L)/半径(R)/
第二个点(S)/放弃(U)/宽度(W)]： L↵　　　　　（接直线）
指定下一点或［圆弧(A)/闭合(C)/半宽(H)/
长度(L)/放弃(U)/宽度(W)]：　　　　　　　　（拾取直线终点 C）
指定下一点或［圆弧(A)/闭合(C)/半宽(H)/
长度(L)/放弃(U)/宽度(W)]：　　a↵　　　　　（接圆弧）
指定圆弧的端点或
［角度(A)/圆心(CE)/闭合(CL)/方向(D)/半宽(H)/直线(L)/
半径(R)/第二个点(S)/放弃(U)/宽度(W)]：　　　（拾取圆弧终点 A）
指定圆弧的端点或
［角度(A)/圆心(CE)/闭合(CL)/方向(D)/半宽(H)/直线(L)/半径(R)/
第二个点(S)/放弃(U)/宽度(W)]：　　↵　　　　（结束命令）
命令：　　　　　　　　　　　　　　　　　　　（等待输入下一命令）

9. MLine(多线)

功能：该命令可同时绘制多达 16 条的平行线，每一条线可具有不同的颜色、不同的线型以及不同的偏移距离，且所绘制的平行线为一个整体。AutoCAD 2018 画多线的命令在"绘图"菜单里可以找到。

［例 19-9］
命令：　　　　　　　　　　MLine↵　　　　　（输入命令）
当前设置：对正 = 上,比例 = 20.00,样式 = STANDARD　（提示多线基准、比例及当前样式）
指定起点或［对正(J)/比例(S)/样式(ST)]：　　（确定多线的起点）
指定下一点：　　　　　　　　　　　　　　　　（拾取多线端点）
指定下一点或［放弃(U)]：　　　　　　　　　　（拾取第二段多线端点）
指定下一点或［闭合(C)/放弃(U)]：　　↵　　　（结束命令）
命令：　　　　　　　　　　　　　　　　　　　（等待输入下一命令）

其他选项意义：

对正(J)—设置多线对正方式,可从"顶端对正""零点对正"或"底端对正"中选择；比例(S)—设置多线的比例,默认的多线比例为 20。样式(ST)—设置多线的样式。

多线的样式可通过"多线样式"对话框来定义：

将光标移至屏幕上方的下拉菜单,点击"格式"选中"多线样式"可弹出多线样式对话框,如图 19-6 所示。

(1)点击"新建"可出现"创建新的多线样式"对话框,给出新样式名后,点击"继续",出现"新建多线样式"对话框(图 19-7)。若点击多线样式中的"修改"也可出现同样的对话框对已有的样式进行修改。

(2)在"新建多线样式"对话框中,可通过"添加"增加平行线,通过"偏移""颜色""线型"设置平行线的特性,设置完后点击 OK 按钮返回"多线样式"对话框。

(3)从"多线样式"对话框的预览区,可观察当前平行线的外观形式。

(4)点击"多线样式"对话框中的"置为当前",就可以设置好的样式绘制多线。

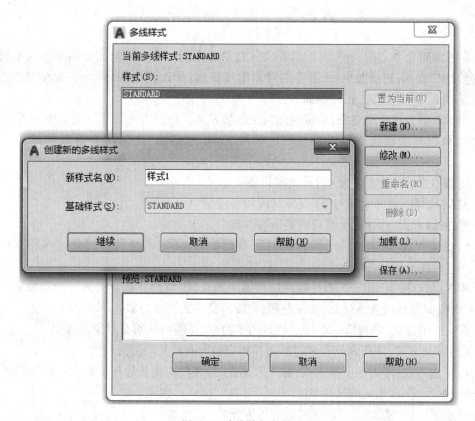

图 19-6 多线样式对话框

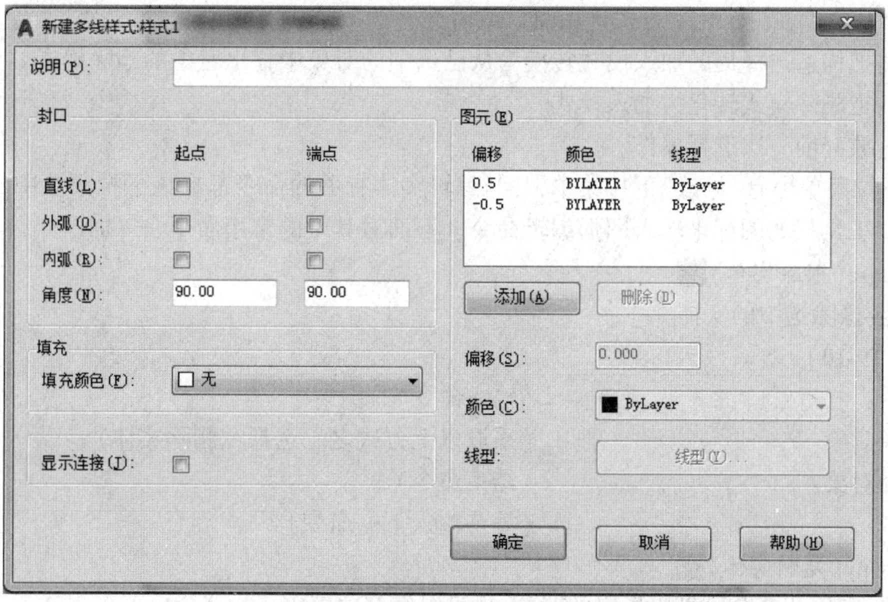

图 19-7 新建多线样式对话框

第三节　图形编辑命令

在学习编辑命令之前,首先介绍选择实体对象的方式。输入编辑命令后命令提示行会出现"选择对象"提示,选择对象后,选中的对象醒目显示(即改用虚线显示)。AutoCAD 提供了多种选择对象及操作方式,先列举如下:

①用拾取框直接拾取对象,拾取到的对象醒目显示。这种方式每次只能选中一个对象。

②M:可以多次直接拾取对象。该过程按 Enter 键结束,此时所有拾取到的对象醒目显示。

③L:选取最后画出的对象,它自动醒目显示。

④ALL:选择图中的全部对象(在冻结或加锁图层中的除外)。

⑤W:窗口方式,选择位于窗口内的所有对象。

⑥C:窗交方式,除选择位于窗口内的所有对象外,还包括与窗口四条边界相交的所有对象。

⑦BOX:窗口或窗交方式,当拾取窗口的第一角点后,如用户选择的另一角点在第一角点的右侧,则按窗口方式选择对象;如在左侧,则按窗交方式选择对象。

⑧WP:圈围方式,即构造一个任意的封闭多边形,在圈内的所有对象被选中。

⑨CP:圈交方式,即圈内及和多边形边界相交的所有对象均被选中。

⑩F:栏选方式,即画一多段折线,像一个栅栏,与多段折线各边相交的所有对象被选中。

⑪P:选择上一次生成的选择集。

⑫SI:选中一个对象后,自动进入后续编辑操作。

⑬AU:自动开窗口方式,当用光标拾取一点,并未拾取到对象时,系统自动把该点作为开窗口的第一角点,并按 BOX 方式选用窗口或窗交。

⑭R:把构造选择集的加入模式转换为从已选中的对象中移出对象的删除模式。

⑮A:把删除模式转化为加入模式。

⑯U:放弃前一次选择操作。

在下拉菜单中有"修改"下拉菜单,凡与编辑实体有关的命令都在该下拉菜单中。也可点击"修改"工具栏的图标来输入图形编辑命令。下面对其中的常用命令一一加以介绍。

1. Erase(擦除实体)

功能:擦除选中的实体。

[例 19-10]

命令:	Erase ↵(输入命令)
选择对象:	(采取以上方式之一选择欲删除实体)
选择对象:	↵ (结束命令)
命令:	(等待输入下一命令)

2. COpy(复制实体)

功能:利用此命令可复制指定的对象,也可以做多次复制。

[例 19-11]

命令:　　　　　　　　　　　　　　　　　　COpy　↵　(输入命令)

选择对象:　　　　　　　　　　　　　　　　　　　　(选择欲复制实体)

选择对象：	↵	（确认选中实体）
指定基点或 [位移(D)/模式(O)] <位移>：		（拾取基点）
指定第二个点或 [退出(E)/放弃(U)] <退出>：		（拾取目标点）
指定第二个点或 [退出(E)/放弃(U)] <退出>： ↵		（结束命令）
命令：		（等待输入下一命令）

复制命令的默认模式可连续复制多个实体。

3. MIrror(镜像实体)

功能：利用此命令可生成与原对象轴对称的实体，镜像时可删除或保留原对象。

[例 19-12]

命令：	Mirror ↵	（输入命令）
选择对象：		（选择欲镜像实体）
选择对象：	↵	（确认选中实体）
指定镜像线的第一点：		（拾取对称轴上第一点 A）
指定镜像线的第二点：		（拾取对称轴上第二点 B）
要删除源对象吗？[是(Y)/否(N)] <N>： ↵		（保留原实体）
命令：		（等待输入下一命令）

如果在第六步中键入 Y 后回车确认，将删除原实体。

4. Offset(偏移实体)

功能：利用此命令可画出指定实体对象的偏移对象，也就是创建原对象的等距线。

[例 19-13]

命令：	Offset ↵	（输入命令）
当前设置：删除源=否　图层=源		
OFFSETGAPTYPE=0		（提示当前设置）
指定偏移距离或 [通过(T)/删除(E)/图层(L)] <通过>：	20 ↵	（输入偏移距离）
选择要偏移的对象，或 [退出(E)/放弃(U)] <退出>：		（选择欲偏移实体）
指定要偏移的那一侧上的点，或 [退出(E)/多个(M)/放弃(U)] <退出>：		（在欲偏移方向上点取一点）
选择要偏移的对象，或 [退出(E)/放弃(U)] <退出>：		（可继续执行此命令或回车退出）
命令：		（等待输入下一命令）

如果在第二步中选择 T 选项，表示偏移对象将通过指定点。

5. ARray(阵列命令)

功能：利用此命令可将指定的对象按一定的行间距和列间距作矩形阵列复制，或绕某点作环形阵列复制。

1) 矩形阵列

输入阵列命令或点击工具栏中的图标，命令提示行会提示选择对象。

(1) 选取要创建阵列的对象，按 Enter 健，在功能区出现如图 19-8 所示对话框。

(2) 在"列数"和"行数"文本框中输入欲阵列的列数和行数。

(3) 在"列数"下方的"介于"文本框和"行数"下方的"介于"文本框中分别输入列间距和

行间距。

(4)按 Enter 健,接受所创建的矩形阵列。

图 19-8 "阵列"对话框

2)环形阵列

按下工具栏中的 图标,会出现下拉图标,选择环形阵列图标 ,命令提示行会提示选择对象。

(1)选取要创建环形阵列的对象,按 Enter 健,命令提示行提示选择环形阵列的中心点。

(2)用鼠标指定环形阵列的中心点,在功能区出现如图 19-9 所示对话框。

(3)在"项目数"文本框中输入作环形阵列的项目总数;在"填充"文本框中输入欲围绕阵列圆周要填充的角度,默认为 360°。

(4)指定环形阵列复制时所选对象自身是否绕中心旋转,若要旋转,则选中"旋转项目"按钮,否则只作平移复制。

(5)按 Enter 健,接受所创建的环形阵列。

图 19-9 "环形阵列"对话框

图 19-10 为阵列示例。图 19-10a)为矩形阵列,共有三行四列;图 19-10b)为环形阵列,中心点在 A 点,项目总数为 8,填充角度为 360°。

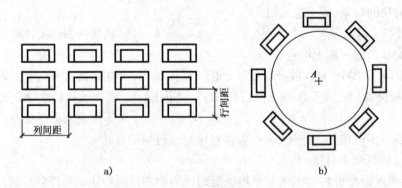

a)   b)

图 19-10 阵列示例
a)矩形阵列;b)环形阵列

6. Move(移动实体)

功能:利用此命令可对指定的实体进行平移。

[例 19-14]

命令: Move ↵   (输入命令)

选择对象：		（选择欲平移实体）
选择对象：	↵	（确认选中实体）
指定基点或［位移(D)］＜位移＞：		（拾取基点）
指定第二个点或 ＜使用第一个点作为位移＞：		（拾取目标点）
命令：		（等待输入下一命令）

7. ROtate(旋转实体)

功能：利用此命令可实现实体绕某个指定的基点旋转。

[例 19-15]

命令：	ROtate ↵	（输入命令）
选择对象：		（选择欲旋转实体）
选择对象：	↵	（确认选中实体）
指定基点：		（拾取基点）
指定旋转角度，或［复制(C)/参照(R)］＜0＞：	45 ↵	（输入旋转的角度，比如45°）
命令：		（等待输入下一命令）

8. SCale(缩放实体)

功能：利用此命令可把指定的实体相对于指定基点进行缩小或放大。

[例 19-16]

命令：	SCale ↵	（输入命令）
选择对象：		（选择欲缩放实体）
选择对象：	↵	（确认选中实体）
指定基点：		（拾取基点）
指定比例因子或［复制(C)/参照(R)］＜1.0000＞：	2 ↵	（确定放缩比例，比如2。＞1 为放大；＜1 为缩小）
命令：		（等待输入下一命令）

9. Stretch(拉伸实体)

功能：利用此命令可将选定的实体进行局部拉伸和平移。使用此命令时，必须用交叉窗口的方式选中欲拉伸实体的一部分，才能对实体进行拉伸，否则，如果将实体全部选中将对选中的实体进行平移。

[例 19-17]

命令：	Stretch ↵	（输入命令）
以交叉窗口或交叉多边形选择要拉伸的对象…		（提示选择对象方式）
选择对象：		（选择欲拉伸实体）
选择对象：	↵	（确认选中实体）
指定基点或［位移(D)］＜位移＞：		（拾取基点）
指定第二个点或 ＜使用第一个点作为位移＞：		（拾取目标点）
命令：		（等待输入下一命令）

10. LENgthen(缩放线段)

功能：利用此命令可把指定的直线段、圆弧段进行延长或缩短。AutoCAD 2018 缩放线段的命令在"修改"菜单里可以找到。

[例 19-18]

命令：	LENgthen ↲	（输入命令）
选择对象或 [增量(DE)/百分数(P)/全部(T)/动态(DY)]：	P ↲	（选择操作）
输入长度百分数 <100.0000>：	120 ↲	（确定延长百分比，比如 120。>100 为延长；<100 为缩短）
选择要修改的对象或 [放弃(U)]：		（选择欲延长实体）
选择要修改的对象或 [放弃(U)]：		（可继续选择欲延长实体，或回车结束命令）
命令：		（等待输入下一命令）

其他选项意义：

增量(DE)——通过指定从对象端点到屏幕拾取点之间的距离来改变长度；

全部(T)——指定对象的新长度或角度；动态(DY)——动态改变对象长度。

11. TRim(修剪实体)

功能：利用此命令可将实体沿指定的剪切边界进行修剪。

[例 19-19]

命令：	TRim ↲	（输入命令）
当前设置：投影 = UCS,边 = 无		
选择剪切边…		（提示选择剪切边）
选择对象或 <全部选择>：		（选择剪切边界）
选择对象：		（继续选择剪切边界，或回车确认剪切边界）
选择要修剪的对象，或按住 Shift 键选择要延伸的对象，或 [栏选(F)/窗交(C)/投影(P)/边(E)/删除(R)/放弃(U)]：		（选择欲修剪实体）
选择要修剪的对象，或按住 Shift 键选择要延伸的对象，或 [栏选(F)/窗交(C)/投影(P)/边(E)/删除(R)/放弃(U)]：		（可继续选择欲修剪实体或回车确认）
命令：		（等待输入下一命令）

其他选项意义：

栏选(F)——用"栏选"方式指定多个要修剪的对象；窗交(C)——用"窗交"方式指定多个要修剪的对象；投影(P)——选择修剪的投影模式，用于三维空间中的修剪；边(E)——选择剪切边的模式，若对出现的选择仍以 E 响应，可以以选定的边界的延长线为剪切边界进行剪切。

12. EXtend(延伸实体)

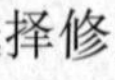

功能：利用此命令可将实体延伸到指定的边界。

[例 19-20]

命令：	EXtend ↲	（输入命令）
当前设置：投影 = UCS,边 = 延伸		
选择边界的边…		（提示选择延伸边界）
选择对象或 <全部选择>：		（选择延伸边界）

选择对象:	(继续选择延伸边界,或回车确认延伸边界)
选择要延伸的对象,或按住 Shift 键选择要修剪的对象,或 [栏选(F)/窗交(C)/投影(P)/边(E)/放弃(U)]:	(选择欲延伸实体)
选择要延伸的对象,或按住 Shift 键选择要修剪的对象,或 [栏选(F)/窗交(C)/投影(P)/边(E)/放弃(U)]:	(可继续选择欲延伸实体或回车确认)
命令:	(等待输入下一命令)

其他选项意义:

栏选(F)—用"栏选"方式指定多个要延伸的对象;窗交(C)—用"窗交"方式指定多个要延伸的对象;投影(P)—选择延伸的投影模式,用于三维空间中的延伸;边(E)—选择延伸边的模式,若对出现的选择仍以 E 响应,可以以选定的边界的延长线为延伸边界进行延伸。

13. BReak(断开实体)

功能:利用此命令可将指定的对象切断成两部分或切掉其中的一部分。

[例 19-21]

命令:	Break ↵	(输入命令)
选择对象:		(选择欲断开实体,同时此点可作为第一断点)
指定第二个打断点 或 [第一点(F)]:		(给出第二断点,或输入 F 重新确定第一断点)
命令:		(等待输入下一命令)

14. CHAmfer(倒斜角命令)

功能:利用此命令可对两条相交或延长后相交的直线进行倒斜角。

[例 19-22]

命令:	CHAmfer ↵	(输入命令)
("修剪"模式) 当前倒角距离 1 = 0.0000, 距离 2 = 0.0000		(提示系统默认倒角值)
选择第一条直线或 [放弃(U)/多段线(P)/距离(D)/角度(A)/修剪(T)/方式(E)/多个(M)]:		(选择倒角第一边)
选择第二条直线,或按住 Shift 键选择 要应用角点的直线:		(选择倒角第二边)
命令:		(等待输入下一命令)

其他选项意义:

距离(D)—改变倒角两边的长度;修剪(T)—选择是否剪切原有直角边;多段线(P)—利用此命令可一次将用"多段线"命令或"矩形"命令绘制实体的所有角都进行倒斜角;角度(A)—给出倒角第一边的长度,以及相对第二边转来来进行倒角;多个(M)—选择是用 Distance 或 Angle 方式倒角。

15. Fillet(倒圆角命令)

功能:利用此命令可实现在直线、圆弧、或圆间按指定的半径作圆角。

[例 19-23]

命令：　　　　　　　　　　　　　　　　Fillet　↵（输入命令）
当前设置：模式 = 修剪,半径 = 0.0000　　　（系统默认倒圆角半径值）
选择第一个对象或［放弃(U)/多段线(P)/
半径(R)/修剪(T)/多个(M)］：　　　　　　（选择第一个实体）
选择第二个对象,或按住 Shift 键
选择要应用角点的对象：　　　　　　　　　（选择第二个实体）
命令：　　　　　　　　　　　　　　　　　（等待输入下一命令）

半径(R)—改变倒圆角半径值,其他选项意义同倒斜角命令。

16. eXplode（分解实体）

功能：利用此命令可将组合实体,如多段线、块、尺寸标注、填充图案等实体分解为单个实体,以便进一步加以编辑。

[例 19-24]

命令：　　　　　eXplode　↵（输入命令）
选择对象：　　　　　　（选择实体）
选择对象：　　　　　　（可继续选择实体或回车结束命令）
命令：　　　　　　　　（等待输入下一命令）

第四节　图形显示控制

在绘图过程中,有时要观察整幅图,有时又要对某一局部放大,进行局部详细绘制,所以屏幕操作是绘图时使用非常频繁的操作。熟练地掌握这些操作命令,可以大大提高绘图的效率。在"标准"工具栏中有四个图标，它们分别表示：

实时平移：按住鼠标左键并拖动,可以看到屏幕上的图形也跟着移动。

实时缩放：按住鼠标左键,向加号方向拖动为放大,向减号方向拖动为缩小。

此图标包含一组缩放命令,用鼠标左键按住该图标并停留一会,会拖动出下面的一组图标：

窗口缩放：通过鼠标在屏幕拾取一个窗口,将其放大到全屏幕；

通过视图框确定放大范围；

通过输入比例值进行缩放,输入值 >1 为放大,输入值 <1 为缩小；

中心缩放,此选项允许用户选择缩放的中心；

放大一倍；

缩小一倍；

全屏幕显示,将绘制的整幅图全部显示在屏幕上；

极限放大,显示全图；

返回前一屏幕缩放比例。

以上几项屏幕显示命令配合使用,将迅速达到缩放图形的目的,提高作图速度。

快捷缩放方法：

对于 AutoCAD 2000 以上的版本,我们在进行屏幕缩放的实际操作时还可以这样做：

（1）按住鼠标的滚轮并拖动,就可以看到屏幕上的图形也跟着移动,达到实时平移的

目的;

(2)将光标移到需要缩放的位置上,将鼠标滚轮向上滚动,图形就会以光标位置为中心放大;将鼠标滚轮向下滚动,图形就会以光标位置为中心缩小。

以上两种操作在实际绘图中应用非常方便。

第五节 作 业 工 具

在绘图过程中,我们经常需要画水平线或垂直线,或精确的捕捉某一特征点。在 AutoCAD2018 屏幕界面的最下方的状态栏中有"栅格""动态输入""正交模式""等轴测草图""对象捕捉追踪""二维对象捕捉""线宽""三维对象捕捉"等 30 个按钮,通过对其进行打开或关闭操作,实现对绘图状态的控制。如果想激活某一状态,只需用鼠标左键将该按钮按下即可。

一、正交方式

"正交"按钮■用于控制垂直状态的打开或关闭。在打开状态下实施命令操作,光标只能沿垂直或水平方向移动,此时通过鼠标拾取只能画水平或垂直的线。再次点击该按钮将关闭该状态,可以向任意方向画线。

二、对象捕捉

对象捕捉按钮■用于控制二维特征点捕捉状态的打开或关闭。在打开状态下,在激活了某一绘图命令后,当光标移近所设置的捕捉对象如线段端点、中点、圆的中心点等特征点时,光标将变为成特殊形状的彩色显示,并且像有磁性一样吸附到该点,点击鼠标左键,该点将被选中。光标呈不同状态时所代表的意义如下:

端点(END):捕捉直线段或圆弧的端点,捕捉到离靶框较近的端点。

中点(MID):捕捉直线段或圆弧的中点。

圆心(CEN):捕捉圆或圆弧的圆心,靶框放在圆周上,也可以捕捉到圆心。

节点(NOD):捕捉到靶框内的孤立点。

象限点(QUA):捕捉相对于当前 UCS 的圆周上最左、最右、最上、最下 4 个象限点。

交点(INT):捕捉两线段的显示交点和延伸交点。

延伸(EXT):当靶框在一个图形对象的端点处移动时,显示该对象的延长线,并捕捉正在绘制的图形与该延长线的交点。

插入点(INS):捕捉图块、图像、文本和属性等的插入点。

垂足(PER):向一对象画垂线时,把靶框放在对象上,捕捉对象上的垂足位置。

切点(TAN):向一对象画切线时,把靶框放在对象上,捕捉对象上的切点位置。

最近点(NEA):把靶框放在对象附近拾取,捕捉到对象上离靶框中心最近的点。

外观交点(APP):当两对象在空间交叉,而在一个平面上的投影相交时,可以从投影交点捕捉到某一对象上的点。或者捕捉两投影延伸相交时的交点。

平行(PAR):捕捉到图形对象的平行线。

若想改变对象捕捉的选项,可以点击"工具"→"绘图设置"即可打开"草图设置"对话框(图 19-11),重新设置对象捕捉方式。也可在状态栏"对象捕捉"按钮上点右键,直接设置对象捕捉方式,或者点击出现的"对象捕捉设置(S)"打开"草图设置"对话框来设置对象捕捉方式。

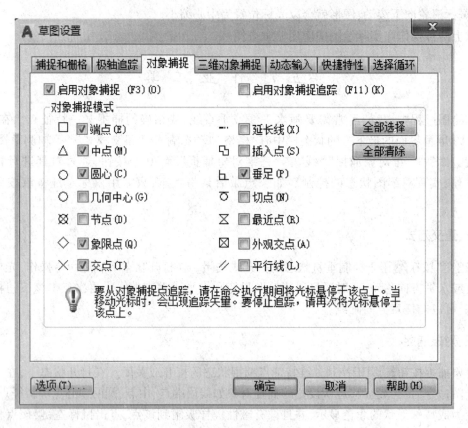

图 19-11　草图设置对话框

第六节　图　层　管　理

图层是 AutoCAD 中的一个极为重要的图形组织工具。一张图可以包含多个图层,每一层可以想象为一张透明纸,在不同的透明纸上绘制出一幅图中的不同内容,然后将这些透明纸叠加起来,形成一幅完整的图形。我们可以将具有相同属性(如线型、颜色、线宽等)的实体(对象)放在同一图层中,这样便于操作和管理。我们也可将一幅图中的不同部分放在不同的图层上,使得在对各个部分分别进行修改时不影响其他部分。例如,在绘制房屋平面图时,除了墙体外轮廓外,还包括给排水管线的布置、电器设备的分布、家具和卫生间洁具设备的布置情况。我们可以把它们绘制在不同的图层上,以便分别显示和修改它们,或以不同的方式组织它们。

下面给大家介绍如何使用图层控制命令:

点击功能区中的"图层特性"图标,或点击主菜单中"工具"→"工具栏"→"AutoCAD"的"图层"工具栏上的 ![icon] 图标,弹出"图层特性管理器"对话框(图 19-12),用户可以方便地对图层进行操作,例如建立新图层,设置当前图层,修改图层颜色、线型,以及打开/关闭图层、冻结/解冻图层、锁定/解锁图层等。下面重点介绍图层和线型的设置。

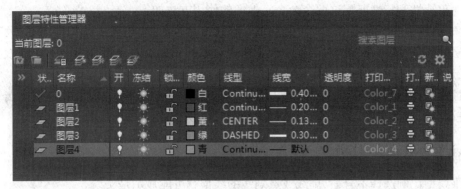

图 19-12 "图层特性管理器"对话框

一、图层的设置与管理

(1)新建图层:点击"新建"按钮 可创建新图层,新图层缺省的名称以"图层"开头,后接阿拉伯数字,用户可以将其改为更易识别的名称。

(2)删除图层:点击"删除"按钮 可删除选中图层,但此图层必须是空层,且 0 层、DefPoints 层和外部引用的层不能删除。(特别提示:DefPoints 层为计算机自动生成的层,该层内容只能显示但不能打印出来,所以一定不能在 DefPoints 层中绘制图形。)

(3)打开或关闭图层:单击层名后面的灯泡图标。灯泡呈黄色为打开,灯泡呈灰蓝色为关闭。被关闭图层上的图形不可见也不可以打印。

(4)冻结或解冻图层:单击某层名后面的太阳或雪花图标。图标呈太阳状为解冻,图标呈雪花状为冻结。被冻结图层上的图形不可见也不可以打印。

被关闭图层上的图形和被冻结图层上的图形均不可见也不可以打印,其主要区别在于:被关闭图层上的图形在图形重新生成时参与其生成计算,而被冻结图层上的图形则不参与其计算。这样,在复杂的图形中冻结暂时不用的大量实体的层,可以加快系统重新生成图形的速度。

(5)锁定或解锁:单击某层名后面的挂锁图标。挂锁打开为解锁,挂锁关上为锁定。被锁定图形上的图形可见但不可被编辑。

(6)设定图层颜色:单击某层名后面的颜色一栏图标,弹出"选择颜色"对话框,用户可以在其中选中想要的颜色。

(7)设定图层线型:单击某层名后面的线型一栏图标,弹出"选择线型"对话框,省缺状态下,AutoCAD 只加载了"实线(Continuous)"一种线型,如果要使用其他线型,必须先加载。单击对话框中的"加载(L)"按钮,弹出"加载或重载线型"对话框,从该对话框中选择要加载的线型。(AutoCAD 提供了 60 多种可供选择的线型,建议作图时虚线选择"Dashed"线型,点划线选择"Center"线型。)

(8)设定图层线宽:单击某层名后面的线宽一栏图标,选择所需要的线宽。默认的线宽是 0.254,一般粗线可选择 0.4,细线可选择 0.15 等。

(9)设置当前图层:点击某一图层名后,点击图标 ,就将该图层设置为当前图层,这时所绘制的对象就会在该图层上。

二、改变实体的图层

在绘图过程中,随着图形内容的增加,可能要把原来同一图层中的内容分层放置,这时就用到了对象特性和特性匹配这两个命令。他们的使用方法如下：

对象特性：点击"标准"工具栏中■图标，启动该命令后，会出现一个特性对话框，选取欲改变图层的对象，就可在特性对话框中改变选中对象的图层。对象特性命令不仅能改变实体的图层，还可以改变对象的其他属性。

特性匹配：点击"标准"工具栏中或功能区中的■图标，启动该命令后，先左键点击目的对象，再左键点击目标对象，即可使目标对象具有和目的对象相同的图层及其他属性。

三、设置图层的线型比例

如果线型比例选择不合适，虚线或点划线的线型就可能显示是实线。

在不选择实体的情况下，点击"对象特性"命令，改变特性对话框里的"线型比例"的值，则会改变当前图层的线型比例；若选择了实体，再改变线型比例，则改变所选实体的线型比例。线型比例的值大致与出图的比例一致，可上下稍作调整。只有选择合适的线型比例，才能使所选线型显示在屏幕上，否则将全显示或打印为实线。（从命令行输入"Lts"也可改变线型比例。）

第七节 尺 寸 标 注

AutoCAD 具有强大的尺寸标注功能，它可以自动测量图形的尺寸大小，用户标注尺寸时既可以直接使用尺寸测量值，也可以另外输入具体值。此外，还可以对已有的尺寸标注方便地进行编辑修改。

不同行业的工程图，或者同一行业的不同工程图，对尺寸标注外观形状的要求都不一样，AutoCAD 允许用户设置不同的尺寸标注样式。尺寸标注样式是一组尺寸变量设置的集合，它用于控制尺寸标注的外观形式，如控制基线尺寸标注的各标注线间的距离、尺寸箭头的大小、标注文字的大小和位置、文字是否引出等。这些变量可以在对话框中十分直观地进行设置和修改。尺寸标注的工具栏如图 19-13 所示。

图 19-13 尺寸标注工具栏

在工程图上进行标注，需要先建立尺寸标注样式，然后再进行标注。

一、尺寸标注样式

创建尺寸标注样式的步骤为：

(1)调用创建尺寸标注样式的命令。创建尺寸标注样式的命令是 DDIM（有三种输入方式：从命令行输入 DDIM；点击尺寸标注工具栏中的图标■；下拉菜单"格式"→"标注样式"），弹出"标注样式管理器"对话框（图 19-14），通过此对话框用户可根据需要创建尺寸标注样式。

(2)在"标注样式管理器"对话框内点击"新建"按钮，在弹出的"创建新标注样式"对话框中输入新样式名，然后点击"继续"，就可以在基础样式的基础上进行修改，这个功能相当于下面介绍的"修改"按钮。

(3)点击"修改"按钮出现"修改标注样式"对话框（图 19-15），此对话框可以通过 7 个选项卡实现对标注样式的修改：

①"线"选项卡：可以设置尺寸线、尺寸界线的格式及相关尺寸。

②"符号和箭头"选项卡：设置箭头、圆心标记、弧长符号、半径标注折弯等格式及尺寸。

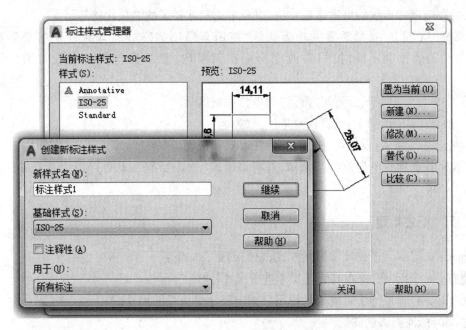

图19-14 "标注样式管理器"对话框

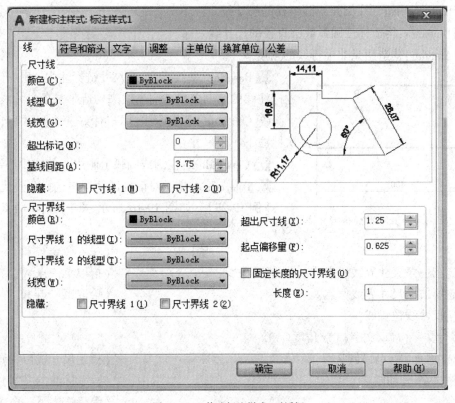

图19-15 "修改标注样式"对话框

299

③"文字"选项卡:设置尺寸文字的形式、位置、大小和对齐方式。

④"调整"选项卡:在进行尺寸标注时,某些情况下尺寸界线之间的距离太小,不能够容纳尺寸数字,在此情况下,可以通过该选项卡根据两条尺寸界线之间的空间,设置将尺寸文字、尺寸箭头放在两尺寸界线的里边还是外边,以及定义尺寸要素的缩放比例等。

"调整"选项卡中,最重要的功能就是"使用全局比例"选项,当尺寸的各要素比例合适,只是绘图的比例不同时,只需改变全局比例系数,此系数与打印图纸时的比例大致相同。

⑤"主单位"选项卡:设置尺寸标注的单位和精度等。

⑥"换算单位"选项卡:设置换算单位及格式。

⑦"公差"选项卡:设置尺寸公差的标注形式和精度。

设置完各选项后单击"确定"按钮,并将该样式"置为当前",就可以以设置好的样式来标注尺寸了。

二、尺寸标注类型

AutoCAD 提供了多种尺寸标注样式,它们的意义如下:

Linear:用水平、垂直或旋转尺寸进行尺寸标注。

Aligned:画平行于对象或平行用户指定尺寸引出线的尺寸线。

Arc:标注圆弧的弧长。

Oridinate:相对于指定点标注对象的 X 或 Y 坐标。

Radius:构造标注圆弧或圆半径的尺寸线。

Diameter:构造标注圆弧或圆直径的尺寸线。

Angular:构造两条非平行线的角度。

Baseline:基线标注,在尺寸链标注中,相对于第一尺寸标注线的第一条尺寸引出线来构造第二尺寸线。

Continue:连续标注,用户标好一个尺寸后,接着依次标注下一个尺寸。

CenterMark:在圆或圆弧上画中心符或中心线。

Tolerance:显示对话框以便用户选择公差代号。

[例 19-25] 如图 19-16 所示,标注 A、B 两点之间的尺寸。

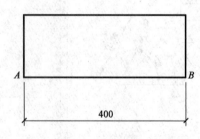

图 19-16 标注 A、B 两点之间的尺寸

命令: (输入命令)
指定第一条尺寸界线原点或 <选择对象>: (拾取第一点 A)
指定第二条尺寸界线原点: (拾取第二点 B)
指定尺寸线位置或
[多行文字(M)/文字(T)/角度(A)/
水平(H)/垂直(V)/旋转(R)]: (指定尺寸线位置)
标注文字 = 400 (提示标注的文本)
命令: (等待输入下一命令)

三、尺寸标注的编辑

由于尺寸标注是由 CAD 自动设定,有时标注可能不符合我们的要求,那么可以通过尺寸编辑命令来改变尺寸值和尺寸文本。

编辑标注 Dimedit:此编辑命令可以通过"新建(N)"选项改变尺寸文本的值、可以通过"倾斜(O)"选项使尺寸引出线倾斜于被标注物体、可以通过"旋转(R)"选项使尺寸旋转一定的角度、还可以通过"默认(H)"选项将修改过的尺寸恢复到其省缺状态。

编辑标注文字 DimTedit:此编辑命令可以改变尺寸文本的位置,将尺寸文本移动到指定的位置。其中,"左(L)"选项使尺寸文本移向尺寸线左侧;"右(R)"选项值使尺寸文本移向尺寸线右侧;"中心(C)"选项使尺寸文本移向尺寸线中心;"默认(H)"选项使文本恢复到省缺位置;"角度(A)"选项使文本旋转一定的角度。

标注更新:此编辑命令用于将以前标注的尺寸样式改变成当前样式。

第八节 文 字

AutoCAD 提供了很强的文字处理功能,用户可很轻松的创建所需文字。文字工具栏如图 19-17 所示。

图 19-17 文字工具栏

一、创建文字样式

在工程图中,不同的地方用到的文字的样式可能不一样,而不同的工程图用到的文字也可能不一样,如采用不同的字体、字高、字宽等。在标注文字中还需确定文字的放置方式,确定文字是竖排还是水平放置,是否要倾斜一定的角度等。AutoCAD 提供了常用的字体文件,用户可以利用这些字体根据需要建立多种文字样式。AutoCAD 省缺文字样式为"Standard"样式。

创建文字样式的步骤:

通过菜单"格式"→"文字样式";或从命令行输入"Style";或点击"文字"工具栏中的按钮,出现"文字样式"对话框,如图 19-18 所示。

通过"文字样式"对话框可以选择字体,建立或修改文字样式。

(1)样式下拉列表:显示已设置并保存的文字样式名,可选择某一样式是作为当前样式。

(2)"新建"用于创建新的文字样式,在弹出的对话框中输入新样式名并点击 OK 按钮。

(3)"字体"选项组,可用于设置文字样式所使用的字体。

(4)"高度"系统省缺高度为 0,用户每次用该样式标注文字时,都要给出高度值,若为非 0,则说明已指定该样式的文字高度值,标注文字时不必再确定文字的高度。建议对于尺寸标注所使用的字体,其高度值为 0。

(5)"效果":本栏用于确定文字的放置特性,相应的效果显示在左边的预览栏,用户可以根据预览结果作进一步的修改。

"颠倒"复选框:确定是否倒置放置文字。

"反向"复选框:确定是否反向放置文字。

"垂直"复选框:确定是否垂直放置文字。

"宽度因子"复选框:确定文字的宽与高的比例,省缺为1。在使用长仿宋体作为工程字体时,该项应设为0.7。

"倾斜角度"复选框:确定文字的倾斜角度。向右倾斜为正,向左倾斜为负。

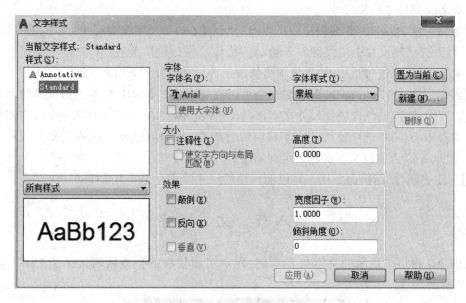

图19-18 文字样式对话框

(6)"样式"下方的窗口为预览区,可直观地显示出当前文字样式的设置效果。

设置完以上各项后,点击"应用"按钮,再点击"关闭"按钮退出该对话框。

二、创建文字

Auto CAD可以通过"单行文字"和"多行文字"两种方式来创建文字。

(1) 单行文字 DText 命令:创建单行文字,该命令用于按指定文字样式、标注位置和倾斜角度标注一行文字。下面以输入"房屋建筑图"为例,说明用 DText 命令创建文字的步骤:

命令:	DText ↵	(输入命令)
当前文字样式:"Standard" 文字高度:2.5000 注释性: 否		(提示当前设置)
指定文字的起点或[对正(J)/样式(S)]:		(确定文字基线的起点)
指定高度 <2.5000>:	7↵	(确定字高,比如7)
指定文字的旋转角度 <0>:	↵	(确定省缺角度,省缺为0)
房屋建筑图	↵	(输入文字后,回车确认)
	↵	(可继续输入文字或回车结束命令)
命令:		(等待输入下一命令)

在第二步中另有其他两个选项,其意义是:

样式(S):选择文字样式。

对正(J):设定文字的对齐方式,执行该选项后系统提示:

[对齐(A)/调整(F)/中心(C)/中间(M)/右(R)/左上(TL)/中上(TC)/右上(TR)/左中(ML)/正中(MC)/右中(MR)/左下(BL)/中下(BC)/右下(BR)]:

对齐(A):该方式要求给出文字基线的起点和终点位置,所标注的文字按在文字样式中设定的宽度比例因子均匀分布在这两点之间。

调整(F):该方式要求给出文字基线的起点和终点以及文字高度,所标注的文字按指定的高度均匀分布在这两点之间。

中心(C):该方式要求给出文字基线的中点,不管文字是单行还是多行,各行的中点都以该点对齐。

中间(M):该方式要求给出一点,文字的高度方向和宽度方向都以该点为中心自动调整对齐。

右(R):该方式要求给出文字基线的终点,单行文字或多行文字都与该点对齐。

(2) 多行文字 MTEXT 命令:用户可在多行文字编辑器中创建多行文字。多行文本编辑器与 Windows 的文字处理程序类似,可以灵活、方便地输入文字,不同的文字可以采用不同的字体和文字样式,而且支持 True Type 字体、扩展的字符格式(如粗体、斜体、下划线等)、特殊字符,并可实现堆叠效果以及查找和替换功能等。多行文本的宽度由用户在屏幕上划定一个矩形框来确定,也可在多行文本编辑器中精确设置,文字书写到该宽度后自动换行。

三、修改文字

编辑文字 DDEDIT 命令:修改已绘制在图形中的文字内容。输入命令后,选择想要修改的文字对象,如果选取的是单行文字,则文字将处于可编辑状态,可直接对其进行修改;如果选取的是多行文本,选取后则会打开"多行文字编辑器"对话框,可在该对话框中对已有文字进行修改和编辑。

第九节 填 充

在绘制工程图时,经常需要进行图案填充,如在绘制墙体剖切图时,就要在被剖切的墙体处填充材料符号,AutoCAD 的图案填充功能为用户提供了简单、方便的填充图案方法,填充时用户可以选择不同的填充图案,也可以选择不同的填充方式。

下面说明填充的步骤:

一、图案填充创建

点击"绘图"工具栏中的图标弹出"图案填充和渐变色"对话框,如图 19-19 所示。

图 19-19　图案填充和渐变色对话框

(1)"边界"区域用于确定填充的范围,用户可以用两种方式选择填充范围。点击"拾取点"按钮,对话框消失,通过点击一个封闭区域内部来确定填充范围;点击"选择对象"按钮,对话框消失,AutoCAD 通过选择的对象自动构成一个填充边界。

(2)"图案"区域用于选择填充图案的类型,可通过"图案"区域右面的下拉菜单选择图案。AutoCAD 预定义了 60 余种填充图案。

(3)"特性"区域中可确定填充图案的比例和旋转角度。比例的选择很重要,若选择不合适的比例,则填充后看不到填充图案或填充过密。

(4)"选项"区域用于设置填充图案是"关联"还是"独立的图案填充",若选择关联,那么当填充边界变化时,填充图案可以随着填充边界的变化而变化,若选择独立则当填充边界变化时,填充图案不随填充边界的变化而变化。

(5)上面各项参数选好后,就可预览填充的效果,如果满意,单击右键或回车键接受填充图案;若不满意,直接修改填充对话框里面的参数,直到满意,按回车键接受填充图案。

有两点值得注意:①填充边界必须是闭合的区域;②填充时填充边界必须完全显示在屏幕中。

二、渐变色

点击"图案填充创建"对话框中"图案填充类型"的下拉菜单选择"渐变色"选项卡,或点击"绘图"工具栏中的■图标,在功能区弹出"渐变色"对话框,如图 19-20 所示,通过它可以以单色浓淡过渡或双色渐变过渡对指定区域进行渐变颜色填充。填充边界的选择同上面的"图案填充"。

图 19-20 "图案填充创建"对话框中的"渐变色"选项卡

第十节 图 块 操 作

为了有效地使用 AutoCAD,加快作图速度,提高效率,AutoCAD 提供了图块操作功能,可将图形的一部分创建成块,且图块能被存盘并可在任意时候重新取出。此外,也可将整个文件作为块来使用。

一、创建块

下面以创建名为"洁具"的块为例说明块的创建步骤:

(1)点击"绘图"工具栏中的■"创建块"图标,弹出"块定义"对话框,如图 19-21 所示。

图 19-21 块定义对话框

(2)在"名称"文本框中输入"洁具"作为块名。

(3)点击"选择对象"按钮,对话框消失,选择要定义为块的物体后回车返回对话框。

(4)点击"拾取点"按钮选择基点,此点作为将来插入块的基准点。

(5)"对象"一栏里选项组的含义:

*保留:保留构成块的对象。

*转换为块:将定义块的图形对象转换为块对象。

*删除:定义块后,生成块定义的对象被删除。可以用 OOPS 命令恢复构成块的对象。

(6)"方式":指定块的定义方式。选项组的含义:

*注释性:指定块为注释性对象。

*按统一比例缩放:指定是否阻止块参照不按统一比例缩放。

*允许分解:指定块参照是否可以被分解。

(7)点击"确定"按钮完成定义块。

二、插入块

现在插入已定义好的图块,其步骤为:

(1)点击"绘图"工具栏里的"插入块"图标,弹出"插入"对话框,如图 19-22 所示。

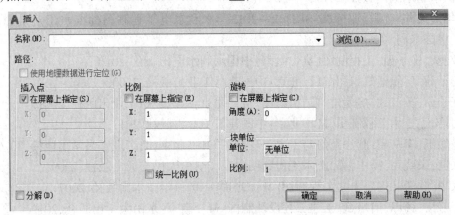

图 19-22 插入块对话框

(2)在"名称"一栏输入要插入的块名,或在"名称"后的下拉列表中选择要插入块的名称,如选择"洁具"。

(3)AutoCAD 也允许将一已存在的文件作为块插入,单击"浏览"按钮,弹出"选择图形文件"对话框,用户可通过此对话框选择欲插入的文件。

(4)可以在对话框中用输入参数的方法指定插入基点、比例以及旋转角度。若选中"在屏幕上指定"复选框,则将在插入时通过提示行确定参数。

(5)"分解"复选框:若选中该复选框,则块在插入的同时被分解,只有被分解的块才能对其各部分进行编辑,否则插入的块只能作为一个实体进行编辑。

(6)点击确定按钮,对话框消失,此时图块已连在光标上,块的基点落在光标点上。根据提示行给出的提示,分别确定插入点、X 比例因子、Y 比例因子及旋转角度后,图块"洁具"就插入到指定插入点处。

参 考 文 献

[1] 中华人民共和国国家标准.GB/T 50001—2017 房屋建筑制图统一标准[S].北京:中国建筑工业出版社,2018.
[2] 中华人民共和国国家标准.GB 50104—2010 建筑制图标准[S].北京:中国计划出版社,2011.
[3] 中华人民共和国国家标准.GB/T 50105—2010 建筑结构制图标准[S].北京:中国建筑工业出版社,2010.
[4] 中国建筑标准设计研究院.国家建筑标准设计图集 11G101-1[M].北京:中国计划出版社,2011.
[5] 中华人民共和国国家标准.GB/T 50103—2010 总图制图标准[S].北京:中国计划出版社,2011.
[6] 中华人民共和国国家标准.GB/T 50106—2010 建筑给水排水制图标准[S].北京:中国建筑工业出版社,2010.
[7] 中华人民共和国行业标准.SL73.1—2013 水利水电工程制图标准基础制图[S].北京:中国水利水电出版社,2013.
[8] 中华人民共和国行业标准.SL73.2—2013 水利水电工程制图标准水工建筑图[S].北京:中国水利水电出版社,2013.
[9] 杨晓庆,王子茹.工程制图[M].北京:中国水利水电出版社,2010.
[10] 王子茹.房屋建筑识图[M].北京:中国建材工业出版社,2000.
[11] 王子茹,黄红武.房屋建筑结构识图[M].北京:中国建材工业出版社,2001.
[12] 何培斌.土木工程制图[M].北京:中国建筑工业出版社,2012.
[13] 潘炳玉,李文霞.画法几何与土木工程制图[M].北京:北京理工大学出版社,2016.
[14] 张爽,张晓芹,扬中,等.土木工程制图[M].北京:人民交通出版社,2009.
[15] 张华.画法几何及土木工程制图[M].北京:中国科学技术出版社,2007.
[16] 于习法,杨谆,何培斌.土建工程设计制图[M].南京:东南大学出版社,2012.
[17] 马彩祝,黄莉,谢坚.土木工程制图[M].北京:中国建筑工业出版社,2013.
[18] 槐创锋,周生通.AutoCAD 2018 中文版学习宝典[M].北京:机械工业出版社,2017.
[19] 单春阳,等.AutoCAD 2018 建筑与土木工程制图快速入门实例教程[M].北京:机械工业出版社,2017.
[20] 谢步瀛.工程图学[M].上海:上海科学技术出版社,2000.
[21] 朱育万.土木工程制图[M].北京:高等教育出版社,1994.
[22] 朱福熙,何斌.建筑制图[M].北京:高等教育出版社,1993.
[23] 何铭新,陈文耀,陈启梁.建筑制图[M].北京:高等教育出版社,1994.
[24] 孙天杰.工程制图[M].天津:天津大学出版社,1991.
[25] 方庆,徐约素.画法几何及水利工程制图[M].北京:高等教育出版社,1982.
[26] 苏宏庆.画法几何及水利工程制图[M].成都:四川科学技术出版社,1986.